これから学ぶ JavaScript

インプレス

はじめに

JavaScriptをこれから学ぶことで、どのような効果が期待できるでしょうか？ GitHubが発表した2017年10月時点での統計情報「The State of the Octoverse 2017」（https://octoverse.github.com/）を参照すると、最も人気のある言語はJavaScriptとなっています。数値としては、2位のPythonの2.3倍であり、圧倒的な人気となっていることがわかります。本書のChapter 1でもJavaScriptの歴史を記載していますが、一時は全く見向きもされなかった時代があったことを考えると、まさに起死回生といえます。

この起死回生劇に大いに貢献したものとして、ブラウザ間の仕様統一と、jQueryなどの各種ライブラリを挙げることができます。ライブラリのみならず、最近では、ReactやVueなどのフレームワークも登場しています。さらに、本来ブラウザで動作するはずの言語であるJavaScriptをサーバ側で利用しようというNode.jsも登場して、JavaScriptの世界がどんどん広がっています。

これら、ライブラリやフレームワーク、さらにはNode.jsなどからJavaScriptの世界に入ってくるのもひとつの道といえます。しかし、プログラミング言語としてのJavaScriptをきっちり習得せずにいきなりライブラリやフレームワークを学習するというのは、たとえ、そのライブラリやフレームワークが使えるようになったとしても、それは砂上の楼閣といえます。本書を執筆するにあたり、そのような砂上の楼閣とならないように、ということを心掛けました。全くのプログラミング初心者が、プログラミングとは何か、もっと言うなら、JavaScriptが活躍するWebの世界というのはどういった仕掛けで動いているのかを理解できるよう、その説明から始め、JavaScirptプログラミングの土台となる力を養えるようにサポートすることを心掛けました。

そのため、やや上級の内容は割愛しています。また、今からプログラミングを始めるという読者を前提としているため、古くからあるJavaScriptプログラミング方法も思い切って割愛しました。それらの内容は、より本格的なJavaScript入門書に譲ります。逆に、本書を終えた後に、そういった本格的な入門書での学習や、各種ライブラリやフレームワークの習得が容易になる、そうした基礎力を、本書を通じて身に付けていただくことができれば、こんなにうれしいことはありません。

2018年5月　齊藤新三

Chapter 1 Webの仕組みとJavaScriptの役割

1-1 Webの仕組み 018

1-1-1 コンピュータネットワークとプロトコル ◆ 018
1-1-2 Webはクライアントとサーバが HTTPで通信する ◆ 022
1-1-3 HTTPはリクエストとレスポンスのペア ◆ 026

1-2 サーバサイドプログラミングとクライアントサイドプログラミング 028

1-2-1 HTML文書データをプログラムで生成 ◆ 028
1-2-2 プログラミング言語の種類 ◆ 031
1-2-3 JavaScriptはクライアントサイドで動作するスクリプト言語 ◆ 034
1-2-4 クライアントサイドプログラミングの重要性 ◆ 035

Chapter 2 初めてのJavaScriptプログラム

2-1 JavaScriptプログラミングに必要なツール 040

2-1-1 JavaScriptの実行環境はブラウザ ◆ 040
2-1-2 コーディングしやすいツールを使おう ◆ 043
2-1-3 文字コードはUTF8で保存 ◆ 046

2-2 初めてのJavaScriptプログラム 049

2-2-1 始まりはいつもHello World! ◆ 049
2-2-2 JavaScriptコードはHTML内から実行される ◆ 054
2-2-3 基本的なJavaScriptの書き方 ◆ 056

2-3 JavaScriptのデバッグ 060

2-3-1 ブラウザ付属のデベロッパーツール ◆ 060
2-3-2 デベロッパーツールでエラーを確認 ◆ 063
2-3-3 アラートを使わずにJavaScriptの実行結果を確認 ◆ 065

2-4 JavaScriptソースコードの記述場所 068

2-4-1 scriptタグの位置 ◆ 068
2-4-2 JavaScriptのコードは外部ファイルに記述できる ◆ 070

Chapter 3 変数とデータ型

3-1 リテラル 074

3-1-1 リテラルとは ◆ 074
3-1-2 エスケープシーケンス ◆ 077

3-2 変数と定数とデータ型 083

3-2-1 変数 ◆ 083
3-2-2 定数 ◆ 091
3-2-3 データ型 ◆ 092

Chapter 4 演算子

4-1 算術演算 098

4-1-1 足し算 ◆ 098
4-1-2 四則演算 ◆ 101
4-1-3 余り ◆ 102
4-1-4 累乗 ◆ 104

4-2 文字列結合と演算子の優先順位 105

4-2-1 文字列の結合 ◆ 105
4-2-2 演算子の優先順位 ◆ 109

4-3 さまざまな演算子 112

4-3-1 複合代入演算子 ◆ 112
4-3-2 インクリメントとデクリメント ◆ 115
4-3-3 演算子のまとめ ◆ 118

Chapter 5 条件分岐

5-1 プログラマ脳 122

5-1-1 プログラムの特徴とプログラマ脳 ◆ 122

5-1-2　プログラマ脳の訓練 ◆ 123

5-2　ifとelse　126

5-2-1　基本はif ◆ 126
5-2-2　条件に合致しないときはelse ◆ 131

5-3　boolean型変数と比較演算子　133

5-3-1　boolean型変数 ◆ 133
5-3-2　条件判定に変数を使ってみる ◆ 135
5-3-3　同じかどうかの判定 ◆ 136
5-3-4　イコール3個 ◆ 139

5-4　if条件分岐の完成形　142

5-4-1　ifとelseの間のelse if ◆ 142
5-4-2　else ifとifの積み重ね ◆ 145

5-5　条件分岐の応用　148

5-5-1　条件分岐の入れ子 ◆ 148
5-5-2　論理演算子 ◆ 151

5-6　switch　155

5-6-1　場合分けに便利なswitch ◆ 155
5-6-2　breakを忘れずに ◆ 158
5-6-3　caseの積み重ね ◆ 161

Chapter 6 ループ

6-1　ループ処理　164

6-1-1　ループ処理とは ◆ 164
6-1-2　ループの考え方の基礎 ◆ 166

6-2　whileループ　168

6-2-1　whileループの基本 ◆ 168
6-2-2　whileとインクリメント ◆ 172

6-3 forループ 176

6-3-1 ループ処理パターン ◆ 176
6-3-2 forループの基本 ◆ 177
6-3-3 変数のスコープ ◆ 179
6-3-4 インクリメントを使わないforの例 ◆ 182

6-4 do-whileループ 185

6-4-1 do-whileループの構文 ◆ 185
6-4-2 whileとdo-whileの違い ◆ 186

6-5 ループの入れ子 190

6-5-1 二重ループ ◆ 190
6-5-2 二重ループで長方形を描いてみる ◆ 195

Chapter 7
配列とループ

7-1 配列 200

7-1-1 配列とは ◆ 200
7-1-2 配列のインデックス ◆ 204
7-1-3 配列各要素へのデータの格納 ◆ 206

7-2 配列のループ 211

7-2-1 配列をforでループさせる ◆ 211
7-2-2 配列の要素数を表すlength ◆ 214
7-2-3 配列用のループ構文 ◆ 216

7-3 配列とループと条件分岐の組み合わせ 219

7-3-1 ループと条件分岐を組み合わせる ◆ 219
7-3-2 配列、ループ、条件分岐を組み合わせる ◆ 222

7-4 breakとcontinue 226

7-4-1 ループを抜けるbreak ◆ 226
7-4-2 ループを飛ばすcontinue ◆ 228
7-4-3 breakとcontinueの組み合わせ ◆ 229

Chapter 8 関数

8-1 関数の基本 234

8-1-1 関数とは ◆ 234
8-1-2 関数の書き方と使い方 ◆ 237
8-1-3 関数の戻り値 ◆ 242
8-1-4 関数の処理内容は使われ方次第 ◆ 245

8-2 さまざまな引数の書き方と使われ方 249

8-2-1 引数の個数をチェックしない ◆ 249
8-2-2 引数のデフォルト値 ◆ 253
8-2-3 可変長引数 ◆ 255
8-2-4 引数の展開 ◆ 258

8-3 関数式 261

8-3-1 関数そのものが値 ◆ 261
8-3-2 コールバック関数 ◆ 265
8-3-3 無名関数 ◆ 268

Chapter 9 オブジェクト指向JavaScript

9-1 オブジェクトとクラス 272

9-1-1 関数の復習 ◆ 272
9-1-2 オブジェクトの登場 ◆ 274
9-1-3 クラスの作り方 ◆ 276
9-1-4 オブジェクトの生成方法 ◆ 279
9-1-5 クラスとオブジェクトの関係 ◆ 280
9-1-6 関数の引数をオブジェクトにする ◆ 283

9-2 データと処理がワンセット 286

9-2-1 クラスとオブジェクトには処理を含められる ◆ 286
9-2-2 オブジェクト内アクセスはthis ◆ 290
9-2-3 メソッドを複数記述する ◆ 292
9-2-4 データと処理がワンセットのメリット ◆ 294

9-2-5 jsファイルを分割 ◆ 299

9-3 クラスの他のメンバ 301

9-3-1 コンストラクタ ◆ 301
9-3-2 ゲッタとセッタ ◆ 305

9-4 オブジェクトの拡張 312

9-4-1 継承 ◆ 312
9-4-2 メンバの柔軟な追加 ◆ 319
9-4-3 JavaScriptのクラスはシンタックスシュガー ◆ 321

Chapter 10
ビルトインオブジェクト

10-1 ビルトインオブジェクトとMDN 324

10-1-1 文字列はオブジェクト ◆ 324
10-1-2 MDN ◆ 327

10-2 データをまとめて扱えるオブジェクト 332

10-2-1 Arrayのメソッド ◆ 332
10-2-2 Arrayでコールバック関数の利用 ◆ 335
10-2-3 連想配列オブジェクトであるMap ◆ 339
10-2-4 オブジェクトリテラル ◆ 344
10-2-5 重複がない集合を表すオブジェクトSet ◆ 347

10-3 日付と時刻のオブジェクト 350

10-3-1 日時を扱うにはDateオブジェクト ◆ 350
10-3-2 Dateの中身はUNIXエポックからのミリ秒 ◆ 355

10-4 Mathオブジェクトと静的メソッド 358

10-4-1 Mathは数学的演算用のオブジェクト ◆ 358
10-4-2 Mathのメソッドはすべて静的メソッド ◆ 359

Chapter 11 HTMLの操作

11-1 DOMとWindow 362

11-1-1 DOMとは ◆ 362
11-1-2 Documentオブジェクト ◆ 365
11-1-3 Windowオブジェクト ◆ 365

11-2 ノード操作の基本 370

11-2-1 要素ノードの取得メソッド ◆ 370
11-2-2 ボタンクリックでJavaScriptプログラムを実行させるには ◆ 371
11-2-3 idによる要素ノード取得 ◆ 373
11-2-4 テキストの取得 ◆ 374
11-2-5 テキストの置換 ◆ 376
11-2-6 属性の取得 ◆ 377
11-2-7 属性の追加・更新・削除 ◆ 381

11-3 その他の要素ノード取得方法 386

11-3-1 タグ名での要素取得 ◆ 386
11-3-2 class属性での要素取得 ◆ 390
11-3-3 name属性での要素取得 ◆ 393
11-3-4 特定のタグ配下の要素取得 ◆ 395
11-3-5 セレクタ式による要素取得 ◆ 396

11-4 要素の追加・削除 397

11-4-1 要素の追加 ◆ 397
11-4-2 ノードの相対位置関係 ◆ 404
11-4-3 要素の削除 ◆ 405
11-4-4 innerHTMLの利用 ◆ 407
11-4-5 動的に変化したHTMLの確認方法 ◆ 411

Chapter 12 イベント処理

12-1 イベント処理概観 414

12-1-1 イベントとイベントハンドラとリスナ ◆ 414

12-1-2 ボタンのonclickはイベント処理 ◆ 415
12-1-3 JavaScriptのイベント ◆ 416

12-2 3種類のイベントハンドラ登録 419

12-2-1 イベントハンドラの登録方法は3種類 ◆ 419
12-2-2 タグ属性によるイベントハンドラ登録 ◆ 420
12-2-3 オブジェクトプロパティによるイベントハンドラ登録 ◆ 424
12-2-4 メソッドによるイベントハンドラ登録 ◆ 432

12-3 マウスイベント 438

12-3-1 イベントハンドラの引数 ◆ 438
12-3-2 マウスポインタの出入り ◆ 443
12-3-3 リスナの削除 ◆ 448

Chapter 13 アプリを作ろう

13-1 基本のBMI計算処理と表示 452

13-1-1 BMIとは ◆ 452
13-1-2 BMI計算アプリの概要と画面 ◆ 454
13-1-3 おおまかな処理の流れ ◆ 457
13-1-4 BMIクラスを作成 ◆ 459
13-1-5 onCalcBMIButtonClick()関数を作成 ◆ 462

13-2 アドバイスを表示 465

13-2-1 追加仕様と処理の流れ ◆ 465
13-2-2 クラスにメソッドを追加する ◆ 467
13-2-3 onCalcBMIButtonClick()関数に追加 ◆ 471

13-3 バリデーションを実装 473

13-3-1 バリデーション ◆ 473
13-3-2 バリデーション仕様 ◆ 474
13-3-3 ボタンの無効化 ◆ 477
13-3-4 イベントハンドラ関数の登録 ◆ 477
13-3-5 バリデーション処理の実装 ◆ 479

本書の使い方

本書のひとつの特徴として、実際に手を動かして学んでもらえるようにしています。すべてのJavaScriptソースコードが掲載されていますので、それらを入力し、プログラムを実行させて確認できるようになっています。

▶▶▶ 本書の進め方

プログラミングは、書籍を読むだけでは身に付きません。実際にソースコードを入力し、実行させて動作確認を行ってください。その後、解説を読むという流れで進めていってください。

▶▶▶ 動作確認の方法

本文中でも解説していますが、JavaScriptプログラムは、そのソースコードが書かれたjsファイルをhtmlファイルに読み込ませることで実行できます。したがって、本体であるjsファイルと、それを読み込むhtmlファイルの最低2ファイルを作成する必要があります。ところが、紙面の都合上、2ファイルのソースコードは掲載していません。さらに、htmlファイルはほぼ定型なので掲載する意味もあまりありません。そこで、Chapter 3以降はhtmlファイルを掲載せず、jsファイルのソースコードのみを記載しています。

ソースコードを記述する際は、本書に記載のjsファイルを作成し、Chapter 2のリスト2-7のhtmlファイルをコピーして、コピーしたファイルのjsファイルの読み込み部分のファイル名を変更するようにしてください。そのhtmlファイルをブラウザに読み込ませることで実行が確認できます。

▶▶▶ IE対応について

本書に掲載したサンプルソースコードは、モダンブラウザと呼ばれる以下のブラウザで動作確認をしています。

・Google Chrome 64

・Firefox 58

・Microsoft Edge 41
・Safari 11

バージョン番号については、原稿執筆時点での最新バージョンです。

一方、Microsoft Internet Explorer（IE）については、IE 11で動作検証を行っていますが、Chapter 4以降に動作しないサンプルが出てきます。それらのサンプルには IE アイコンを付与しています。これらのサンプルをIEで動作させるためには、Babelというツールによる変換が必要です。Babelとは何か、Babelによる変換方法などは付録を参照してください。

また、解説する構文そのものがIEでは動作しないものに関しても、それらの節タイトル、あるいは項タイトルに IE アイコンを付与して示しています。

▶▶▶ ダウンロードサンプルの扱い

最初に記載した通り、本書ではすべてのソースコードを掲載していますので、ダウンロードサイトからサンプルをダウンロードする必要はありません。とはいえ、htmlファイルでの読み込み方法や正常動作確認などのために、サンプルをダウンロードしたい場合は、インプレスの本書サイトよりダウンロードできます。

サンプルプログラムのダウンロードサイト
URL：https://book.impress.co.jp/books/1117101136

また、WINGSプロジェクトのWebサイトからもダウンロードできます。
URL: http://www.wings.msn.to/index.php/-/A-03/978-4-295-00409-7

ダウンロードしたファイルはzip圧縮されており、全ソースファイルが含まれています。このzipファイルを解凍すると、図Pre-1のように各Chapterごとにchap01～chap13のフォルダに分かれており、その中に対応するChapterで解説するサンプルソースファイルが入っています。

一例として、「chap03」フォルダ内のファイルを図Pre-2に掲載しています。

図Pre-1：サンプルソース収納のフォルダ

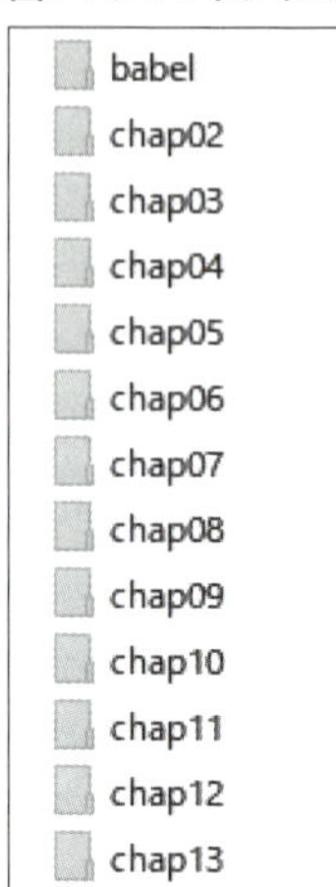

図Pre-2：「chap03」フォルダ内のファイル

const.js
noEscape.js
showLiterals.js
useConst.html
useNoEscape.html
useShowLiterals.html
useVariables.html
useVarTypes.html
useWithEscape.html
useWithLineFeed.html
variables.js
varTypes.js
withEscape.js
withLineFeed.js

このように、jsファイルとhtmlファイルがあります。これらのjsファイル内のソースコードは本書に掲載しています。一方、先述の通りhtmlファイルのソースコードの掲載は省略しています。ダウンロードサンプルでは、原則としてjsファイルとhtmlファイルは1対1対応となっており、名前もjsファイル名の前にuseを付けたものとなっています。例えば、showLiterals.jsファイルを読み込むhtmlファイルはuseShowLiterals.htmlとなっています。

▶▶▶ jsファイルを複数読み込むhtmlファイルについて

Chapter 9以降、ひとつのhtmlファイルに複数のjsファイルを読み込ませるサンプルが出てきます。そのため、jsファイルとhtmlファイルが1対1対応になっていないものも出てきます。その場合、本書中でどの順番でjsファイルを読み込むかを記載しています。そちらを参照してください。

▶▶▶ 「babel」フォルダについて

ダウンロードサンプル中の「babel」フォルダには、Babelによって変換されたIE対応ファイルが含まれています。babelフォルダを開くと次の図 Pre-3のように、Chapterごとのフォルダに分かれています。ただし、含まれているフォルダは、変換が必要なサンプルがあるChapterのみとなっています。

図Pre-3：「babel」フォルダ内のフォルダ一覧

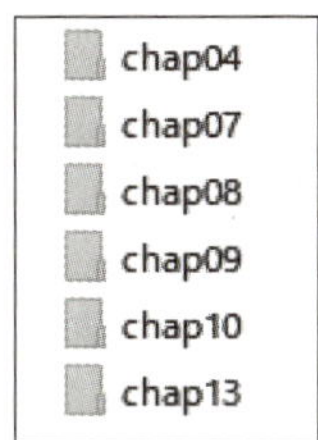

例としてchap07の中身を掲載したのが次の図Pre-4です。Babelによる変換ファイルは、すべて末尾に「IE」を付与していますので、こちらで対応関係を見つけてください。

図Pre-4：「babel」－「chap07」フォルダ内のファイル一覧

breakAndContinueIE.js
loopArray3IE.js
sumAndAveIE.js
useBreakAndContinueIE.html
useLoopArray3IE.html
useSumAndAveIE.html

▶▶▶ コードの書式

入力するスクリプトのコードやhtml、テキストファイルの内容は、次のようなピンク地の囲み内に示しています。

```
let h = "Hello";
let w = "World";
let print = h + " " + w + "!";
console.log(print);
```

なお、紙面の都合上2行に渡っていても、続けて1行で入力しなければならないコードの継続位置には、次の例のように⇒アイコンを入れています。

```
window.alert("Hello World!");window.alert("こんにちは、世⇒
界!");
```

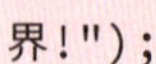

また、JavaScriptの重要な構文については、書式や説明と共に、次のように赤い枠で囲んで示しています。

構文 コンソールへの文字列表示

```
console.log()
```

() 内の文字列がConsoleパネル内に表示される

▶▶▶ 会話の登場人物

本書では、要所要所に会話が登場します。その登場人物は以下の3人です。特に、ナオキくんは本書の読者を想定しており、ナオキくんがJavaScriptを学習していく過程を読者の学習過程と重ね合わせることで、本書が進んでいきます。この3人の会話によって、ソースコードの登場理由や補足事項が説明されたり、話の流れが変わったりします。ぜひ、ナオキくんと同じ立場に立って会話も楽しんでください。

ワトソン先生：プログラミングサークルの顧問で准教授。専門はJavaScript、HTML/CSS、PHP、JavaなどWeb全般。

一歩ずつ進んでいこう!

ユーコさん：プログラミングサークルの部長で理系の大学3年生。サーバサイドからフロントまで何でもこなすフルスタックエンジニアを目指して就活中。

わからないことは何でも聞いてね!

ナオキくん：スマホゲームが大好きな文系の大学1年生。Webの世界に興味を持ち始めてプログラミングサークルの戸を叩く。フロントエンジニアを目指して勉強中。

よーし、頑張るぞ!

CHAPTER 1

Webの仕組みとJavaScriptの役割

JavaScriptは、Web開発において必要不可欠な言語です。そのJavaScriptもかつて廃れかけた時期がありました。このChapterでは、そういったJavaScriptの生い立ち、さらには、そのJavaScriptと切っても切り離せない関係にあるWebの仕組みについて学びましょう。

1-1 Webの仕組み

JavaScriptはWeb開発で大活躍するプログラミング言語です。その活躍の場であるWebの仕組みから話を始めましょう。

ポイントはこれ!

- ✓ コンピュータ同士が通信を行うにはプロトコルが必要
- ✓ インターネットはネットワークとネットワークをつないだもの
- ✓ 文字データに文書構造を持たせたものがハイパーテキスト
- ✓ ハイパーテキストを記述する言語がHTMLで、HTMLを解析して表示するのがブラウザ
- ✓ ハイパーテキストをやり取りするプロトコルがHTTP
- ✓ HTTPでサーバからハイパーテキストを取得する仕組みがWeb
- ✓ HTTPはリクエストとレスポンスのペア

1-1-1 コンピュータネットワークとプロトコル

まずは、Webの基盤となるコンピュータネットワークの歴史のお勉強から始めましょう。

プロトコルというのは、簡単に言うとコンピュータ同士が会話をするためのルールのことだよ。詳しく説明する前に、少し歴史のお勉強から始めようか。

▶▶▶ 昔はコンピュータは単体で使っていた

今では考えられないかもしれませんが、コンピュータというのは、その昔（1960年代以前）はコンピュータ同士をつながずに単体で使っていました。より正確には、つなぐ必要がなかったし、つなぐ方法も存在しなかったのです。というのは、そもそもコンピュータが高価でしたので、1台だけ導入すれば十分だったのです。

図1-1：1960年代はコンピュータは1台

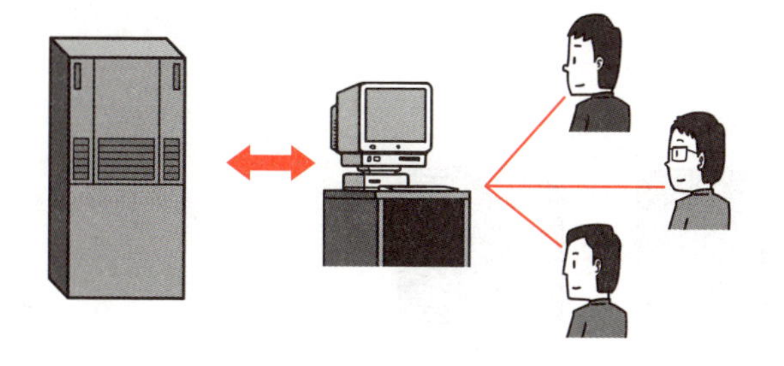

▶▶▶ コンピュータが複数台になると…

1970年代になると、コンピュータを複数台導入する研究機関や企業が増えてきます。そうなると、問題になってくるのがデータの共有です。当時、データを共有したい場合はまず外部記録媒体にデータを記録して、それを物理的に運ぶ必要がありました。外部記録媒体といっても、現代にあるようなUSBメモリやカードを思い浮かべてはいけません。当時の記録媒体の主流は、大きなリールにまかれた磁気テープでした。昔のアニメなどにはよく登場します。

図1-2：データ共有は記録媒体を物理的に輸送

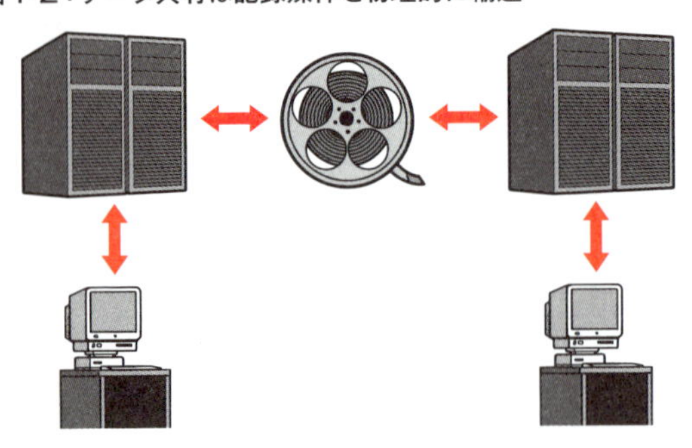

▶▶▶ コンピュータ同士をつなぐ

前述のような方法は不便です。そこで、コンピュータ同士を回線でつなぎ、コンピュータ同士で直接データのやり取りをしてもらおうと考えました。コンピュータ間通信の登場です。

図1-3：コンピュータ間通信の誕生

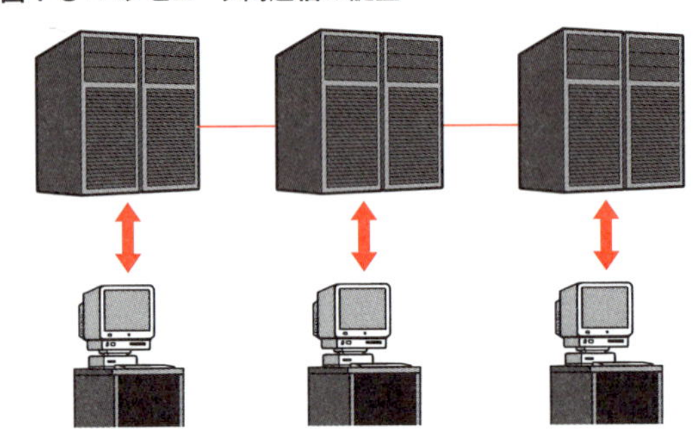

▶▶▶ コンピュータネットワークとプロトコルの登場

回線を通じてデータのやり取りをするとなると、そのやり取りの方法、手順を定める必要があります。当初のコンピュータ間通信は、同じメーカーのコンピュータ同士の通信のみでしたので、メーカー内でその手順を決めていれば問題ありませんでした。ところが、時代が進むと、異なるメーカーのコンピュータ同士をつなぐ必要が出てきます。コンピュータネットワークの誕生です。

そうした場合、異なる種類のコンピュータ間、異なるメーカーのコンピュータ間でも問題なく通信できるための方法、手順、つまり、通信規約を定める必要が出てきます。これが**プロトコル**です。

たとえば、私が突然「★※▽◆※□～!!」って、意味不明な言語で話し始めたら会話は成り立たないよね？ここでこうやって会話が成り立つのは、同じ日本語を話しているからなのよ。

つまり、プロトコルっていうのは、会話を成り立たせるための言語そのものと同じに考えていいんですね。

そうね。

▶▶▶ インターネットはネットワークとネットワークを結んだもの

　コンピュータネットワークが登場したことで、さまざまなコンピュータ同士のやり取りが可能となりました。それでも、企業内や研究所内など、当初のネットワークは域内に閉じた状態でした。

図 1-4：ネットワーク間では通信できない

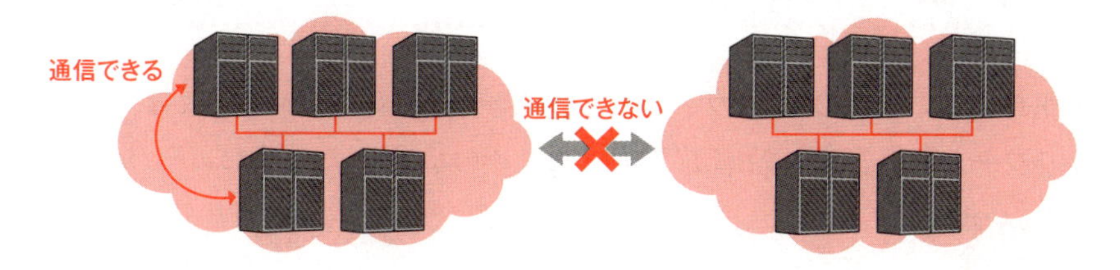

　この閉じたネットワーク同士をどうにかつなげる方法はないものかと、コンピュータ通信の当初からアメリカ国防総省が中心となって、アメリカ西海岸の大学と研究機関4か所を結び、研究が続けられていました。これが**ARPANET**であり、インターネットの原型です。その後、接続先が50か所にまで増え、研究は大成功します。このときに開発されたさまざまなプロトコルはまとめて「**TCP/IP**プロトコル群」と呼ばれます*。

*）TCPはTransmission Control Protocol、IPはInternet Protocolの省略形です。

さらに、このTCP/IPをOSレベルで組み込んでいたUNIXコンピュータが広く普及します。そのことがこの「ネットワークとネットワークをつなぐこと」の普及に拍車をかけ、現在の**インターネット**へと発展していきます。

図1-5：インターネットはネットワークとネットワークをつないだ状態

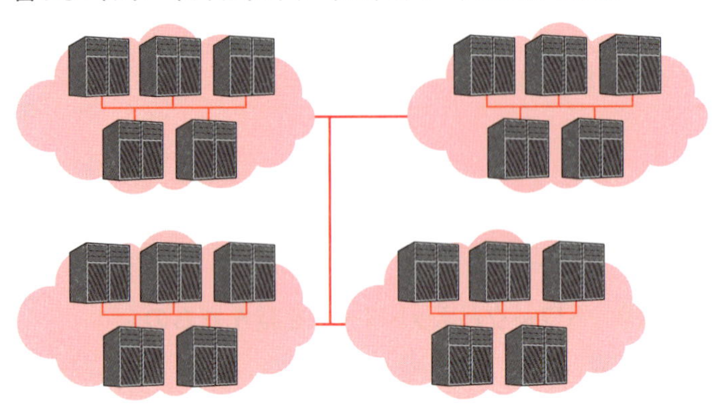

1-1-2 WebはクライアントとサーバがHTTPで通信する

Webは、コンピュータネットワーク上に展開された仕組みです。それは、当初はネットワーク上の文書を効率よく閲覧するためのものでした。次に、そこから話を始めていきましょう。

じゃあ、HTTPはそのプロトコルのひとつなんですね。

そうよ。TCP/IPプロトコル群のひとつなのよ。

どんなプロトコルなんですか？

HTTPの特徴を説明する前に、そもそもWebの通信というのは、どことどこが何を通信しているか知っているかな？

▶▶▶ テキスト文書に構造を持たせるハイパーテキスト

突然ですが、リスト1-1の文書を読んでみてください。

リスト1-1：レイアウト化された文書

> **吾輩は猫である**
>
> 夏目漱石
>
> 吾輩は猫である。名前はまだ無い。
>
> どこで生れたかとんと見当がつかぬ。何でも薄暗いじめじめした所でニャーニャー泣いていた事だけは記憶している。吾輩はここで始めて人間というものを見た。しかもあとで…

リスト1-1は見た目のレイアウト化がされていますので、どこがタイトルで、どこが著者で、段落がどこかすぐにわかります。この文書データを誰かに渡そうとした場合、本来の文字データとは別に、こういったレイアウトのデータも渡す必要があります。こうなると、データ量が増えます。

一方で、リスト1-1からレイアウト情報を取り除いて文字情報のみにすると、リスト1-2のようになります。

リスト1-2：文字情報のみの文書

> 吾輩は猫である\n夏目漱石\n吾輩は猫である。名前はまだ無い。\nどこで生れたかとんと見当がつかぬ。何でも薄暗いじめじめした所でニャーニャー泣いていた事だけは記憶している。吾輩はここで始めて人間というものを見た。しかもあとで…

ここで記述した「\n」は改行を表す記号だと思ってください。コンピュータ内部では、改行すらも文字データのひとつとして扱います。実際にコンピュータが内部的に扱っている文書情報というのは、リスト1-2のような状態なのです。人間がリスト1-2を読んだとした場合、今までの経験からどこがタイトルでどこが著者かを推測しています。ところが、通常のコンピュータではこの推測はできません*。

そこで、レイアウト情報を使わずに、どこがタイトルでどこが著者か、どこが段落か、文字情報のままわかるようにリスト1-2に何か印を付けるという考え方が登場します。例えば、リスト1-3のようなものです。

リスト1-3：記号を付けた文書

■吾輩は猫である\n〓夏目漱石\n○吾輩は猫である。名前はまだ無い。●\n○どこで生れたかとんと見当がつかぬ。何でも薄暗いじめじめした所でニャーニャー泣いていた事だけは記憶している。吾輩はここで始めて人間というものを見た。しかもあとで…●

ここでは、■がタイトル、〓が著者、○から●までがひとつの段落のようにしています。

このように、文書に文字情報だけでその文書構造を表す記号を埋め込んだものを**ハイパーテキスト**といいます。そしてこの、文書に文書構造を表す記号を付けることを**マークアップ**といいます。

あとは、ハイパーテキストを解析してレイアウト化したものを表示するソフトウェアを用意すれば、文書データをやり取りできます。しかも、コンピュータ間のやり取りのデータ量は、リスト1-1のようなレイアウト情報までを含んだものよりは少なくて済みます。

*）最近のAIの目覚ましい発展を見ると、そのうちできそうな気がしますが。

▶▶▶ サーバとクライアント

インターネットが整備されていくと、その中をさまざまなデータが飛び交い、利用されるようになっていきます。そうするうちに、あるコンピュータ上にある文書データを別のコンピュータで表示させるにはどうしたらいいか、研究されるようになってきました。

その際に活躍するのがハイパーテキストです。ハイパーテキストをどこかのコンピュータにまとめて配置しておき、そのコンピュータからネットワークを通じて文書データを取得します。取得する方のコンピュータには、ハイパーテキストを解析して表示するソフトウェアを用意し、マークアップに合わせてレイアウト化してもらいます。このハイパーテキストをまとめて置いておくコンピュータのことを**サーバ**といい、そこからハイパーテキストをネットワーク越しに読み込んで表示するコンピュータを**クライアント**といいます。もちろん、サーバというのはサービスを提供するコンピュータ全般のことを言うので、ハイパーテキストのやり取りのみがその機能ではありません。同様に、クライアントもサーバからサービスを受けるコンピュータ全般をいいます。

図 1-6：サーバからハイパーテキストを取得してクライアントで表示

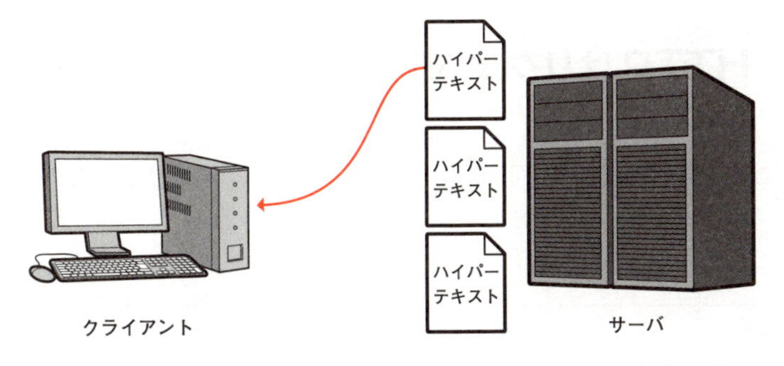

▶▶▶ HTTPとHTML

この、サーバとクライアント間でハイパーテキストのやり取りを行うためのプロトコルが**HTTP**です。HTTPの正式名称はHypertext Transfer Protocolで、その名称がまさにハイパーテキストのやり取りのためのプロトコルであることを示しています。

また、ハイパーテキストを作成するマークアップの規格として**HTML**が考え出されました。HTMLは、HyperText Markup Languageの略で、こちらも、名称通り、まさにハイパーテキストをマークアップするための言語です。

さらに、サーバとHTTPプロトコルで通信を行い、取得したHTML文書データを解析して表示するためのソフトウェアが開発されます。これが、**ブラウザ**です。

▶▶▶ 役者がそろいました

このように、ブラウザがHTTPプロトコルでネットワーク上を通信しながらサーバからHTML文書データを取得して表示する仕組みのことを、**World Wide Web**（**WWW**）、略して、**Web**といいます。

なお、クライアントからの要求に応じてハイパーテキストを返すサーバ上のソフトウェアを**Webサーバ**（ソフトウェア）という一方で、Webサーバソフトウェアが稼働しているコンピュータそのものをWebサーバ（マシン）といいます。つまり、単に**Webサーバ**といえば、ソフトウェア、ハードウェアの両方を指すことができ、文脈で区別しています。

1-1-3 HTTPはリクエストとレスポンスのペア

Webの仕組みがわかったところで、HTTPプロトコルの特徴を確認しておきましょう。

なるほど！
じゃあ、今まで当たり前のようにブラウザで見ていたこの画面って、実はHTML文書で、インターネット上のサーバからHTTPプロトコルで取得しているのですね。

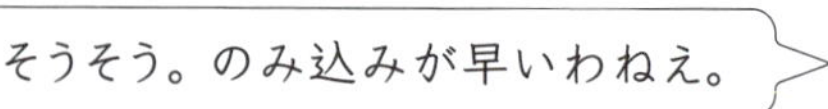

じゃあ、ここでHTTPの特徴を見ておこうか。

▶▶▶ 目的はハイパーテキストの取得

HTTPプロトコルは、その目的がハイパーテキストの取得です。その目的を無駄なく実現するために、非常に簡潔な仕組みとなっており、以下の2ステップのみで構成されています。

（1）ブラウザがWebサーバにハイパーテキストデータの取得を要求する。
（2）Webサーバは、サーバ内にあるハイパーテキストファイルを読み込んで送信する。

この（1）の処理のことを**リクエスト**といい、（2）の処理のことを**レスポンス**といいます。

図1-7：HTTPはリクエストとレスポンスのペア

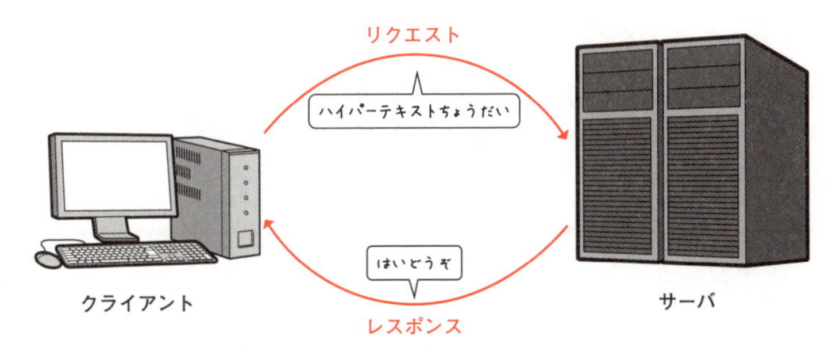

HTTPプロトコルは、このリクエストとレスポンスのペアで成り立っており、ひとつのペア、リクエストとレスポンスの1往復で完結します。つまり、Webサーバはレスポンスを返した時点で、リクエストがどんなものだったかといった情報は保存しておかず、次のリクエスト処理に移ります。ひとつのペアとまた別のペアの間に、関連を保持しない仕組みとなっています。

1-2：サーバサイドプログラミングとクライアントサイドプログラミング

JavaScriptはプログラミング言語です。ここまでのWebの仕組み、つまり、サーバ上のハイパーテキストをクライアントに送信するという仕組みの上ではプログラミング言語が活躍しそうな場面はありませんでした。次にそこを見ていきましょう。

ポイントはこれ！

- ✓ 動的にHTML文書を生成するにはプログラミングが必要
- ✓ コンピュータは0と1しか理解できない
- ✓ ソースコードを0と1に変換する方式の違いで、コンパイラとインタプリタがある
- ✓ インタプリタ言語の多くがスクリプト言語である
- ✓ JavaScriptはブラウザ上で動作するスクリプト言語
- ✓ HTML+CSS+JavaScriptが現代のwebシステムクライアントサイドの三種の神器

1-2-1 HTML文書データをプログラムで生成

Webにおいてプログラミングが登場するのは、HTML文書の更新を行う場面です。

ナオキくんもWebの仕組みがわかったみたいね。でも、ちょっと疑問に思わない？

どのあたりがですか？

Webは、サーバにあるHTML文書を取得して表示する仕組みよね。じゃあ、なんでこのページは同じURLなのに、毎回表示内容が変わるの？

あ！確かに！サーバにあるHTMLファイルって固定の内容ですよね。それを表示するということは、毎回同じ内容でないとおかしいですよね。

そうそう。

そこにプログラミングが登場するんだよ。

▶▶▶ Web黎明期での情報更新は手作業

Webの黎明期には、サーバにあったHTML文書ファイルをレスポンスとして返し、ブラウザはそれを表示するだけで十分でした。それだけでも、今までにないぐらい手軽に情報を入手できるようになりました。

情報発信者は、情報を更新したい場合は、HTML文書ファイルを新たに作成、あるいは書き換え、サーバにアップロードします。情報を取得する人は、新たなファイルがアップロードされていないか、あるいは更新されていないかを確認していました。そういったことを自動で行うソフトウェアも出ていました。

図1-8：Webの情報更新はサーバ内のファイルを更新

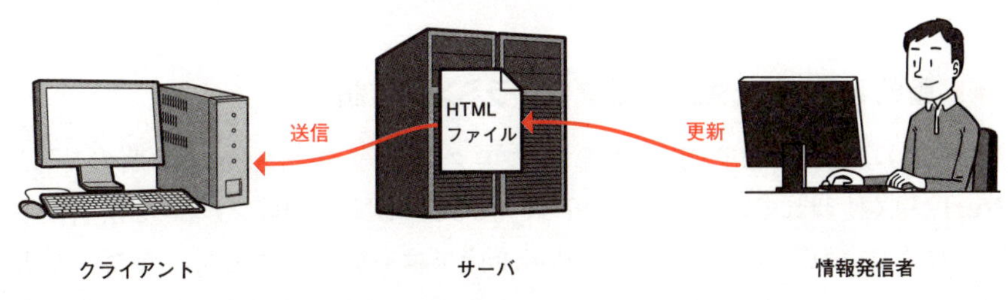

ただ、あくまで情報更新は手作業です。

ましてや、ブラウザから送られてくる内容に応じてリアルタイムで表示情報を変更するなどは不可能です。

▶▶▶ 自動化、プログラミングの登場

この情報更新を自動で行うにはどうすればいいでしょうか。また、リクエストの内容に応じて表示内容を変えるにはどうすればいいでしょうか。

これは、HTML文書の提供元、つまりサーバ側でこのHTML文書データを、その都度その都度プログラムによって作り出すしかありません。

図1-9：プログラムでHTML文書データを生成

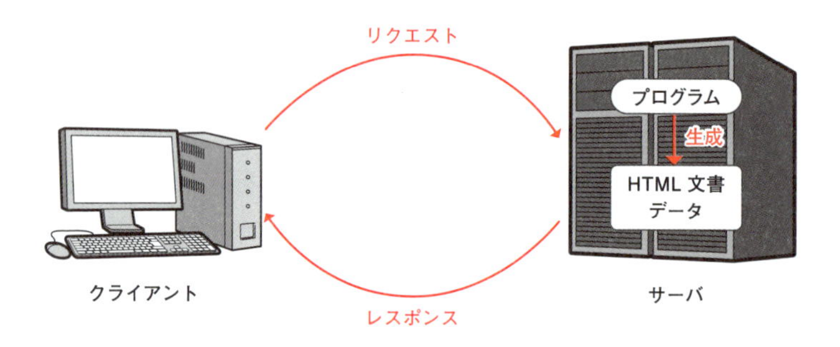

ここにプログラミング言語が活躍する場があります。

なお、サーバにあるファイルをただ表示するだけの状態、つまり、表示内容が固定なHTML文書のことを**静的**HTMLといい、プログラムなどによって表示内容が変化するHTML文書のことを**動的**HTMLといいます。

▶▶▶ 動的HTMLを生成するプログラミング言語

このように動的にHTMLを生成するプログラミング言語として、初期のころは**Perl**がよく使われていました。Perlは、もともとはUNIX内のファイルを解析するために作成された言語ですので、Web向きではありませんでした。ただ、Webサーバのとして UNIXが使われていたために、そのUNIX上で扱いやすい言語としてPerlが使われた経緯があります。

その後、Perlの代替言語として**Ruby**、Webに特化したプログラミング言語として**PHP**、Servlet/JSPというWeb用の仕様を組み込むことでWeb開発が可能となった**Java**などがWebのプログラミングに使われるようになります。

1-2-2 プログラミング言語の種類

プログラミングによって動的HTMLを生成するのに、いろいろな言語があります。これらはすべて同じような言語なのでしょうか。そこを見ていきましょう。

ようやく理解しました。JavaScriptってサーバ上でHTMLを生成するための言語なのですね。

あ、この間違い、知らない人はよくするのよねえ。

どういうことですか？

JavaとJavaScriptはまったく違う言語なのよ。

え！そうなんですか！

そう。JavaとJavaScriptは恋人と白い恋人ぐらい違うよ*。

（笑）。そんなに！

じゃあ、どれくらい違うかを見ていくために、プログラムが動く仕組みから解説しようか。

*）この発言は、WebDINO Japan（元Mozilla Japan）CTOの浅井 智也氏の発言を引用させていただいています。 https://twitter.com/dynamitter/status/265698669754470400

▶▶▶ コンピュータは0と1しか理解できない

プログラミング言語で書かれた文書を**ソースコード**といいます。リスト1-4はJavaScriptのソースコードサンプルです。このようなソースコードをちょっとでも見たことがある人は、何か英語のような、記号のようなものが並んでいるように思ったかもしれません。

リスト1-4：JavaScriptのサンプルソースコード

```
let h = "Hello";
let w = "World";
let print = h + " " + w + "!";
console.log(print);
```

このようなソースコードが書かれたファイルというのは、実はそのままではコンピュータ上では実行できません。なぜなら、コンピュータは0と1で処理を行うからです。

▶▶▶ ソースコードを0と1に変換

コンピュータが直接理解できる唯一のプログラミング言語、つまり、0と1が羅列された言語のことを、**機械語**、あるいは、**マシン語**といいます。マシン語以外の言語で書かれたソースコードは、いったんマシン語に変換する必要があります。この変換の方法には2種類あります。

ひとつは、ファイルごとマシン語に変換する方法で、これを**コンパイル**といい、この方式をとる言語を**コンパイラ言語**といいます。この方式の言語は、ソースコードをコンパイルしたファイルをコンピュータで実行します。

図1-10：コンパイラ言語

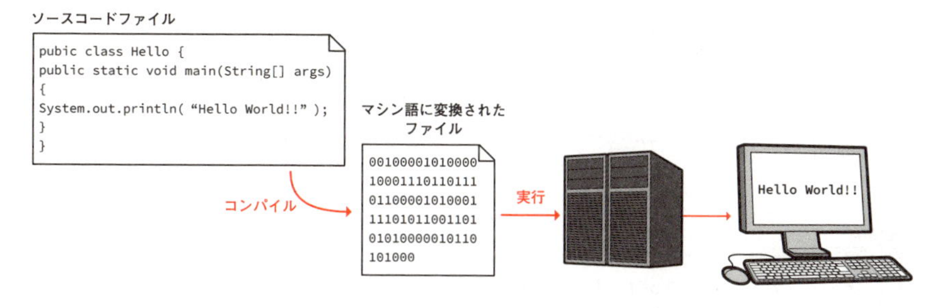

図1-11：インタプリタ言語

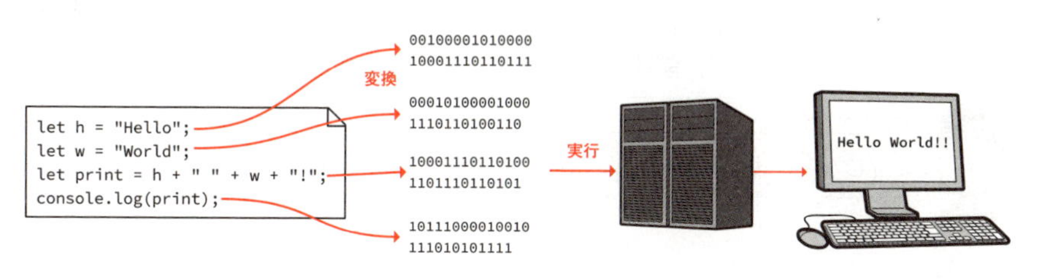

一方、もうひとつは、ソースコードを実行する際にその場でマシン語に変換する方法で、**インタプリタ**といい、この方式をとる言語を**インタプリタ言語**といいます。こちらの言語は、見た目にはソースコードを直接実行しているように見えますが、実は実行時に変換されています。

さらに、インタプリタ言語の多くはプログラミング中で扱う変数の型（Chapter 3で扱います）を意識する必要がない言語であり、このような言語を**スクリプト言語**といいます。スクリプト言語の特徴としては、コンパイラ言語に比べて、簡単にプログラムが書けることが多いです。

なお、先に挙げたWebのプログラミングとして使われる言語を分類すると、以下のようになります。

- コンパイラ言語：Java
- スクリプト言語：Perl、Ruby、PHP

1-2-3 JavaScriptはクライアントサイドで動作するスクリプト言語

では、JavaScriptは分類するとどちらに属すのでしょうか。

あれ?JavaScriptが含まれていませんよ。

JavaScriptは名前のとおり、スクリプト言語なのよ。ただ、他のスクリプト言語とは動作する場所が違うのよ。

じゃあ、ようやく本題。JavaScriptの特徴を見ていこうか。

▶▶▶ サーバサイドプログラミングとクライアントサイド

JavaScriptは、かつてのNetscape Communications社によって開発された言語です。開発当初はLiveScriptと呼ばれていましたが、その当時、Javaが注目されており、それにあやかろうとJavaScriptへと改名されました。そのため、同じ言語とよく誤解されますが、1-2-2項の会話と今までの解説からわかるように、全く違う言語です。

ところで、1-2-2項で挙げたWebのプログラミングとして使われる言語は、サーバ上で動作するプログラムを作成する言語です。このような言語を、**サーバサイドプログラミング**言語といいます。一方、**JavaScript**はブラウザ上、つまりクライアントで動作します。このような言語を、**クライアントサイドプログラミング**言語といいます。その用途としては、サーバサイド言語のようにHTML文書の生成ではなく、すでにブラウザに表示されたWebページに対して、例えば、マウスを重ねるとポップアップを表示したり、メニューを押すとドロップダウンリストが表示されたり、といった、ブラウザ上のWebページに動きを持たせるのに使われていました。

▶▶▶ JavaScript不遇の時代

そのJavaScriptは、1995年にNetscape Navigator 2.0でブラウザに組み込まれます。さらに、Microsoftもブラウザで動作する言語として**JScript**をInternet Explorer 3.0に組み込みます。このJScriptはJavaScriptに類似した言語としてMicrosoftが開発した言語です。

この2個の言語は似たような部分が多い一方で、違いもありました。この違いが原因で、JavaScriptが想定どおりの動作をしないことが多く、そのためJavaScriptの使用を避けるシステム開発も多かったです。特にサーバサイドとしてJavaを使用する業務Webシステムにおいては、企業内の業務で使われるシステムという特性上、安全のためにJavaScriptを不使用にすることが多々ありました。

そんな中、JavaScriptは表示されたWebページに動きを付けられるということから、ただただ派手に装飾する無駄な使われ方しかされなくなっていきました。その結果、より一層JavaScriptが嫌厭されるようになり、不遇の時代を迎えます。

1-2-4 クライアントサイドプログラミングの重要性

ところが、そのJavaScriptが復活し始めます。2000年代前半のころです。

▶▶▶ HTMLのみでは使い勝手が悪い

そのころ作成されていたWebシステムには大きな問題がありました。そのころのWebシステムは、サーバですべての処理を行い、HTML文書データとしてブラウザに送信します。このようにして表示された画面というのは、非常に使い勝手、つまりユーザビリティが悪かったのです。一例として入力チェックを挙げましょう。画面に必須項目として氏名を入力するとします。ここに入力し忘れがあった場合、当時のWebシステムでは、送信ボタンを押し、サーバにデータを送らない限り入力し忘れを判定できません。すべての処理をサーバで行うからです。

それはつまり、システムを使う（ユーザの）側からすると、送信ボタンを押して、再度表示された画面の入力し忘れメッセージを確認し、もう一度入力して、送信ボタンを押し直す。このような動作をしなければなりませんでした。

これを、ユーザビリティをよくするために、例えば、入力したその場でポップアップなどで入力し忘れを通知するような仕組みを考えたとします。このようなシステムを作ろうとすると、どうしてもクライアントサイドでの処理が必要になり、Webでクライアントサイドプログラミングが可能な言語としてのJavaScriptに注目が集まるようになります。

サーバサイドプログラミングのみで作られたシステムのデモを触りながら…

これは、本当に使いにくいですね。

私もここまで使いにくいとは思わなかったわ。これは確かにクライアントサイドの処理が必要よね。今では当たり前だけど。でも、JavaScriptってブラウザによって挙動が違ってましたよね。そこはどう解決したのですか？

そこには、ECMA Internationalの活躍があるよ。さらには、Googleも忘れてはいけないね。

▶▶▶ JavaScriptの復活

そのころ、ブラウザ間の互換性の問題も、国際的な標準化団体である**ECMA International**の下で標準化が進められ、言語としても進化を遂げます。さらに、Googleが、Google MapやGoogleスプレッドシートなど、ブラウザ上でデスクトップアプリと変わらない操作感を、JavaSciptを使って実現したWebアプリを世に出します。ここからJavaScriptが急速に普及していきます。

▶▶▶ CSSの完全サポートでWebの三種の神器がそろう

それと同時に、それまでは仕様のみが存在し、ほとんどのブラウザでサポートされていなかった**CSS**（Cascading Style Sheets）を、各ブラウザが完全サポートするようになりました。

それまでは、例えば、強調文字の色をブラウザ標準から変更したり、あるいは、文字サイズを変更したりといったHTML文書に装飾を施したい場合は、HTML文書内にそういった装飾用の記述を行っていました。さらには段組みなどのレイアウトを行いたい場合は、表を表示するためのHTML記述を無理やり使っていました。これは、マークアップというHTMLの本質からは間違った使い方でした。

本来、こういった、装飾やレイアウトを行うためにCSSが存在します。そのCSSが各ブラウザで完全サポートされることにより、装飾用の記述をCSSに任せることが可能となりました。

これによって、HTML+CSS+JavaScriptというWebクライアントの三種の神器がそろい、以下のような役割分担がはっきりします。

- HTML：ブラウザ上に表示する文書と文書構造
- CSS：ブラウザ上に表示する文書のレイアウトと装飾
- JavaScript：ブラウザ上に表示した内容に動きを持たせる

図1-12：HTML・CSS・JavaScriptの役割分担

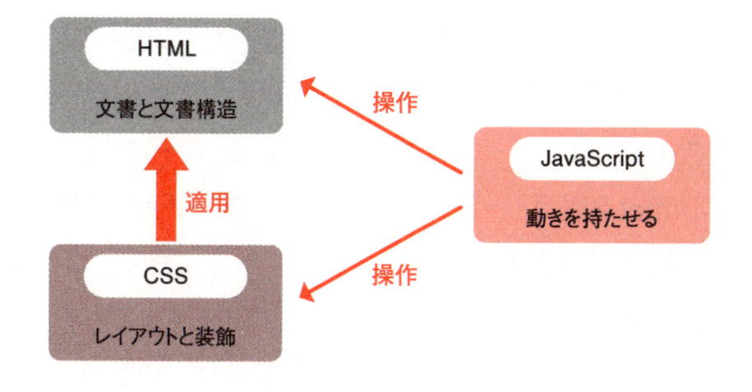

図1-12にあるように、ブラウザ上に表示した内容に動きを持たせるのは、JavaScriptでHTMLとCSSを操作することで実現します。

▶▶▶ 今のJavaScript

現在のJavaScriptは**ECMA International**の下で標準化され、その仕様がブラウザに実装される仕組みをとっています。もちろん、その仕様を実装するかどうかはブラウザベンダに委ねられていますが、昔と違い、どれくらい標準にのっとっているかをブラウザベンダは競う時代になっています。

このECMAによって標準化されたJavaScriptを特に**ECMAScript**といいます。ECMAScriptの最新は2017年6月に公開されたECMAScript 2017（ES2017）です。このECMAScriptは、2015年6月に公開されたES2015（ES6ともいう）でかなり書き方が変わりました。本書では、このES6以降の書き方をベースにしていき、必要に応じて古い書き方も紹介していきます。

なお、ECMAで標準化された言語仕様に対してブラウザの実装状況を調べるにはECMAScript 6 compatibility tableのページ*がおすすめです。こちらを参照する限り、Edge、Chrome、Firefox、Safariといった現在主流のブラウザ（モダンブラウザ）の最新版では、ほとんどの機能に対応しており、ほぼ問題なく動作するといえます。

▶▶▶ IEは別対応が必要

上で紹介したECMAScript 6 compatibility tableのページを見ると、Internet Explorer（以下、IE）はほとんど対応していません。とはいえ、いまだにそこそこ使われているブラウザですので、別途対応しておく必要があります。これは、**Babel**というツールを利用します。Babelは、JavaScriptコンパイラと名乗っていますが、1-2-2項で説明したコンパイラとは少しニュアンスが違い、簡単にいうとJavaScriptのソースコードを変換してくれるツールです。ES2015をベースにして記述したJavaScriptコードを、Babelを使うと、IEを含めた非モダンブラウザで動作するJavaScriptコードに変換してくれます。

ですので、JavaScriptコードを記述する際は、ES2015ベースで記述しておき、IEで動作しない場合はBabelで変換したコードをIEに適用するという手順をとればいいでしょう。

なお、Babelを利用したソースコードの変換方法は、付録を参照してください。

*）http://kangax.github.io/compat-table/es6/

CHAPTER 2

初めての JavaScriptプログラム

Chapter 1では、JavaScriptが活躍するWebの仕組みについて、歴史的な経緯も含めて解説しました。このChapterからいよいよ実際にプログラミングを行っていきます。このChapterでは、プログラミングができる環境を整え、初めてのプログラミングを行いながら、JavaScriptの基本的なお作法を学びましょう。

2-1 JavaScriptプログラミングに必要なツール

さあ、いよいよこのChapterから実際にJavaScriptのプログラミングを行っていきます。ここでは、そのための準備を行いましょう。

ポイントはこれ!

- ✓ JavaScriptの実行に必要な環境はブラウザのみ
- ✓ コーディングは便利なテキストエディタを使おう
- ✓ 改行コードはLF、文字コードはUTF-8でファイルを作成しよう

2-1-1 JavaScriptの実行環境はブラウザ

1-2節で解説した通り、JavaScriptが動作するのはブラウザ上です。そこの確認から始めましょう。

▶▶▶ JavaScriptの実行環境はOS標準で準備不要

JavaScriptの実行に必要な環境というのはブラウザのみです。しかもブラウザというのはほとんどのパソコンにもともとインストールされています。例えば、WindowsならMicrosoft Edge*1、macOSならSafariが標準ブラウザとしてOSに含まれています。さらに、Googleが公開しているChrome*2、Mozillaが出しているFirefox*3が有名です。モバイル端末では、iOSはmacOSと同じくSafari、AndroidはChromeが標準ブラウザです。なお、パソコン用ブラウザ、モバイル用ブラウザともに、Chromeは全体の60%のシェアがあります*4。したがって、本書ではChromeをベースに話を進めていきます。

＊1）Windows 8.1まではInternet ExplorerがWindowsの標準ブラウザでしたが、Windows 10からはEdgeとなり、Internet Explorerは11を最後に新しいバージョンは出ません。11もWindows 8.1用が2023年1月で、Windows 10用が2025年10月でサポートが終了します。

プログラミングって、環境を作るのが大変と先輩から聞いていたので、ドキドキしていたのですけど、OS標準ってわかって、安心しました。

確かに、そういう言語もあるけど、JavaScriptはそういった意味でありがたいわよね。

いよいよプログラミングですけど、ソースコードって何で書いていくのですか？文章ならWordで書くことが多いですけど…

Wordはまずいわ。テキストファイルじゃないから。

テキストファイル？

Wordでテキストファイルを作ることもできるけど、無駄ですね。じゃあ、テキストファイルとは？から話を始めようか。

▶▶▶ ソースコードファイルはテキストファイル

Chapter 1にも登場しましたが、文書にレイアウト情報を持たせてファイルとして保存することも可能です。Wordで作成したファイルなどはそのような形式になっています。一方、文字情報のみでファイルを作成することも可能です。このようなファイルのことを**テキストファイル**といいます。通常、こういうファイルは拡張子として**.txt**を使います。

＊2） https://www.google.co.jp/chrome/

＊3） https://www.mozilla.org//firefox/

＊4） NetMarketShare（https://www.netmarketshare.com/）での2017年12月での数値。

拡張子

拡張子というのはファイルの種類を識別するためにファイル名の後ろに「.」を挟んで付けた文字列のことです。WindowsもmacOSも通常は拡張子が見えないような設定になっています。プログラミングを行う際、これは不便ですので、プログラマは拡張子を見えるような設定にしておきます。Windowsの場合はエクスプローラーの［表示］タブで［ファイル名拡張子］のチェックボックスにチェックを入れます（図2-1）。もし［隠しファイル］のチェックボックスにチェックが入っていない場合は、こちらも入れておきましょう。

図2-1：拡張子表示のチェックボックス（Windows）

macOSの場合は、［Finder］メニューの［環境設定］を選択し、［詳細］を選択してください。［すべてのファイル名拡張子を表示］のチェックボックスにチェックを入れます（図2-2）。

図2-2：拡張子表示の設定画面（macOS）

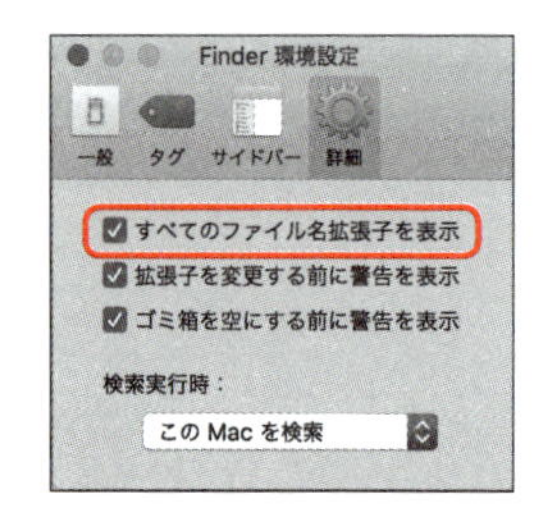

ところで、ほとんどのプログラミング言語のソースコードというのは、このテキストファイルとして作成されます。というのは、コンパイルするにしても、インタプリタで解析するにしても、レイアウト情報というのは邪魔です。したがって、プログラミング言語の文法にのっとって、文字情報のみのコードを記載したファイルを作成し、その言語に合わせた拡張子で保存する、というのがプログラミングの基本作法となります。

2-1-2 コーディングしやすいツールを使おう

JavaScriptでは、実行環境はOS標準で用意されています。次に必要なのは、ソースコードを記述するツールです。どのようなツールを使うのか見ていきましょう。

▶▶▶ テキストファイルを扱うには

2-1-1項で解説したように、ソースコードはテキストファイルなので、ソースコードを記述するツールとしては、テキストファイルを作成できるツールならばなんでもかまいません。このようなソフトウェアのことを、**テキストエディタ**といいます。省略して単に**エディタ**ともいいます。エディタとしては、例えば、Windowsならば**メモ帳**、macOSならば**テキストエディット**というソフトウェアがOS標準でインストールされています。

▶▶▶ コーディング用のテキストエディタ

これら、OS標準のエディタを使ってもかまいませんが、本格的にコーディング*を行うには、それ専用のテキストエディタを使った方が、コーディングに便利な機能がいろいろ含まれているので使いやすいでしょう。Windows、macOSともに、有償無償のテキストエディタがあります。ここでは、いくつか無償のものを紹介しておきます（表2-1）。

*）ソースコードを記述すること。

表2-1：無償のテキストエディタ

OS	エディタ名	サイトURL	説明
Windows	サクラエディタ	https://sakura-editor.github.io/	日本製で、軽量のわりに高機能なエディタ。
	Notepad++	https://notepad-plus-plus.org/	Windows付属のメモ帳(Notepad)をプログラマ向けに拡張したエディタ。
macOS	mi	http://www.mimikaki.net/	日本製のMac用老舗エディタ。
	CotEditor	https://coteditor.com/	mi同様に日本生まれのエディタ。App Storeからダウンロードできる。
	TextWrangler	https://www.barebones.com/products/textwrangler/	メニューの日本語化には対応していないが、高機能なエディタ。App Storeからダウンロードできる。
WindowsとmacOSのクロスプラットフォーム	Atom	https://atom.io/	GitHub社が提供している高機能エディタ。さまざまな開発に使える。「パッケージ」を追加していくことで、機能拡張が可能。
	Visual Studio Code	https://visualstudio.microsoft.com/ja/	Microsoftが提供している高機能エディタ。Atom同様、さまざまな開発に使え、機能拡張が可能。

▶▶▶ 本書ではVisual Studio Code

なお、筆者は、普段はVisual Studio Codeを使用していますので、本書でのコーディング画面などはVisual Studio Codeで掲載します。参考までに、図2-3にVisual Studio Codeの画面を掲載しておきます。

図2-3：Visual Studio Codeの画面

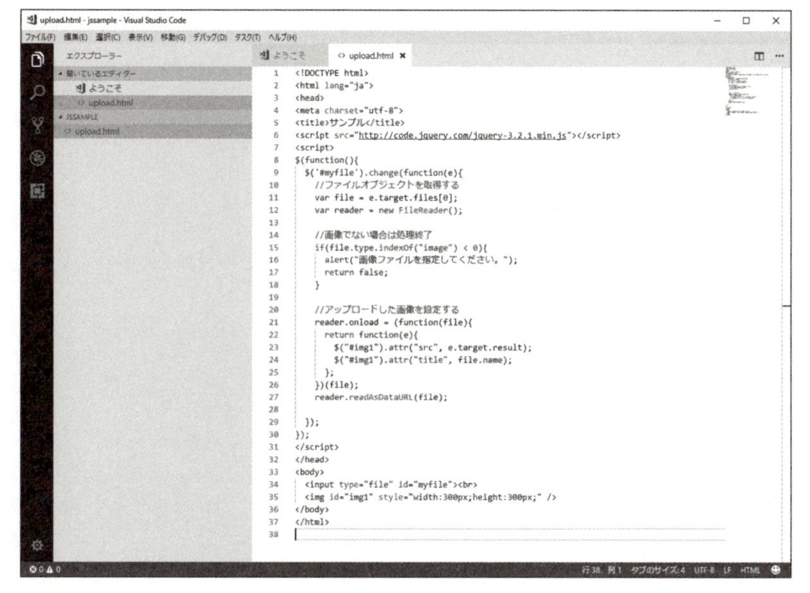

ソースコードの表示がカラフルで使いやすそうですね。

そうなのよ。こういうコーディング用のエディタが、他のエディタと違って便利なところって、まず、このソースコードのカラーリングなのよねえ。

ただ、注意してほしいのは、このカラーリングはエディタが後から付けているもので、ファイル内に色情報が保存されているわけではないということね。あくまで、ソースコードはテキストファイルだから。

試しに、図2-3と同じファイルをメモ帳で開いた画面を図2-4に掲載しておきます。これが、本来のファイルの姿です。ただ、これではやはりコーディングしにくいです。これだけでも専用のエディタを使うメリットがわかりますね。

図2-4：ソースコードファイル本来の姿

upload.html - メモ帳

ファイル(F)　編集(E)　書式(O)　表示(V)　ヘルプ(H)

```
<!DOCTYPE html>
<html lang="ja">
<head>
<meta charset="utf-8">
<title>サンプル</title>
<script src="http://code.jquery.com/jquery-3.2.1.min.js"></script>
<script>
$(function(){
  $('#myfile').change(function(e){
    //ファイルオブジェクトを取得する
    var file = e.target.files[0];
    var reader = new FileReader();

    //画像でない場合は処理終了
    if(file.type.indexOf("image") < 0){
      alert("画像ファイルを指定してください。");
      return false;
    }

    //アップロードした画像を設定する
    reader.onload = (function(file){
      return function(e){
        $("#img1").attr("src", e.target.result);
        $("#img1").attr("title", file.name);
      };
    })(file);
    reader.readAsDataURL(file);

  });
});
</script>
</head>
<body>
  <input type="file" id="myfile"><br>
  <img id="img1" style="width:300px;height:300px;" />
</body>
</html>
```

2-1-3 文字コードはUTF8で保存

これから、実際にソースコードを記述してもらいますが、その準備の最後として文字コードの話をしておきましょう。

ふと、気になったのですが、このVisual Studio Codeの画面の右下（図2-5）に表示されている「UTF-8」や「LF」って、何ですか？その左右に書かれた「タブのサイズ」や「HTML」は意味がわかりますが…。

これはね、文字コードと改行コードのことよ。

このあたりの話は、それこそテキストエディタが自動でしてくれることが多いので、かなりの初学者が知らずにコーディングすることが多いのだけど、実は大切なところなのだよ。

図2-5：Visual Studio Codeのステータスバー

行 38、列 1　タブのサイズ: 4　UTF-8　LF　HTML

▶▶▶ 改行コードは改行を表す文字

改行コードの方から話を始めましょう。

Chapter 1の1-1-2項で解説した通り、コンピュータ内部では改行もひとつの文字データとして扱います。この改行を表す文字データのことを**LF**（**Line Feed**）といい、プログラム中では**\n**で表します。macOSやLinuxといったUNIXをベースにしたOSではこのLFだけで改行を表すことができますが、Windowsではこれにさらに**CR**（**Carriage Return**）を付けて2文字で改行を表すようになっています（CRLF）。CRはプログラム中では**\r**で表します。

ソースコードも含めて、テキストファイルを作成する場合、改行コードとしてLFとCRLFのどちらかを指定する必要があります。文章のみのテキストファイルの場合は、OS標準の改行コードでいいですが、プログラムの場合は、実行する環境に合わせた方がいいでしょう。JavaScriptの場合はLFで作成します。

▶▶▶ 各文字には数字が割り当てられている

次に、文字コードです。

これも、Chapter 1の1-2-2項で解説した通り、コンピュータ内部は0と1で数値演算を行っています。ということは、すべてのデータが数値として表されています。文字データも例外ではありません。例えば、アルファベット大文字の「A」は65です。文字に割り当てられたこの数値のことを**文字コード**といい、文字コードが割り振られた文字の集まりを**文字集合**といいます。

▶▶▶ もともとは文字数が少なかった

コンピュータは英語圏で発展したので、これら文字コードとしてもともとはアルファベットや数字など、英語圏で使われる文字と、改行などの制御文字しか想定されていませんでした。これらの文字を**ASCII**（アスキー）文字といいます。

ところが、全世界でコンピュータが使われるようになると、非ASCII文字も扱わなければならなくなり、それらにも文字コードを与える必要が出てきました。その際、文字コードを割り振る方式として何種類か考え出されました。

この文字コードを割り振る方式のことを**エンコード**といい、日本語で使われる文字のエンコードとして有名なところは、Windowsで採用されている**Shift-JIS**、古いUNIXで採用されていた**EUC-JP**などがあります。これらは、同じ文字にも違うコードが割り振られています。例えば、同じ「あ」でも、16進数表記でShift-JISでは「82A0」、EUC-JPでは「A4A2」です。

このように同じ文字にも違うコードが割り振られているので、例えばShift-JISエンコードで記述された文章をEUC-JPのエンコードで文字情報に変換すると、全く違う文字が表示されてしまいます。これが**文字化け**の原因です（図2-6）。

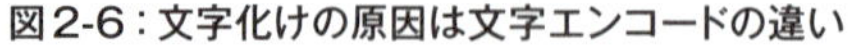
図2-6：文字化けの原因は文字エンコードの違い

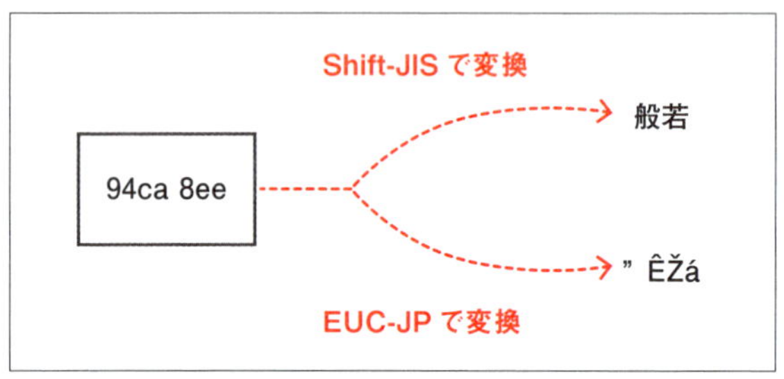

なお、文字コードという用語には狭義の使い方と広義の使い方があり、狭義には文字に割り当てた数値のことを指しますが、広義にはエンコードの意味まで含んで使われることがあります。会話の中のユーコさんは、この広義の意味で使っていますね。

▶▶▶ 文字コードはUTF-8で統一

さまざまな文字コードを統一し、全世界の文字をコンピュータ上で扱えるように作られた文字集合が**Unicode**です。このUnicodeのエンコードはUTF-8、UTF-16、UTF-32など、UTF-…として表されます。このうち、**UTF-8**が、現在Webの世界で使われる標準の文字コードです。したがって、Webに関連したファイル、例えば、HTMLやCSS、もちろん、JavaScriptもそうですし、サーバサイドのPHPやJavaなどは、UTF-8でファイルを作成することになっています。図2-5の「UTF-8」という表記はこれを表しています。

2-2 初めてのJavaScriptプログラム

さあ、ようやく準備が整いました。早速、初めてのJavaScriptプログラムを作成していきましょう。

ポイントはこれ！

- ✓ パスはASCII文字で構成しよう
- ✓ JavaScriptはHTML内から実行される
- ✓ JavaScriptのソースコードはscriptタグ内に記述する
- ✓ ソースコードファイル内の半角スペースと制御文字は無視される
- ✓ JavaScriptコードの行末はセミコロン
- ✓ プログラムとして理解できないコードは記述してはダメ、記述するときはコメントで

2-2-1 始まりはいつもHello World!

ここから、初めてのJavaScriptを作成していきます。プログラミング言語の入門書は、そのほとんどが画面に「Hello World!」と表示させるところから解説しています。

いよいよ、Hello Worldだね。

プログラミングの入門といえば、Hello Worldといいますね。

もう、これは定番だね。これは、1978年に出版されたC言語の解説書『プログラミング言語C』に、Getting Startedに例として記載されていたのがもととなっているらしいよ。

▶▶▶ 演習用フォルダの作成

これから、本書を読み進めるうちにさまざまなJavaScriptソースコードを記述していきます。それらのファイルをまとめて入れておくフォルダをまず作成しておきましょう。フォルダの作成位置はどこでもかまいませんので、「jssamples」というフォルダを作成してください。

注意点として、作成したフォルダのパスを一度確認し、パス内に日本語やスペースがないことを確認しておいてください。プログラミングにおいて、パスに非ASCII文字やスペースが含まれていると誤動作を招く可能性があります。非ASCII文字が含まれないようなパスとなるようにフォルダを作成しておいてください。ここでは、ユーザのホームフォルダ直下に作成するようにします。作成したパスは

```
C:¥Users¥######¥jssamples
```

のようになります（「######」にはユーザ名が入ります）。

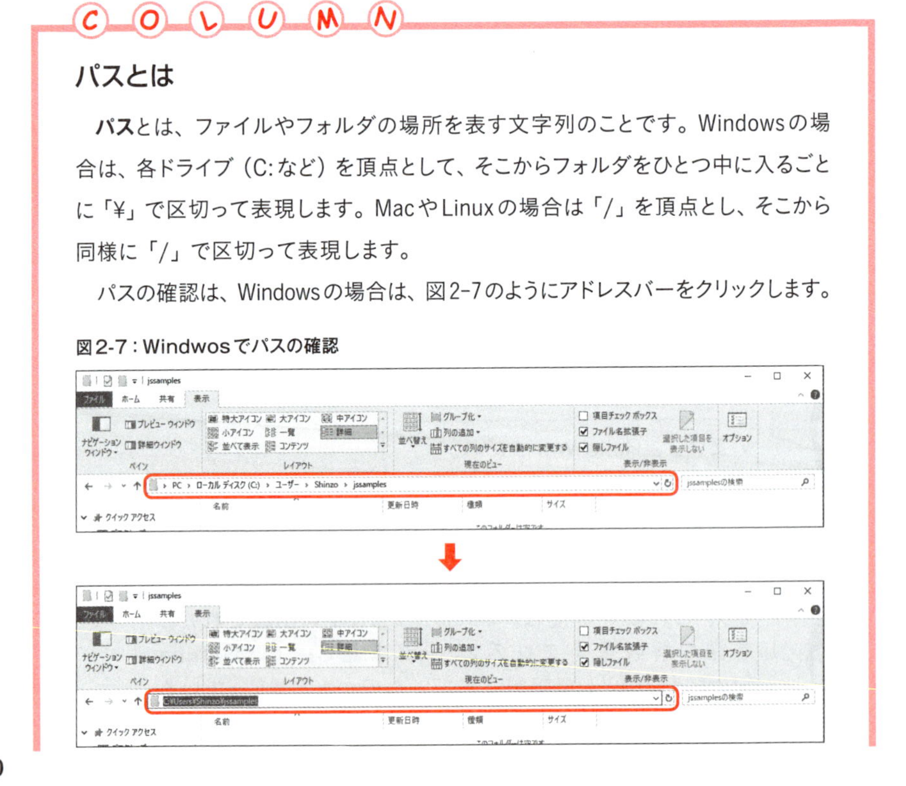

パスとは

パスとは、ファイルやフォルダの場所を表す文字列のことです。Windowsの場合は、各ドライブ（C:など）を頂点として、そこからフォルダをひとつ中に入るごとに「¥」で区切って表現します。MacやLinuxの場合は「/」を頂点とし、そこから同様に「/」で区切って表現します。

パスの確認は、Windowsの場合は、図2-7のようにアドレスバーをクリックします。

図2-7：Windwosでパスの確認

macOSの場合は、フォルダウィンドウのタイトル部にあるアイコンを、テキストエディットなどのエディタにドラッグ＆ドロップすると、パスが表示されます。

図2-8：macOSでパスの確認

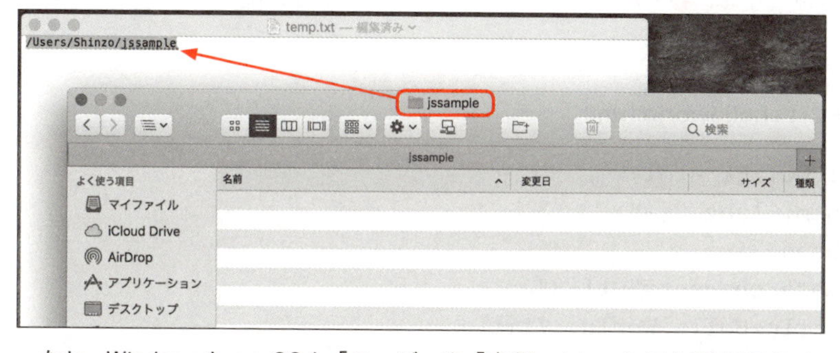

なお、WindowsもmacOSも「ユーザ」や「書類」といった日本語表現がパスに登場します。しかし、実際のパスを見るとアルファベットになっています。パスに非ASCII文字が使われると、OSもプログラムの一種ですので正常に動作しないことが多いです。そこでこのように、内部的にはASCII文字で記述しておき、表に見せるときにだけ変換するようにしています。

さらに、今作成したjssamples内に本Chapter用のフォルダとして「chap02」を作成してください。全体として

```
C:¥Users¥######¥jssamples¥chap02
```

のようなパスになります。

COLUMN

Windowsのユーザ名とホームフォルダ

Windowsの場合は、ユーザ名そのものに非ASCII文字が使え、そのためにユーザのホームフォルダそのものが、例えば「齊藤新三」のように非ASCII文字となっていることがあります。その場合は、Cドライブ直下に本書用のフォルダを作成してもかまいませんが、そのPCで今後プログラミングを行っていく場合は、「Shinzo」のようなASCII文字でユーザを作成し直した方が無難です。

▶▶▶ ファイルを作成して記述

いよいよソースコードを記述します。エディタを開き、リスト2-1のコードを入力し、先に作成したchap02フォルダ内にhelloworld.htmlというファイル名で保存してください。なお、❶～❸で示している部分については、後に続くページで解説します。

リスト2-1：helloworld.html

```
<!DOCTYPE html>
<html lang="ja">
<head>
<meta charset="utf-8">
<title>Hello World!</title>
</head>
<body>
<script type="text/javascript">  ←❶
window.alert("Hello World!");  ←❷
</script>  ←❶
<noscript>JavaScriptが利用できないブラウザです</noscript>  ←❸
</body>
</html>
```

保存する際に、文字コードには注意してください。Visual Studio Codeは標準でUTF-8としてファイルを保存しますので問題ないですが、他のエディタの場合は保存時のダイアログに文字コードを選択する部分があるので、そこからUTF-8を選択します（図2-9）。

図2-9：サクラエディタでファイルを保存時に表示されるダイアログ

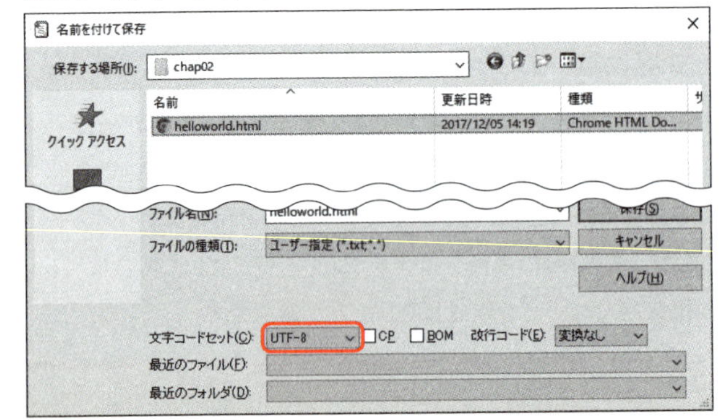

ここに記述した内容というのはHTMLがメインです。JavaScriptの学習なのになぜHTMLなのかは後述しますが、このようなHTMLを記述したファイルを保存する際、そのファイル名は拡張子を**.html**として保存するのが通常です。

▶▶▶ 実行するには

ファイルが保存できたら、実行します。実行方法はいくつかありますが、ダブルクリックするのが一番早いです。拡張子が「.html」のファイルはブラウザに関連付けされているので、ダブルクリックするとブラウザが読み込んで実行されます。他には、開いているブラウザ上にファイルをドラッグ＆ドロップしてもファイルを読み込み、実行されます。

すると、図2-10のように、ブラウザ上に「Hello World!」と表示されたアラートが表示されます。これで、成功です。

図2-10：helloworld.htmlをブラウザで読み込んだ状態

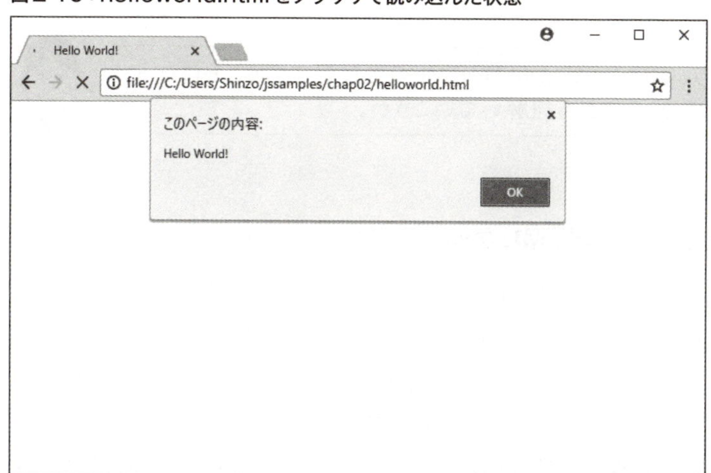

もし表示されない場合は、記述ミスです。2-3節でエラーの確認方法、および修正方法を紹介しますので、そちらを参考に修正してください。

2-2-2 JavaScriptコードはHTML内から実行される

初めてのJavaScriptプログラムはいかがでしたか?感動した人、拍子抜けした人、よくわからない人、さまざまいるでしょうが、リスト2-1はいろいろなことを教えてくれます。

わーい!表示された!

お?!一発で表示されたね。優秀優秀。

でも、何が書かれているのかさっぱりです。確かにHTML部分は軽く勉強しているのでわかるのですが、scriptやnoscriptとか、初めて見ました。

そう!実はJavaScriptはHTMLの中に混在することになるんだよ。そこから紐解いていこうか。

▶▶▶ JavaScriptはHTMLから呼び出す

JavaScriptはブラウザ上で動作します。しかし、1-1-2項で説明したように、ブラウザはHTMLを解析、表示するためのソフトウェアです。そこで、JavaScriptを動作させるためには、まずHTML上にJavaScriptのソースコードを記述し、そのHTMLをブラウザに読み込ませる必要があります。

なお、本書はJavaScriptの入門書ですので、HTML部分の解説は行いません。したがって、純粋なHTML記述の部分、つまり、リスト2-1の❶〜❸以外のコードの解説に関しては、他の資料、書籍に譲りたいと思います。ここでは、❶〜❸について説明していきます。

▶▶▶ JavaScriptのコードはscriptタグ内に書く

まず、❶の**scriptタグ**がJavaScriptを記述するためのタグです。JavaScriptは、HTML内に

<script type="text/javascript">…</script>

を記述し、このタグに囲まれた部分にソースコードを記述する方法をとります。ここに書かれたソースコードがブラウザによって実行されます。

このことから、リスト2-1内でJavaScriptのコードは❷の1行のみです。このコードに関しては次Chapter以降、順に解説していきますので、ここでは簡単に説明するに留めます。

window.alert();

は、この()の中に、アラートで表示させたい文字列を記述します。JavaScriptでは、文字列は「" "」(ダブルクォーテーション)、または、「' '」(シングルクォーテーション)で囲むというルールがあります。今「Hello World!」と表示させたいので、

"Hello World!"

とダブルクォーテーションで囲み、alert()の()の中に記述します。

文字列はクォーテーションで囲むのですね。先生はどうしてダブルクォーテーションを使ったのですか?

JavaScriptはシングルクォーテーションでもダブルクォーテーションでも両方使えるけど、言語によってはダブルクォーテーションとシングルクォーテーションとで使い方が変わるものがあるんだ。例えば、Javaはシングルクォーテーションは1文字のみを表す場合に使い、文字列となるとダブルクォーテーションでしか囲めない。コンパイル言語にはそういうものが多いので、文字列をダブルクォーテーションで囲む癖をつけておくと、他の言語のときに悩まなくて済むんだ。

なお、リスト2-1の❸の**noscriptタグ**は、JavaScriptが有効になっていないブラウザのためのタグで、そういったブラウザではここに記述された内容が表示されます。

2-2-3 基本的なJavaScriptの書き方

リスト2-1のソースコードについて、ひと通り解説が済んだところで、ここではJavaScriptの基本的な書き方を紹介していきましょう。

▶▶▶ 半角スペースと制御文字は無視される

JavaScriptのコードも含めて、htmlファイル内に記述した半角スペース、タブ、改行というのは、解析、実行される際に無視されます。ということは、リスト2-1というのは、リスト2-2のように改行なしで記述しても問題なく実行されます。

リスト2-2：helloworld2.html

```
<!DOCTYPE html><html lang="ja"><head><meta charset="utf- ⇒
8"><title>Hello World!</title></head><body><script type ⇒
="text/javascript">window.alert("Hello World!");</script ⇒
><noscript>JavaScriptが利用できないブラウザです</noscript></ ⇒
body></html>
```

そうはいっても、リスト2-1とリスト2-2を比べてどちらが見やすいかは一目瞭然ですね。このソースコードの読みやすさ、**可読性**というのは実はプログラマにとって非常に重要です。可読性の高いソースコードというのは、それだけメンテナンス性が高く、バグが発生しにくいです。バグが発生したとしても修正しやすいです。そのため、改行を入れたりインデントをしたりして、可読性の高いソースコードを記述しましょう。

▶▶▶ セミコロンは重要

リスト2-1の❷の末尾に「;」（**セミコロン**）が書かれていることに注目してください。上述の通り、JavaScriptでは、改行は無視されます。ということは、別の形で行の終わりを指定する必要があります。それがセミコロンです。

例えば、JavaScriptのコードとして2行記述したい場合は、

```
window.alert("Hello World!");
window.alert("こんにちは、世界!");
```

のように、各行にセミコロンを必ず記述します。逆にセミコロンさえ記述していれば、

```
window.alert("Hello World!");window.alert("こんにちは、世 ⇒
界!");
```

のように1行の形で記述しても正常に動作します。ただしその場合、可読性は下がります。やはり、2行のソースコードは2行で記述し、各行にセミコロンを記述するようにしましょう。

▶▶▶ 記述してはダメなもの

リスト2-1をリスト2-3のhelloworld3.htmlのように改造したとします。なお、HTML部分はリスト2-1と同じですので、ここでは、scriptタグのみを記述します。前後に省略されたHTMLの記述はリスト2-1の該当部分をコピーしてください。

リスト2-3：helloworld3.html

```
～省略～
<script type="text/javascript">
アラートを表示する記述。
window.alert("Hello World!");
</script>
～省略～
```

リスト2-1から追記したのは太字の部分だけです。一度、このファイルを記述して実行してみてください。今度はアラートが表示されません。このままでは何が起こったのかわからないと思いますが、実は内部ではエラーが発生しています。このエラーの見方は次節で扱います。

ここで注目したいのは、エラー原因です。問題となるのは、明らかに追記した太字の部分です。ここで追記した記述は「アラートを表示する記述。」という、ソースコードの解説のような日本語です。

JavaScriptには、プログラムとして理解できるコードとそうでないものがあります。「window」や「alert()」というのは理解できるコードです。一方、「アラートを…」というのは理解できないコードなのです。このように理解できないものはソースコードとして記述してはいけません。その段階で、実行できずエラーとなり、処理が止まります。何が理解できるコードかは本書を進めていくうちに身についていきます。それ以外は理解できないものと思っておいてください。

なんとなくエラーになりそうなソースコードと思ったら、やっぱりそうなのですね。

予想していたのね。なかなか優秀。

でも、こういったソースコードの説明を記述したいときはどうすればいいのですか？

その場合はコメントを使うのよ。

▶▶▶ コメント

リスト2-3で追記した部分は、リスト2-4のようにすると問題なく実行できます。

リスト2-4：helloworld4.html

```
～省略～
<script type="text/javascript">
//アラートを表示する記述。
window.alert("Hello World!");
</script>
～省略～
```

本来ソースコード中に記述してはいけない文字列の前に「//」を付けることで、実行時にその部分を無視してくれるようになります。このことを**コメント**といいます。コメントの記述方法は以下の2種類です。

- 1行コメントは「//」を記述する。これ以降、改行までが実行対象から外される。
- 複数行コメントは「/*」と「*/」で囲む。囲まれた範囲が実行対象から外される。

複数行コメントは例えば、以下のように記述します。

```
/*
これはアラートを表示する記述。
()の中に文字列を記述すれば表示される。
*/
window.alert("Hello World!");
```

2-3 JavaScriptのデバッグ

プログラミングをしていく際、記述したソースコードがエラーなく一発で実行できることの方が少ないです。エラーを確認し、バグを取り除く作業（**デバッグ**といいます）は、ソースコードを記述する作業と同じくらい重要です。次に、JavaScriptのデバッグ方法を確認しておきましょう。

ポイントはこれ！

- ✓ ブラウザ付属のデベロッパーツールを活用しよう
- ✓ デベロッパーツールのConsoleパネルでエラー内容を確認しよう
- ✓ エラー発生個所を確認し、エラーメッセージをよく読んでデバッグを行おう
- ✓ JavaScriptの実行結果の確認はコンソールへの表示が便利

2-3-1 ブラウザ付属のデベロッパーツール

JavaScriptデバッグにおいて活躍するのが、ブラウザ付属のデベロッパーツールです。

リスト2-3がエラーになることはわかるのですけど、実際にどういったエラーなのかというのは確認できないのですか？

確認できるし、確認しないと、デバッグできないわね。

リスト2-3はわざとらしいエラーだけど、実際のコーディングではどこでエラーが起こったかというのが非常に重要な情報となる。それを確認するためのツールがブラウザにはあるんだ。

デベロッパーツールですね。

そう。

▶▶▶ デベロッパーツールを表示させてみる

最近のブラウザはJavaScriptのプログラミングがやりやすいように、**デベロッパーツール**というのが付属しています。開発ツール（Firefox）や開発者ツール（Edge）、Webインスペクタ（Safari）などさまざまな呼び方がありますが、おおむね機能は同じです。

Chromeでは右上の ⋮ メニューから
［その他のツール］>［デベロッパーツール］
を選択すると（図2-11）、図2-12のような画面となります。

図2-11：メニューからデベロッパーツールを選択

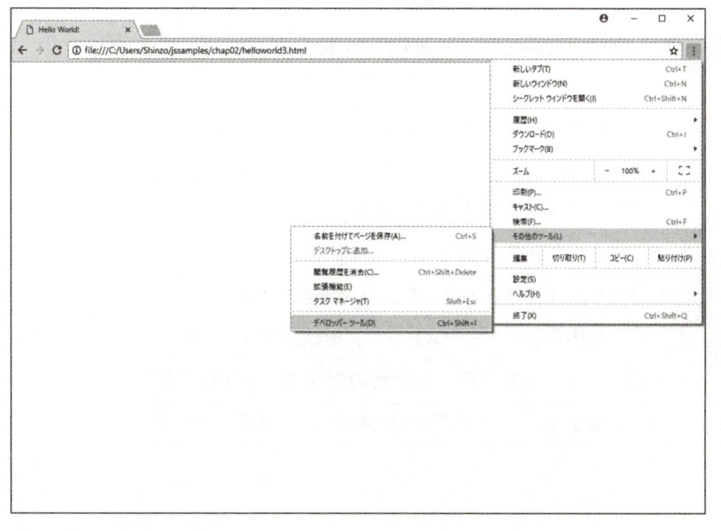

図2-12：表示されたデベロッパーツール

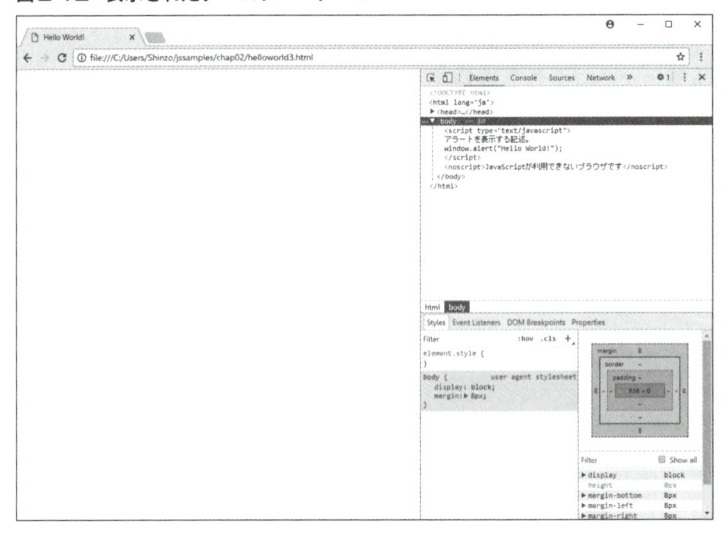

▶▶▶ デベロッパーツールのパネル

デベロッパーツールを表示した直後は［Elements］パネルが選択されています。ほかにもさまざまなパネルがあります。表2-2にそれぞれの機能を簡単にまとめておきます。

表2-2：Chromeのデベロッパーツールの各パネル

パネル名	内容
Elements	HTML/CSSの状態を確認できる
Console	JavaScriptのエラーメッセージやログが確認できる
Sources	スクリプトにブレイクポイントを置いてデバッグを行える
Network	ブラウザの通信内容を確認できる
Performance	ブラウザが使用するCPUの状況を確認できる
Memory	ブラウザが使用するメモリの状況を確認できる
Application	ブラウザ内のクッキーやストレージを確認できる
Security	混合コンテンツの問題、証明書の問題などを確認できる
Audits	ページを分析して、最適化のためのヒントを確認できる

2-3-2 デベロッパーツールでエラーを確認

図2-13はエラーがあるリスト2-3を実行した際のデベロッパーツール画面です。ここから、エラーが確認できます。

リスト2-3を実行させた画面をデベロッパーツールでみると、⊗1アイコンが見えます。これって、ひょっとしてエラーを表すのですか？

お！目の付け所がいいわねえ。そこをクリックしてごらん。

あ、Consoleパネルが表示されて、何か赤いメッセージが表示されています。

そう。JavaScriptの実行エラーはConsoleパネルに表示されるのよ。そこを手掛かりにデバッグするの。

▶▶▶ 実行エラーはConsoleパネルで確認

会話の中でナオキくんが見つけた⊗1アイコンというのは図2-13の赤枠で示した部分のことです。

図2-13：デベロッパーツールのエラー通知

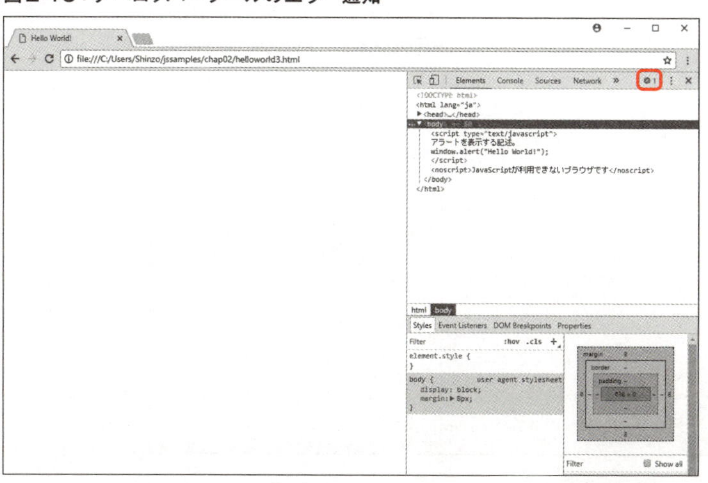

ここをクリックすると図2-14のようにConsoleパネルがデベロッパーツール下部に表示されます。

図2-14：Consoleパネルが下部に表示された状態

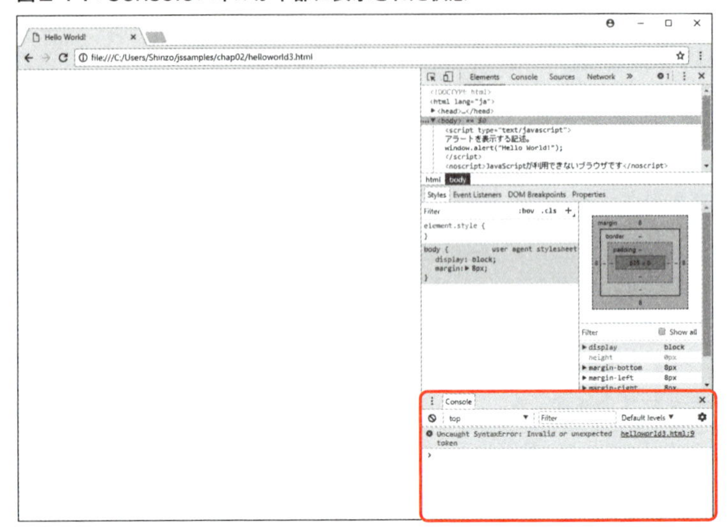

これは、［Elements］パネル横の［Console］パネルを選択しても同様に表示されますし、こちらの方が見やすいです（図2-15）。

図2-15：Consoleパネルが表示された状態

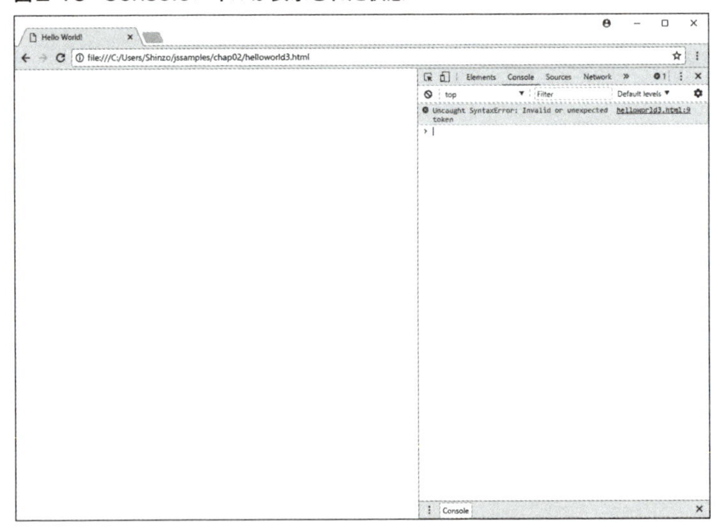

▶▶▶ エラーメッセージをよく読もう

このConsoleパネル（コンソールパネル）に表示されたエラーメッセージは、デバッグのヒントとなります。英語で書かれていますが、ちゃんと読むように心がけましょう。ここでは以下のように表示されています。

```
Uncaught SyntaxError: Invalid or unexpected token
```

ここまでがエラーメッセージです。その右横に書かれている

```
helloworld3.html:9
```

というのはエラー発生個所です。「:」（コロン）の左側がファイル名、右側が行数です。つまり、helloworld3.htmlの9行目でエラーが発生しており、エラー内容は、Uncaught（対処できない）SyntaxError（構文ミス）であり、Invalid or unexpected token（不適切な記述がされている）というものです。

今後、こういったエラーメッセージを頼りに、デバッグにも慣れていきましょう。

2-3-3 アラートを使わずにJavaScriptの実行結果を確認

ここまでのサンプルは、すべてアラートを使ってJavaScriptの実行結果を確認してきました。ただ、これでは不便です。デベロッパーツールを導入すると、もっと手軽に実行結果を確認できます。ここではそれを紹介します。

デベロッパーツール、便利ですね！

このデベロッパツールを使うと、JavaScriptの実行結果をアラートで確認する必要がなくなるの。

そうなんですね!このアラート、正直少し不便に思っていたのです。

じゃあ、その書き方を教えようか。

▶▶▶ コンソールへの書き出しコード

それでは、早速ソースコードを記述しましょう。リスト2-5のhelloworld5.htmlを作成し、ブラウザで表示させてください。その際、デベロッパーツールのConsoleパネルを表示させた状態で行ってください。

リスト2-5：helloworld5.html

```
～省略～
<script type="text/javascript">
console.log("Hello World!");   ←❶
</script>
～省略～
```

図2-16のように、ブラウザ上には何も表示されませんが、ConsoleパネルにHelloWorld!と表示されています。

図2-16：リスト2-5を実行した状態

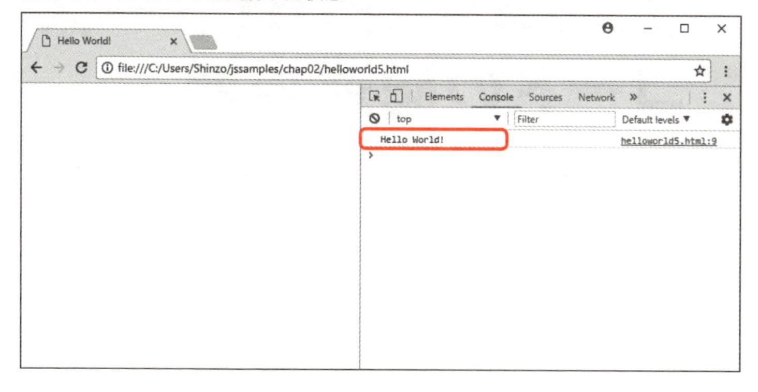

ここでのポイントは❶の記述です。console.log()の()内に文字列を記述すると、それがConsoleパネル内に表示されます。

構文 コンソールへの文字列表示

```
console.log()
```

()内の文字列がConsoleパネル内に表示される

▶▶▶ JavaScriptは本来HTMLを操作するもの

1-2-3項で解説した通り、JavaScriptは本来HTMLを操作することで、ユーザビリティの高い画面を作るプログラミング言語です。ですので、JavaScriptの実行結果というのは、本来何らかのHTMLの形で表されます。しかし、JavaScriptを言語として学習していく段階で、いきなりHTMLの操作というのは難しいです。そこで、しばらくはこのコンソールパネルへの表示で実行結果を確認しながら、JavaScriptの書き方を学んでいくことにしましょう。

2-4 JavaScriptソースコードの記述場所

このChapterの最後に、JavaScriptのソースコードを記述できる位置を見ていきましょう。

ポイントはこれ！

- ✓ scriptタグは</body>の直前に記述する
- ✓ JavaScriptのソースコードは外部ファイルに記述して、HTMLはそれを読み込む

2-4-1 scriptタグの位置

ここまでのサンプルでは、bodyタグに囲まれた真ん中にscriptタグが記述されていました。これは、bodyタグに囲まれた中に他のHTML要素がないからそのように見えます。本来はどこに記述するのか見ていきましょう。

ふと疑問に思ったのですが、実際のWebページでは、HTMLとして記述されるタグはもっといっぱいありますよね。そういった場合、scriptタグはどこに記述するのですか？どこでもいいとは思えないけど…

原理的にはどこでも動作はするけど、通常記述するところは決まっているね。

▶▶▶ scriptタグを記述する場所は2か所

scriptタグ、つまり、HTML内でJavaScriptのソースコードを記述する場所というのは以下の2か所です。

(1) </body>の直前
(2) <head>～</head>内

通常は **(1)** を採用します。これには理由があります。

ブラウザがHTML文書を読み込む際、文書の最初から読み込みながら解析を行います。その中で、scriptタグに書かれたJavaScriptのソースコードというのはHTMLに比べて解析、実行に時間がかかります。そのため、もし **(2)** を採用した場合、bodyタグに至る前に時間がかかることになります。一方、HTMLで実際に画面に表示されるのはbodyタグ以下です。ということは、head要素内に書かれたJavaScriptの実行に時間がかかるページをブラウザが読み込んだ場合、実際の目に見える表示までなかなか至らず、画面は真っ白のままということになります。

これを避けるために、body要素内の解析を最後まで済ませ、表示させるものを表示させてから、JavaScriptを実行させた方がユーザビリティが高いです。これができるのが **(1)** の方法です。

この **(1)** ではどうにも処理がうまくいかない場合のみ **(2)** の方法をとります。これは、例えば、JavaScriptでCSSを操作するような場合など、head内要素やbody内要素が表示されると同時にJavaScriptを実行させる場合が該当します。

2-4-2 JavaScriptのコードは外部ファイルに記述できる

2-4-1項のscriptタグの位置の説明は、あくまでHTMLとJavaScriptのコードを混在させた場合の話です。もう一段話を進めましょう。

▶▶▶ JavaScriptでひとつのファイルを作成する

HTMLとJavaScriptのコードを混在させる方法は、そもそも、HTML、JavaScriptのそれぞれのコードが複雑になればすぐに破綻します。そこで、実際にはJavaScriptのソースコードはHTMLとは別のファイルに記述し、そのファイルをHTML内で読み込むようにします。

実際に作成してみましょう。まず、JavaScritpのファイルを作成します。リスト2-6のhelloworld.jsを作成してください。なお、JavaScriptソースコードのみのファイルの拡張子は、**.js**とし、文字コードは当然UTF-8とします。

リスト2-6：helloworld.js

```
console.log("Hello World!");
```

内容は1行だけで、コンソールに「Hello World!」と表示するコードです。

次に、このファイルを読み込んで実行するHTMLのファイルを作成します。リスト2-7のuseHelloworld.htmlを作成してください。

リスト2-7：useHelloworld.html

```
<!DOCTYPE html>
<html lang="ja">
<head>
<meta charset="utf-8">
<title>Hello World!</title>
</head>
<body>
<noscript>JavaScriptが利用できないブラウザです</noscript>
<script type="text/javascript" src="helloworld.js"></ ⇒
script> ←❶
</body>
</html>
```

useHelloworld.htmlをブラウザに読み込ませてください。無事コンソールに

```
Hello World!
```

と表示されれば成功です。

▶▶▶ 外部JavaScriptファイルを読み込むのもscriptタグ

ここで注意してほしいのは、あくまでブラウザに読み込ませるのはuseHelloworld.htmlという、htmlファイルであることです。JavaScriptのソースコードを記述したファイルを別に作成しても、それを実行するにはHTMLから行う必要があるからです。しかも、その外部JavaScriptファイルを読み込む記述もscriptタグです。リスト2-7の❶がその記述です。これまでは<script>～</script>の間にソースコードを記述していましたが、この開始タグと終了タグをくっつけた状態で記述し、その代わり開始タグにsrc属性として読み込むjsファイルパスを記述します。

構文 外部jsファイルの読み込み

```
<script type="text/javascript" src="jsファイルへのパス"></script>
```

src属性に書かれたパスのjsファイルを読み込んで実行する

▶▶▶ 今後のサンプルはhtmlとjsのペアで作成

jsファイルとhtmlファイルを分離すると、読みやすくなりますね！

そうだね。今のサンプルでは単に1行だけのコードだったけど、実際のJavaScriptのソースコードというのは、もっともっと長いものになるんだ。そうなると、htmlファイル内に記述するのは非現実的だね。今回みたいに別ファイルにするのが普通のやり方なんだ。だから、ここでも今後はこの方式で勉強していくことにするね。

今後本書で紹介するサンプルは、リスト2-6のようにJavaScriptのソースコードを別jsファイルとして記述していき、リスト2-7のようにhtmlファイルではそれを読み込んで動作させるようにしていきます。その際、ソースコードとして掲載するのはjsファイルのみとします。htmlファイルは、リスト2-7の内容をコピーして書き換えるようにしてください。なお、リスト2-7とは別内容のhtmlファイルの作成が必要となった場合は、そのソースコードは記載します。

変数とデータ型

CHAPTER 3

Chapter 2では、JavaScriptでプログラミングするための環境を整え、JavaScriptコーディングの基本的なお作法を解説しました。
このChapterでは、プログラミングにおいて基礎の基礎の概念である変数について学びましょう。

3-1 リテラル

変数の説明に入る前に、まずリテラルについて解説します。

ポイントはこれ!

- ✓ リテラルはプログラム中に直接記述した値
- ✓ 文字列、整数値、小数値といったデータの種類の違いを意識しよう
- ✓ 文字列中にクォーテーションを書く場合はエスケープしよう

3-1-1 リテラルとは

リテラルとは何かを理解するために、実際にソースコードを作成して、実行してみます。その前に、Chapterが新しくなりましたので、このChapter用のフォルダ「chap03」をjssamplesフォルダ内に作成しておいてください。

早速、リスト3-1のshowLiterals.jsを作成してみましょう。

リスト3-1：showLiterals.js

```
console.log("123");
console.log(456);
console.log(789.1);
```

デベロッパーツールのコンソールパネルを表示させた状態でこのjsファイルを読み込むhtmlファイルをブラウザで読み込んでください。コンソールパネルに次の内容が表示されます。

```
123
456
789.1
```

簡単なソースコードなので、ちゃんと動くには動いたのですけど、何かよくわからないコードです。

そうでしょうね。でも、このコードはすごく大切なことを教えてくれるのよ。今、表示されているデータをよく見てごらん。何か気づかない？

▶▶▶ リテラルとは

リスト3-1では、以下の3個の値を記述し、それをコンソールに表示させています。

(1) "123"
(2) 456
(3) 789.1

このようにプログラム中に直接記述した値のことを**リテラル**といいます。

▶▶▶ 値の種類が違う

コンソールへの表示結果は単なる文字の羅列ですので区別はつきにくいですが、実は、ここに記述した値は、それぞれ以下のように種類が違います。

(1)「123」(いち、に、さん)という文字列
(2)「456」(四百五十六)という整数値
(3)「789.1」(七百八十九点一)という小数値

そして、コンピュータ内部ではこの違いが重要な意味を持ちます。

つまり、ここでは、リテラルには以下の3種類が存在することになります。

(1) 文字列リテラル
(2) 整数リテラル
(3) 小数リテラル

特に、(1) は見た目は数字でもクォーテーションで囲んであるので、文字列です (2-2-2項参照)。この違いは意識しておいてください。

なるほど!確かに、データの種類が違いますね。

そうそう。といっても、あとで説明するけど、実はJavaScriptってあまりこの違いを理解しなくても扱える言語なのよ。ルーズというか、いいかげんというか。

そこは、おおらかと言おう。

3-1-2 エスケープシーケンス

文字列リテラルについてもう少し話を進めます。

あれ？おかしいなあ。エラーになるぞ。

どうしたの？

せっかく学んだので、リテラルをいろいろ表示させていたんです。そしたら、エラーになってコンソールに表示されなくなっちゃったのです。

ナオキくんが作成したエラーになるサンプルをここで一緒に見てみましょう。リスト3-2のnoEscape.jsを作成してください。

リスト3-2：noEscape.js

```
console.log("こんにちは。"齊藤さん"。");
```

同様にhtmlファイルで読み込んで実行すると、コンソールパネルに以下のエラーが表示されます。

```
Uncaught SyntaxError: missing ) after argument list
```

「こんにちは。齊藤さん。」のときは表示されたのです。この「齊藤さん」を強調しようと思って、ダブルクォーテーションで囲んだらエラーになったのです。

エスケープのし忘れが原因ね。

エスケープの前に、そもそも、log()の()内をよく見てごらん。ナオキくんは強調のためダブルクォートで囲んだつもりかもしれないけど、()内はおかしなことになっているよ。

▶▶▶「齊藤さん」は理解できないコード

2-2-3項でプログラムとして理解できるコードとそうでないものがある話をしました。それを思い出してください。ここで記述したダブルクォーテーションというのは、文字列の開始、終了を表す「意味のある」コードです。ナオキくんは強調のためにダブルクォーテーションで囲んだつもりでも、プログラムとしては「こんにちは。」までが文字列で、「齊藤さん」は理解できないコードとして扱われてしまいます（図3-1）。

図3-1：「齊藤さん」は理解できないコード

"こんにちは。" 齊藤さん "。"

文字列として理解　理解不能コード　文字列として理解

これが、エラーの原因です。

エディタのエラー予測

図3-2はリスト3-2をVisual Studio Codeで入力した際の画面です。

図3-2：「齊藤さん」がエラーになることを警告

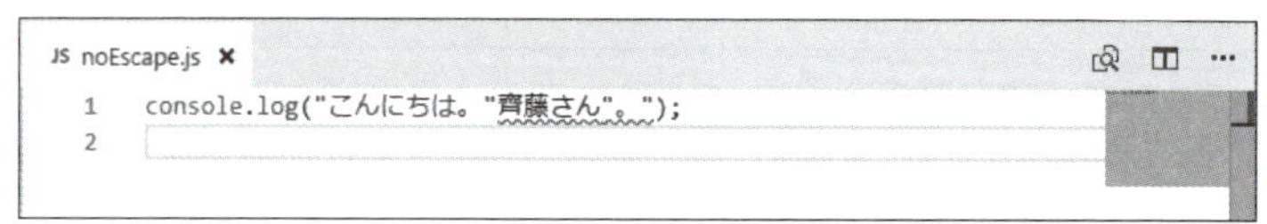

「齊藤さん」以降に赤色の波線が引かれています。これは、ここがエラーとなることを警告してくれています。このように、エディタによっては入力段階からすでにエラーを予測して表示してくれるものがあります。

本当だ!強調のつもりでダブルクォートを書いたつもりなのですけど、このダブルクォートをJavaScriptは理解できるコードとして認識しちゃったのですね。

そういうことね。

でも、本当に強調のつもりで使いたいことってあると思うのですけど、そういう場合はどうするのですか?

(キーボードをたたきながら) こうするのよ。

ここでユーコさんが手を加えたソースコードを作成してみましょう。リスト3-3のwithEscape.jsを作成してください。

リスト3-3：withEscape.js

```
console.log("こんにちは。\"齊藤さん\"。");
```

コンソールパネルへの表示結果は以下の通りです。

```
こんにちは。"齊藤さん"。
```

今度はちゃんと表示されました。

▶▶▶ エスケープシーケンス

ユーコさんが行ったことは、ダブルクォーテーションのようにプログラムとして理解できるコードを文字列中で使用するために、そういったコードを通常の文字列の一部として扱うようにしたことです。このことを**エスケープ**といい、専用の記号を付けます。こうして表したものを**エスケープシーケンス**といい、「\」(半角バックスラッシュ）を使います。Windowsでは「¥」（半角円マーク）で表示されます。これは、Windowsがバックスラッシュと円マークを区別していないからです。macOSなどのUNIX系OSでは区別されているので、注意してください*。

表3-1に主なエスケープシーケンスを記載しておきます。

表3-1：エスケープシーケンス

エスケープシーケンス	意味
\'	シングルクォーテーション
\"	ダブルクォーテーション
\¥	円記号
\t	タブ記号
\n	改行記号（LF）
\r	キャリッジリターン記号（CR）

違うクォーテーション内はエスケープ不要

リスト3-2を正しく表示させる方法として、エスケープシーケンス以外にシングルクォーテーションで文字列を囲む方法があります。その場合は、以下のようになります。

```
console.log('こんにちは。"齊藤さん"。');
```

このように、シングルクォーテーション中のダブルクォーテーション、ダブルクォーテーション中のシングルクォーテーションはエスケープ不要です。

とはいえ、ひとつのアプリケーション内でダブルクォーテーションとシングルクォーテーションが混在していると、それは可読性を下げます。どちらかに統一し、エスケープする方式になれておいた方がいいでしょう。

*）macOSでバックスラッシュを入力する方法は、option+\です。

▶▶▶ 文字列中の改行

1-1-2項で説明したように、コンピュータ内部では改行も文字データのひとつとして扱います。ということは、改行付きの文字列リテラルを記述する場合、その改行は改行文字を記述することになります。これは、表3-1にあるように、**\n**です。サンプルで見ていきましょう。リスト3-4のwithLineFeed.jsを作成してください。

リスト3-4：withLineFeed.js

```
console.log("こんにちは。\nみなさん、いかがお過ごしでしょうか。\n今日 ⇒
は残念なお知らせがあります。");
```

コンソールパネルへの表示結果は以下の通りです。

```
こんにちは。
みなさん、いかがお過ごしでしょうか。
今日は残念なお知らせがあります。
```

ソースコード中ではダブルクォーテーションで囲まれた1行の文字列ですが、実行結果は3行で表示されています。これは、文字列中の**\n**が改行文字のため、表示時にはそこで改行されるからです。

逆に、改行を表すために以下のように実際に改行を含めた記述をした場合、エラーとなるので注意してください。

```
console.log("こんにちは。[return]
みなさん、いかがお過ごしでしょうか。[return]
今日は残念なお知らせがあります。");
```

LFとCR

2-1-3項で解説したように、改行を表すにはUNIX系は**LF**のみの**\n**文字を、Windowsは**CRLF**の**\r\n**文字を使うことになっています。

では、そもそも、この**LF**と**CR**の違いはなんでしょうか。それは、タイプライターに由来します。その昔、タイプライターが使われていた時代、印字する部分（キャリッジ）は固定で、代わりに紙の方が移動していました。その仕組みで改行を行う場合、まず紙が1行分上にずれます（したがって印字位置が1行分下にずれます）。その後、紙が右にずれます（したがって印字位置が左端にきます）。この1行分ずれることをラインフィード（LF）、印字位置が左端に来ることをキャリッジリターン（CR）と言っていました。このことから、タイプライターでの改行というのは、LFとCRのワンセットだったのです。

▲LFとCRはタイプライターに由来する

3-2 変数と定数とデータ型

さあ、いよいよ本Chapterのメインテーマである変数を学びましょう。

ポイントはこれ！

- ✓ 変数は値を入れておく箱
- ✓ 変数の宣言はletを使い、変数名はキャメル記法で
- ✓ 宣言した変数には値を代入して初期化する
- ✓ JavaScriptでイコール記号は値の代入を意味する
- ✓ 変数への値の代入は何度でも可能
- ✓ 定数の宣言はconstを使い、定数名は大文字のスネーク記法で
- ✓ 変数にはデータ型がある
- ✓ JavaScriptはデータ型を意識しなくてもプログラミングできるが、コンピュータ内部では存在する

3-2-1 変数

3-1節で学んだリテラルは、直接ソースコードに値を記述するので、当たり前ですが他の個所で値を書き換えたり使い回したりといったことができません。それを可能にするのが**変数**です。

変数は箱

変数というのは何かの値を入れておくための箱です（図3-3）。

図3-3: 変数は値を入れておく箱

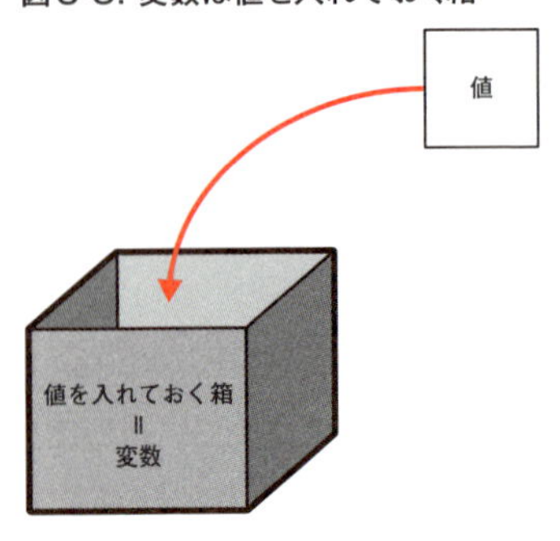

変数には自由に名前を付けることができます。例えば、「name」という名前の変数があるとします。これに文字列「山本」を入れておくと、いつでも変数nameを指定するだけでそこから「山本」という文字列を取り出して使うことができます。さらに、途中で「中山」に変えることもできます。その場合は、それ以降はnameから値を取り出すと、「中山」となります。

図3-4：変数は自由に名前を付けられる

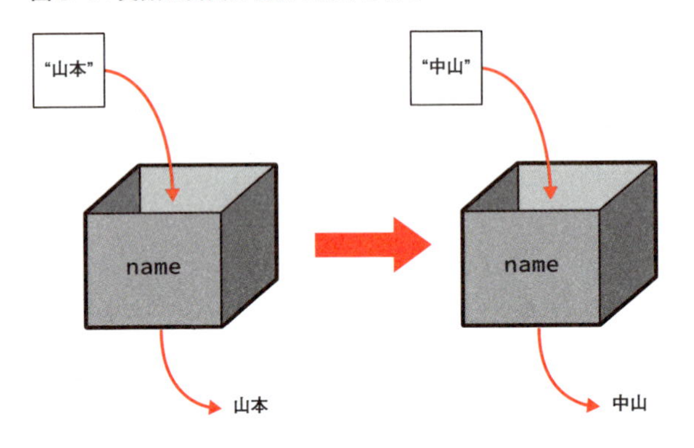

中学校の数学で変数というのを習いましたけど、あれと同じですね。

そうね。考え方は同じだけど、書き方はプログラミング言語によってさまざまだし、数学と違うから、そこは注意しておこうね。

リスト3-5のvariables.jsを作成してください。

リスト3-5：variables.js

```
let name = "山本";  ←❶
console.log(name);
name = "中山";  ←❷
console.log(name);
```

コンソールパネルへの表示結果は以下の通りです。

```
山本
中山
```

▶▶▶ 変数の宣言

JavaScriptで変数を利用する場合は、まず**宣言**する必要があります*。リスト3-5の❶の左辺（=より左側）が宣言にあたります。JavaScriptで変数を宣言する書式は以下の通りです。

構文 変数の宣言

```
let 変数名;
```

*）厳密には、JavaScriptは宣言しなくても変数が使えてしまいますが、思わぬバグを生みますので、宣言する癖をつけましょう。

var宣言

ここで紹介したletによる変数宣言は、ES2015で導入されたものです。それ以前はvarで宣言していました。現在でも、このvar宣言は使用できますが、letの方がより厳密なコーディングが可能です（詳細はChapter 6で扱います）。したがって、本書ではvar宣言は使わずに、letを使用していきます。

変数名は比較的自由に付けることができますが、以下の命名規則は守るようにしましょう。

- 変数名に使える文字は、アルファベット、数字、アンダースコア（_）、ドル記号（$）のみ。
- 変数名は数字から始めない。
- 大文字小文字は区別する。

さらに、JavaScirptの言語そのものがもともと持っている意味のある単語（これを**予約語**といいます）は使わないようにしましょう。例えば、letは変数の宣言に使う予約語ですので、変数名としては使えません。

数学の変数といえば、xやyが代表ですけど、プログラミングでは違うのですね。普通の英単語が使われるというか…

xやyみたいなのを変数名にしているソースコードもあるよ。特に昔のソースコードはよく数値にiを使っていたんだ。でも、これだとその変数がどういった数値なのかがわからない。もちろん、今でもあえてiを使うケースもあるにはあるけど、それは、慣習的にiが何を表すかすぐにわかる場合だけなんだ。その他の変数は、変数が何を表すのかすぐにわかるように変数名を付けることの方が、最近は普通だね。

昔は短い変数名をよく使っていたと聞きました。でも、最近のソースコードでの変数名は、長くなってもわかりやすいのにするんですよね。1単語じゃなくて、複数単語をつなげてとか。

複数単語をつなげるのですか！

単語のつなげ方もいくつかパターンがあるんだよ。

▶▶▶ スネーク記法とキャメル記法

複数の英単語をつなげてひとつにする場合、いくつかパターンがあります。プログラミングでよく使われるのは以下の2種類です。ここでは、例としてnameとfirstをつなげてみます。

- **スネーク記法**

それぞれの単語をアンダースコアでつなぐ方法で、**アンダースコア記法**ともいいます。例では、name_firstとなります。あるいは、すべてを大文字で記述してNAME_FIRSTというのもスネーク記法です。

- **キャメル記法**

それぞれの単語の頭文字を大文字とするつなげ方です。キャメル記法にも2種類あり、1単語目を大文字で始めるかどうかで分かれます。大文字で始めると、NameFirstとなります。一方、小文字とすると、nameFirstとなります。前者を**アッパーキャメル記法**（**UCC**）、後者を**ローワーキャメル記法**（**LCC**）という言い方もありますが、単にキャメル記法といえばローワーの方を指し、アッパーの方は**パスカル記法**という言い方もあります。

JavaScriptでは、変数名として基本的にローワーキャメル記法を使用します。

チェイン記法

キャメルでもスネークでもなく、ハイフン（-）で単語をつなぐ方法もあり、**チェイン記法**と呼ばれます。これは、CSSの記法でよく使われていますが、ハイフンが変数名として利用できない文字であることから、JavaScriptの変数名ではこの記法は使いません。

▶▶▶ わかりやすい変数名を付けるために

ローワーキャメル記法を使って英単語をつなげたものを変数名にできることで、その変数が何の値を表すものかがはっきりし、ソースコードの可読性が上がります。さらにもう一段階、可読性を上げるためのコツは、変数名の付け方に統一感を持たせることです。

例えば、名前を姓と名の2個の変数に格納するとして、名の方はnameFirstとしているのに、姓の方をlastNameとすると統一感がなくなります。この場合は、nameLastとします。

同じように、あるコードではloginPasswordとしておきながら、一方でuserPWとするなども統一感がなくなります。この場合は、userPasswordとします。

こういった統一感を保つためには、プログラマが自分なりの命名規則を持っておく必要があります。これは、一朝一夕でできるものではありませんので、コーディング中に命名規則を意識しながら、ルールを確立していくようにしましょう。

▶▶▶ 宣言しただけでは変数はundefined

話を変数の扱いに戻します。変数は値を入れておく単なる箱ですので、宣言しただけでは中身は空っぽです。この宣言しただけで中身のない状態を、JavaScriptでは**undefined**といいます。和訳すると「未定義」です。変数がundefinedのままではプログラムとして成り立ちません。宣言した変数にはまず何か値を入れておく必要があります。その値がリスト3-5❶の右辺（=より右側）です。

あれ？「=」って左辺と右辺が同じ値という意味ですよね。確かに、「name」は「山本」なんだけど、左で宣言しているということは、先に変数nameがあって…

そう!そこポイントよ!プログラミングでイコール記号を数学と同じように思ったら、混乱するからダメ。プログラミングのイコール記号は、数学とは違う意味なの。

そうだったんですね！紛らわしい。

▶▶▶ イコールは代入

数学でイコール記号は「左辺と右辺が同じ値」という意味を表しますが、JavaScriptでは**代入**を意味します。イコールの右側の値を左側の変数に代入するという意味です。

構文 値の代入

```
変数名 = 値;
```

リスト3-5の❶の処理を細かく見ていくと、まず空っぽの変数nameが宣言によって用意されます。その後、イコールによって右側の値「山本」が代入される、ということになります。この空っぽの変数に初めて値を代入することを**初期化**といい、代入される値を**初期値**といいます。

COLUMN

宣言と初期化の分離

リスト3-5の❶は宣言と初期化を同時に行っていますが、以下のように別の式として書くこともできます。

```
let name;
name = "山本";
```

実際のコーディングは初期化し忘れを避けるために、リスト3-5のように1行で記述した方がいいです。ただし、場合によっては別に分けざるを得ない状況も出てきますので、この書き方も覚えておいてください。

▶▶▶ 宣言は一度、代入は何度でも

ここで、リスト3-5の❷に注目してください。ここではletは記述されていません。変数は一度宣言すれば、その後はそのまま使い続けることができます。そのため、その後は代入だけ行えば、中の値を書き換えていくことができますし、この代入は何度でも行うことができます。

テンプレート文字列

文字列リテラルを宣言する際、ES2015より**テンプレート文字列**というのが可能となりました。これは、文字列を`（バッククォーテーション）で囲みます。そして、このバッククォーテーションで囲まれた範囲では、改行は改行として扱われます。また、変数を埋め込むことも可能です。例えば以下のようなコードとなります。

```
let name = "山本";
let str = `今日のゲストは${name}さんです。
ようこそお越しくださいました。`;
```

このstrをコンソール表示すると、以下のように表示されます。

```
今日のゲストは山本さんです。
ようこそお越しくださいました。
```

3-2-2 定数

変数は何度でも値を代入できました。一方、初期値を代入した後、値が変更できないものがあります。それを**定数**といいます。

▶▶▶ 定数の宣言はconst

JavaScript内で定数を利用する場合は、以下のようにconstを使います。

構文 **定数**

```
const 定数名 = 値;
```

サンプルで見ていきましょう。リスト3-6のconst.jsを作成してください。

リスト3-6：const.js

```
const PI = 3.14;  ←❶
console.log(PI);
PI = 3.142;  ←❷
```

コンソールパネルへの表示結果は以下の通りで、エラーとなります。

```
3.14
Uncaught TypeError: Assignment to constant variable. at
const.js:3
```

リスト3-6の❶が定数を宣言しているところです。ここでは円周率定数であるPIを宣言しています。ここで注意したいのは、定数は一度宣言したら値を変更できない点です。リスト3-6の❷ではこの定数に値を再代入しようとしています。実行結果の2行目のエラーはこれが原因です。

▶▶▶ 定数名は大文字のスネーク記法

定数名に注目してください。変数名と同様に、定数名も自由に付けることができますが、変数と区別がつきやすいように、すべて大文字で記述することが多いです。例えば、piではなく、PIです。また、複数の単語をつなげる場合は、すべて大文字ですのでキャメル記法が使えません。スネーク記法を採用します。例えば、以下のような記述です。

```
const ACCESS_URL = "http://www.hoge.com";
```

[3-2-3 データ型]

3-1-1項でリテラルのデータの種類の話をしました。その考え方を変数に適用してみましょう。

早速サンプルとして、リスト3-7のvarTypes.jsを作成してください。

リスト3-7：varTypes.js

```
let name = "田中"; ←❶
let num = 556; ←❷
let dec = 487.5; ←❸

console.log(name);
console.log(num);
console.log(dec);

name = 167.3; ←❹
console.log(name);
```

コンソールパネルへの表示結果は以下の通りです。

```
田中
556
487.5
167.3
```

このサンプルで示したいことが少しわかりました。

あ、そうなの?!じゃあ、説明してもらおうかな。

この、変数を初期化しているところで、値として記述しているリテラルのデータの種類が全部違いますよね。

そうそう。それから?

ということは、変数にもデータの種類の違いがあるということですよね?

そこに気づくとは、なかなか優秀だね。

▶▶▶ 変数にもデータの種類がある

リスト3-7の❶～❸の右辺に注目してください。左辺の変数に代入するために値をリテラルとして記述しています。3-1-1項で説明したように、リテラルにはデータの種類がありました。❶～❸はすべて違うものです。ということはこの値を代入している左辺の変数もデータの種類が違うということになります。このことをデータの**型**といいます。リテラルのデータ型が違うということは、それを代入している変数の型もそれぞれ違い、以下のようになります。

❶文字列型変数のname
❷整数型変数のnum
❸小数型変数のdec

図3-5：変数にはデータの型がある

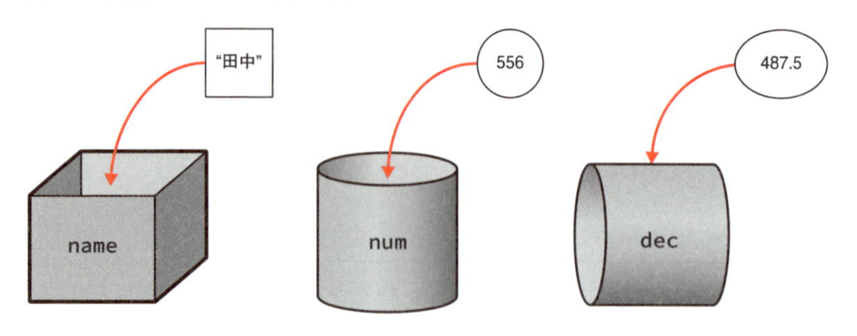

この、データの種類のことをデータの型というのですね。でも、不思議です。リスト3-7の❹では文字列型の変数に小数値を入れてますね。

ここよ、ここ。JavaScriptがルーズというか、いいかげんなところ。

だから、そこは、おおらかと言おう。

▶▶▶ JavaScriptはデータ型に対しておおらか

JavaやCなどの言語はデータ型に対して厳格な言語であり、変数や定数を宣言する際にデータ型を指定し、その後データ型は変更できない言語仕様となっています。一方、JavaScriptはデータ型をあまり意識しなくてもコーディングできる言語となっています。ただ、これは、変数に値を代入する際に、代入する値から変数の型をその場で決める仕組みがJavaScriptにあるから可能となっているだけで、データ型がないわけではありません。コンピュータ内部では厳格に区別しています。例えば、リスト3-7の変数nameは、❶で「"田中"」を代入するときに文字列型の変数となります。「田中」が格納されている間は文字列型としてふるまいます。その後、❹で「167.3」を代入する際に小数型に変化します。

図3-6: 変数の型は代入時に決まる

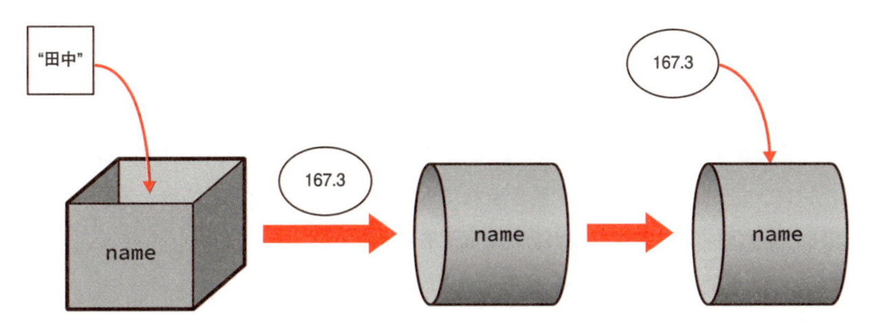

このように、値が代入されるときに変数のデータ型が決まるプログラミング言語を**動的型付け言語**といい、スクリプト言語はほとんどこのタイプの言語です。一方、JavaやCなど、あらかじめ変数のデータ型を決めておく言語を**静的型付け言語**といいます。動的型付け言語は、非常に柔軟なコーディングができる一方で、このデータ型を意識しないがために思わぬバグが発生してしまうこともあります。そういったときは、データ型を意識するようにしましょう。

私はここでいう静的型付け言語で育った人間なので、この動的型付け言語ってどうしてもなじめなくてね。

そうなんですか？

そうよ。でも、メリットがあるのも確かよね。先生が言うように、おおらかだし。おおらかゆえに、コーディングが楽になるのは実感してるわ。

うん。ただ、ユーコさんの言いたいこともわかる。動的型付け言語しか知らない人は、データ型に疎く、それゆえに思わぬバグを生んでしまうことも確かなんだ。だから、ナオキくんはJavaScriptのおおらかさに甘えずにちゃんとデータ型を意識するようにね。

はい！

Strictモード

3-2-1項の注釈に、JavaScriptでは宣言なしに変数が使えるが避けるようにと記載してあります。ところが、そもそも宣言なしでも使えるように作られている言語なだけに、うっかりletやvarを書き忘れてもエラーになりません。これをエラーにしてくれる方法があります。それが**Strictモード**です。

これは、JavaScriptコードの一番最初に

```
"use strict";
```

と記述することで発動します。このStrictモードは宣言なし変数だけでなく、他に古くからあるJavaScriptの危険な記述方法を検知し、エラーとしてくれます。このStrictモードは古いブラウザでは利用できませんが、この記述を書いておいても害はありませんので、通常は記述します。本書掲載のコード中には記載しませんが、ダウンロードサンプルにはすべて記述していますので、参考にしてください。

CHAPTER 4

演算子

Chapter 3では、変数を扱いました。といっても、変数を定義してその内容を表示するだけというものでした。コンピュータは計算してこそのものです。このChapterでは変数を使った計算を学びましょう。

4-1 算術演算

計算といえば、まず小学校で習う四則演算です。ここでは、計算の基礎である四則演算をJavaScriptで行う方法を学びましょう。

ポイントはこれ！

- ✓ 演算を行う記号を演算子という
- ✓ 演算対象の変数や数値をオペランドという
- ✓ 四則演算の考え方は数学と同じで、記号は掛けるが*、割るが/と少し違うだけ
- ✓ 演算子%は剰余、**は累乗

4-1-1 足し算

まずは、基礎中の基礎、足し算からです。

実際にソースコードを作成して、実行してみましょう。Chapterが新しくなりましたので、このChapter用のフォルダ「chap04」をjssamplesフォルダ内に作成し、リスト4-1のplusLiterals.jsを作成してください。

リスト4-1：plusLiterals.js

```
let ans = 452 + 289;  ←❶
console.log(ans);
```

コンソールパネルへの表示結果は以下の通りです。

```
741
```

足し算って、数学と同じ記述ですね。

確かに＋は同じよね。ただ、❶の式は大きく違うところがあるの、わかる？

▶▶▶ 足し算記号は数学と同じでも…

加法、つまり足し算は、数学と同じ＋記号を使います。リスト4-1の❶はその＋記号を使っており、さらに＝記号があるところから、算数式のように見えますが、違います。3-2-1項で説明したように、JavaScriptで＝は代入です。ということは、リスト4-1の❶は算数式とは全く違い、まず右辺の

452 ＋ 289

という演算が先に行われます。この演算結果である741が算出された後に、変数ansに代入されるという処理です。

なるほど。やはり、このイコールは曲者ですね。プログラミングをするときは、しっかり頭を切り替えておかないといけませんね。

そうだね。さらに、処理の流れも大切だよ。

まず、右辺の計算が先に行われてから代入されるということですね。

そうそう。よくわかっているじゃない。

ところで、この計算ですけど、このサンプルでは数値計算でしたよね。変数同士って計算できますか？

当然よ。

じゃあ、次はそのサンプルを作ってみようか。

リスト4-2のplusVariables.jsを作成してください。

リスト4-2：plusVariables.js

```
let num1 = 34;    ←❶
let num2 = 91;    ←❷
let ans = num1 + num2;    ←❸
console.log(ans);
```

コンソールパネルへの表示結果は以下の通りです。

```
125
```

▶▶▶ 変数同士の足し算も同じ考え方

リスト4-2の❶と❷で変数num1とnum2をそれぞれ初期値34と91で用意しています。❸でこれらの変数を足し算し、その結果を変数ansに代入しています。このように、変数同士の計算ももちろん可能です。

同様に、変数とリテラルの計算も可能です。

なお、変数でもリテラルでも、計算する値のことを**オペランド**といいます。リスト4-1では452と289がオペランドであり、リスト4-2ではnum1とnum2がオペランドです。

4-1-2 四則演算

演算の基礎がわかったところで、四則演算をまとめて紹介しましょう。リスト4-3のfourArithmeticOperations.jsを作成してください。

リスト4-3：fourArithmeticOperations.js

```
let num1 = 6;
let num2 = 5;

let ansAddition = num1 + num2;  ←❶
let ansSubtraction = num1 - num2;  ←❷
let ansMultiplication = num1 * num2;  ←❸
let ansDivision = num1 / num2; ←❹

console.log(ansAddition);
console.log(ansSubtraction);
console.log(ansMultiplication);
console.log(ansDivision);
```

コンソールパネルへの表示結果は以下の通りです。

```
11
1
30
1.2
```

掛けると割るの記号が数学と違うだけで、あとは算数と同じですね。

そうね。でも、割り算は注意が必要よ。

▶▶▶ 基本的な考え方は算数と同じ

リスト4-3はあらかじめ演算に必要な2個の変数を用意し、その2個の変数を使って加減乗除の四則演算を行っています。❶が足し算（加法）、❷が引き算（減法）、❸が掛け算（乗法）、❹が割り算（除法）です。❸の乗法と❹の除法の記号が数学と違うだけで、基本的な使い方は数学と全く同じです。

▶▶▶ 除法は注意が必要

ただし、除法は注意してください。リスト4-3では整数で割り切れる数ではないので、答えは小数となります。3-2-3項で解説したように、JavaScriptはデータ型を意識しなくてもいいプログラミング言語ですが内部では区別しています。例えば、

6 / 3

の結果は2という整数となりますので、これを格納する変数は整数型となりますが、リスト4-3のように小数になる場合は、この結果を格納するansDivisionは小数型となります。割り算結果が整数に収まるのか小数になるのかは意識しておきましょう。特に無限小数になる場合は、四捨五入などの処理が必須となってきます。このあたりは、Chapter 13でもう一度扱います。

4-1-3 余り

四則演算で使った+や*などの記号を**演算子**といいます。特に、四則演算のように数学的な演算を行う演算子を**算術演算子**、あるいは**代数演算子**といいます*。また、=も代入という演算を行うことから、演算子のひとつで**代入演算子**といいます。

算術演算子は四則演算以外にもあります。ここでは、そういった演算子を2個紹介しましょう。リスト4-4のremainderOperation.jsを作成してください。

*）両方ともArithmetic Operatorsの訳語です。

リスト4-4：remainderOperation.js

```
let num1 = 111;
let num2 = 10;

let ans = num1 % num2;  ←❶

console.log(ans);
```

コンソールパネルへの表示結果は以下の通りです。

```
1
```

このサンプル、どんな演算を行っているかわかる？

%って記号だからといってまさかパーセントの計算じゃないでしょう。想像つかないです。

答えの1から考えてみたら？

四則演算だと1にならないんですよねぇ…。なんだろ？

▶▶▶ 余りの計算

リスト4-4の❶の結果である1というのは、111を10で割った余りを意味します。❶で使われている演算子**%**は、余りを計算する演算子です。この%はプログラムでは時々登場する便利な演算子ですので、覚えておいて損はありません。例えば、「偶数か奇数か」を判定するプログラムではこの%を使い、余りが0なら偶数、1なら奇数と判定します。

4-1-4 累乗 IE

では、2個目を紹介します。リスト4-5のexponentiationOperations.jsを作成してください。

リスト4-5：exponentiationOperations.js IE

```
let num1 = 2;
let num2 = 3;

let ans = num1 ** num2; ←❶

console.log(ans);
```

コンソールパネルへの表示結果は以下の通りです。

```
8
```

この演算子は、わかります！これは、2の3乗ですよね？
掛ける演算子が2個重なっていますし。

正解！累乗計算よ。

▶▶▶ 累乗計算は掛けるを2個

リスト4-5の❶で記述された演算子**は累乗を計算します。この演算子を使うときの注意点は、その順序です。**演算子では、底（掛け合わされる数）が演算子の左側（リスト4-5の❶ではnum1）です。右側（リスト4-5の❶ではnum2）が指数です。したがって、この順序を入れ替えると、当然答えが変わってきますので、注意してください。

4-2 文字列結合と演算子の優先順位

前節では算術演算子を使ったプログラミングをいくつか行い、演算子にも慣れてきたころだと思います。ここではよく知っている＋演算子の別の使い方を見ていくことにしましょう。

ポイントはこれ！

- ✓ +記号は文字列結合にも使われる
- ✓ +演算はオペランドが文字列となった時点で文字列結合になる
- ✓ 演算子には優先順位がある
- ✓ 優先順位に反して優先させたい演算には丸かっこを使う

4-2-1 文字列の結合

皆がよく知っている+演算子ですが、足すものが変わると違う側面を見せます。サンプルで見ていきましょう。リスト4-6のstringJoin.jsを作成してください。

リスト4-6：stringJoin.js

```
let str1 = "今日の天気は、";
let str2 = "晴れ";

let joinedStr = str1 + str2;   ←❶

console.log(joinedStr);
```

コンソールパネルへの表示結果は以下の通りです。

```
今日の天気は、晴れ
```

▶▶▶ 文字列の結合もプラス

前節のサンプルは、演算に使用する変数がすべて数値でした。一方、リスト4-6では変数として文字列を用意し、❶ではそれら文字列に＋演算子を使っています。実行結果からわかるように、これは**文字列結合**を表します。

プラスには文字列の結合の意味もあるんですね。でも、これはわかりやすいです。

じゃあ、数値と文字列を＋したらどうなると思う？

数値同士なら足し算できるけど、数値と文字列じゃ足し算できませんよね。やっぱり結合ですか？

正解！サンプルで見てみようか。

リスト4-7のstringJoin2.jsを作成してください。

リスト4-7：stringJoin2.js

```
let str = "変数numの値: ";
let num = 9876;

let joinedStr = str + num;

console.log(joinedStr);
```

コンソールパネルへの表示結果は以下の通りです。

```
変数numの値: 9876
```

▶▶▶ 文字列が含まれていたら＋は文字列結合

リスト4-7では、文字列変数strと整数値変数numとを演算子＋でつなげています。この場合、実行結果からわかるように、文字列結合のように扱われています。このように、変数やリテラル、つまりオペランド同士を＋演算子でつなげた場合、文字列が含まれた時点でその演算は文字列結合として扱われます。

この話をもう少し進めます。

あれ？おかしいなあ。

どうしたの？

先輩、見てください。少し自分でプログラムを作ってみたのですけど、足し算されないのですよ。

ナオキくんが作成したプログラムを、ここで一緒に見ていきましょう。リスト4-8のstringJoin3.jsを作成してください。

リスト4-8：stringJoin3.js

```
let str = "計算結果: ";
let num1 = 123;
let num2 = 456;

let ans1 = str + num1 + num2;   ←❶

console.log(ans1);
```

実行結果を予想しながら実行してみてください。

コンソールパネルへの表示結果は次の通りです。

```
計算結果: 123456
```

僕としては、「計算結果: 579」というのを期待していたんですけど…。

どうして期待通りの結果にならなかったんだろうね。

さっきの解説の中にヒントがあるよ。

あ、そうか！strが文字列だから文字列結合になっちゃうんですね！

正解！じゃあ、質問。オペランドの順番を変えて、

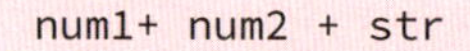

```
num1+ num2 + str
```

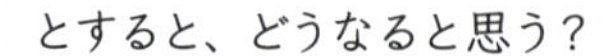

とすると、どうなると思う？

うーん…。実際にやってみます！

ワトソン先生から出された問題を実装したリスト4-9のstringJoin4.jsを作成してください。

リスト4-9：stringJoin4.js

```
let str = "となりました";
let num1 = 123;
let num2 = 456;

let ans1 = num1 + num2 + str;   ←❶

console.log(ans1);
```

実行結果を予想しながら実行してみてください。
コンソールパネルへの表示結果は以下の通りです。

```
579となりました
```

▶▶▶ 文字列が登場するまでは足し算

ここでのポイントはどのタイミングで文字列が登場するかです。リスト4-8の❶もリスト4-9の❶もstrとnum1とnum2を+でつなげて演算しています。先述の通り、+演算子はオペランドに文字列が登場した時点で文字列結合となります。これは逆に言えば、文字列が登場するまでは足し算が行われるということです。実際に、リスト4-8では一番最初に文字列が登場しているので、最初から文字列結合として扱われています。一方、リスト4-9では最後が文字列ですので、そこまでの

num1+num2

は通常の足し算として演算されています。実行結果からそのことがわかります。

[4-2-2 演算子の優先順位]

リスト4-8の順序で足し算させる方法を考えましょう。

じゃあ、もう一度リスト4-8に戻って、❶の順序のままnum1とnum2の足し算を優先させたい場合はどうしたらいいと思う？

数学と同じように考えたらいいのよ。

あ！かっこですね。

リスト4-10のoperatorPrecedence.jsを作成してください。

リスト4-10：operatorPrecedence.js

```
let str = "計算結果: ";
let num1 = 123;
let num2 = 456;

let ans1 = str + (num1 + num2);   ←❶

console.log(ans1);
```

リスト4-8の❶のnum1+num2にかっこが付いただけです。
コンソールパネルへの表示結果は以下の通りです。

```
計算結果: 579
```

▶▶▶ 優先させたい演算にはかっこを

無事、期待通りの結果が表示されました。このように優先させたい演算がある場合は、数学と同じようにその部分を丸かっこで囲みます。リスト4-10の❶では

num1+num2

を優先させたいので、これを丸かっこで囲みました。

ここで問題。リスト4-10の❶に演算子はいくつあるでしょう?

え?2個ですよね。

ほら。イコールを忘れてる。3個よ。

あ!代入ですね!

そう!これは、みんな忘れるのだけど、4-1-3項で説明したように=も立派な演算子なんだよね。となると、不思議に思わないかい? ❶ではなぜ=演算が一番最後に行われているのか、と。

▶▶▶ 演算子には優先順位がある

リスト4-10の❶の各演算子の演算順番を記述すると図4-1のようになります。

図4-1:リスト4-10の❶の演算順番

```
         ③      ②          ①
let ans1 = str + (num1 + num2);
```

①は()があるので理解できますが、②と③の順番の原因は何でしょうか。これは、JavaScriptの演算子のルールとして、=よりも+の方を優先的に演算するように決まっているのです。このように演算子のどちらを先に計算するかというのを**演算子の優先順位**といいます。章末の表4-2に各演算子の優先順位をまとめておきますので、参照してください。

4-3 さまざまな演算子

算術演算子、文字列結合と紹介してきました。ここでは他のさまざまな演算子を紹介していきましょう。

ポイントはこれ！

- ✓ プログラムでは、ある変数を使った演算結果をその変数に代入できる
- ✓ 自分自身に代入する演算子がある
- ✓ 値を1増減させる専用の演算子がある

4-3-1 複合代入演算子

JavaScriptの＝記号が**代入演算子**というひとつの演算子であることは4-1-3項で説明しました。この＝演算子が他の演算子と組み合わされることでさまざまな代入を行うことが可能となります。こういった演算子を**代入演算子**のうちで特に**複合代入演算子**といいます。

早速サンプルで見ていきましょう。リスト4-11のassignmentOperator.jsを作成してください。

リスト4-11：assignmentOperator.js

```
let num = 255;
num = num + 5;  ←❶
console.log("numの値: " + num);

num += 5;  ←❷
console.log("numの値: " + num);
```

コンソールパネルへの表示結果は以下の通りです。

```
numの値: 260
numの値: 265
```

COLUMN

log() 内で文字列結合

これまでのサンプルでは、コンソールへの出力のlog() 内には変数のみを記述していました。一方、リスト4-11では変数だけではなくその前に「"numの値: " + 」というのが記述されています。

これは、例えば、

```
let msg = "numの値: " + num;
console.log(msg);
```

のように表示用の文字列を生成した変数（msg）を別に用意して、それを表示するのと同じです。

コンソールに値を出力したい場合、変数だけだとどの値を出力しているのかわかりにくいので、このように前に文字列を置いてわかりやすい内容で出力することが多いです。その際、直接log() 内で文字列結合を行って出力します。

このサンプルの❶の部分、数学の感覚では成り立たない式ですね。

そこに注目したのはなかなかね。

でも、もう大丈夫ですよ。イコールは代入とちゃんと理解しているので、この式の意味もわかります。

優秀優秀。

▶▶▶ 自分自身に代入

会話にもあるように、リスト4-11の❶は数学では成り立たない式です。しかし、=を代入と理解していれば❶の処理も理解できると思います。❶はまず右辺の

num + 5

が処理され、260という数値が計算されます。その後、この260という数値が変数numに代入されます。その結果、numが260となります（図4-2）。

図4-2: リスト4-11の❶の処理の流れ

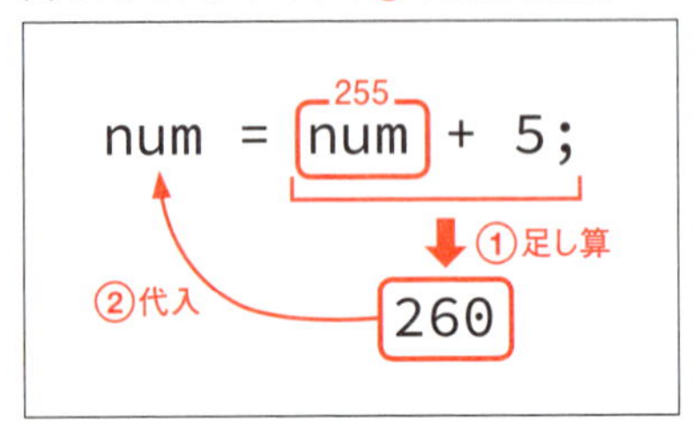

このように、自分自身の値を使った計算結果を再度自分に代入することが、プログラムでは可能です。

▶▶▶ 自分自身に代入する演算子

この自分自身の値に何かを足して再度代入するという処理はプログラムではよくあるので、それ専用の演算子が用意されています。それがリスト4-11の❷の**+=**です。リスト4-11の❶と❷は同じ処理です。

このような演算子を**複合代入演算子**といい、加法だけでなく、加減乗除に剰余と累乗すべて可能です（章末の表4-1を参照してください）。

4-3-2 インクリメントとデクリメント

演算子の最後に、インクリメント演算子とデクリメント演算子を紹介しておきましょう。リスト4-12のincrementAndDecrement.jsを作成してください。

リスト4-12：incrementAndDecrement.js

```
let num = 100;
num++;   ←❶
console.log("numの値: " + num);

num--;   ←❷
console.log("numの値: " + num);
```

コンソールパネルへの表示結果は以下の通りです。

```
numの値: 101
numの値: 100
```

実行結果を見ると、++で変数が1増えて、--で1減ってますね。

そう。++が**インクリメント演算子**、--が**デクリメント演算子**よ。インクリメントというのは増加、デクリメントは減少という意味の英単語よ。プログラミングでは1ずつの増加と減少の意味ね。

とりあえずは、そのような理解でいいけど、もう少し詳しく知っておいた方がいいよ。

▶▶▶ インクリメントとデクリメントも自分自身への代入

リスト4-12の❶で使われている++が**インクリメント演算子**で、❷の−−が**デクリメント演算子**です。変数に++と記述すると、その変数の値が1増えます。これは、処理としては、

num = num + 1;

あるいは、代入演算子を使って、

num += 1;

と同じ処理です。デクリメントに関しても同じです。

▶▶▶ 前置と後置

この、インクリメント演算子、デクリメント演算子は、リスト4-12では変数の後ろに置いていますが（後置）、

++num;

のように変数の前に置くこともできます（前置）。リスト4-12の場合は、前置も後置も実行結果は変わりません。一方、書き方によってはこの前置と後置の違いが出てくることがあります。次に、そこをサンプルで見ていきましょう。リスト4-13のpreAndPostIncrement.jsを作成してください。

リスト4-13：preAndPostIncrement.js

```
let num1 = 10;
let num2 = 10;

let ans1 = ++num1;   ←❶
let ans2 = num2++;   ←❷

console.log("num1とans1: " + num1 + "と" + ans1);
console.log("num2とans2: " + num2 + "と" + ans2);
```

コンソールパネルへの表示結果は以下の通りです。

```
num1とans1: 11と11
num2とans2: 11と10
```

え？どうなっている？あ～！ややこしい！

うん。これはややこしいよ。だから、通常はこういう使い方はしないんだ。

え？そうなんですか。

そうよ。あまり見たことないわ。

だから、ここは、仕組みだけ理解しておけばいいよ。

▶▶▶ 前置と後置の違い

先に説明したように、インクリメントを単独で使った場合は前置も後置も差がありません。ただ、リスト4-13のように=と一緒に使うと処理の順序が変わってきます。

リスト4-13では、同じ初期値10でnum1とnum2の2個の変数を用意しています。その後❶と❷で演算を行っています。そこでは、num1とnum2のインクリメントとans1とans2への代入を行っています。その結果、インクリメントされたnum1とnum2は11になっています。一方、代入されたans1とans2の値が違います。実行結果からわかるように、ans1はインクリメントされた後の値である11が代入されています。一方、ans2はインクリメントされる前の値である10が代入されています（図4-3）。まとめると、以下のようになります。

❶前置: インクリメント→代入
❷後置: 代入→インクリメント

図4-3：リスト4-13の❶と❷の演算順番

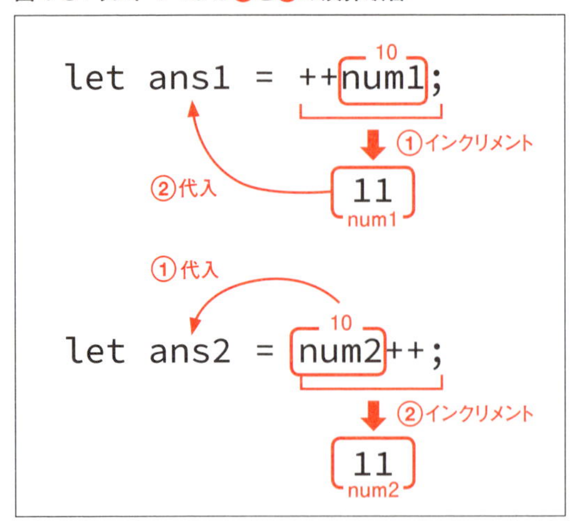

▶▶▶ 単独で使おう

とはいえ、このような使い方はミスを誘発し、バグの温床となりかねません。先の会話でワトソン先生が言っているように、インクリメント、デクリメントと代入を同時に使うことを避け、インクリメント演算子、デクリメント演算子はリスト4-12のように単独で使うようにしましょう。その場合は、後置で記述することの方が多いです。

4-3-3 演算子のまとめ

ここまで、算術演算子、文字列結合演算子、代入演算子、インクリメント演算子、デクリメント演算子と紹介してきました。JavaScriptには、他にも演算子があります。演算子のまとめとして、表4-1によく使う演算子をまとめておきます。

表4-1：よく使われる演算子

演算子の種類	演算子	内容
算術演算子	+	加算
	-	減算
	*	乗算
	/	除算
	%	剰余
	**	累乗
比較演算子	==	等しい
	!=	等しくない
	===	厳密に等しい
	!==	厳密には等しくない
	>	より大きい
	<	より小さい
	>=	以上
	<=	以下
論理演算子	!	NOT
	&&	AND
	||	OR
代入演算子	=	代入
	+=	加算代入
	-=	減算代入
	*=	乗算代入
	/=	除算代入
	%=	剰余代入
	**=	累乗代入
インクリメント演算子	++	
デクリメント演算子	--	
文字列結合演算子	+	

表4-1掲載の比較演算子、論理演算子は次のChapterで扱います。

さらに、表4-2に演算子の優先順位をまとめておきます。

表4-2：演算子の優先順位

優先順位	演算子
高い	!　++　--
↑	**
	*　/　%
	+　-
	<　<=　> >=
	==　!=　===　!==
	&&
	||
低い	=　+=　-=　*=　/=　%=

CHAPTER

5

条件分岐

Chapter 4では、演算子を扱いました。おかげでさまざまな演算ができるようになり、コンピュータ処理らしくなってきました。といっても、より本格的な処理を行うには制御構文を知っておく必要があります。このChapterでは、その制御構文のうち条件分岐を学びましょう。

5-1 プログラマ脳

制御構文は、大きく**条件分岐**と**ループ**に分かれます。このChapterではそのうちの条件分岐を学び、次のChapterでループを学びます。実際に条件分岐のプログラミングに入る前に、頭の体操を行いましょう。

ポイントはこれ！

- ✓ プログラムの特徴を理解しよう
- ✓ プログラマ脳を身に付けよう
- ✓ プログラマ脳は日常生活で鍛えることができる

5-1-1 プログラムの特徴とプログラマ脳

Chapter 4まで、いくつかサンプルをコーディングしてきました。それらサンプルの特徴を確認しておきましょう。

▶▶▶ サンプルの特徴は…

ここまで記述したサンプルの特徴というのは以下の2点になります。

- ソースコードに記述された順番通りに頭から1行ずつ処理されていく。
- 1行には基本的にひとつの処理しか書けない。

気づかなかったですけど、言われてみるとその通りですね。

これは、言われないと気づかないだろうけど、大切なことなんだよ。しかも、この特徴がそのままプログラムの特徴でもあるんだ。この特徴を踏まえると、プログラマとして身に付けておかないといけない大切な考え方が理解できるよ。

▶▶▶ プログラマ的な考え方

先の2点のプログラムの特徴を踏まえると、プログラムを書くうえで心掛けておかないといけないこと、つまりプログラマ的な考え方というのが出てきます。それは以下の2点です。

- 手順を細かく分解する。
- 分解された手順の順番を考えて適切に並べる。

このプログラマ的考え方のことを筆者は**プログラマ脳**と呼んでいます。

プログラマ脳ですか！身に付けられるかなあ。

大丈夫。プログラマ脳を身に付けるには別にパソコンに向かわなくてもできるんだよ。

5-1-2 プログラマ脳の訓練

プログラマ脳の訓練というのは、必ずしもプログラミングをしなくてもできます。自然言語で可能です。

▶▶▶ 日常の一場面をプログラマ脳で整理すると

ナオキくんは、今日、折り畳み傘を持ってきているよね。どうして持ってきたの？

え？それは、雨が降るかもしれないと思ったからです。

どうしてそう思ったのかな？

それは、朝、スマホで天気予報をチェックして、降るかもしれないという予報でしたので。

じゃあ、なぜ普通の傘じゃなかったのかな？

それは、まだ降っていなかったからです。

じゃあ、今朝、ナオキくんが行った判断をプログラマ脳で整理してみようか。

❶外の様子（今の天気）を見る。
❷雨が降っているかどうか。
❸降っていたら普通の傘を持って家を出る。
❹降っていなかったら天気予報をチェックする。
❺天気予報が雨予報かどうか。
❻雨予報なら折り畳み傘を持って家を出る。そうでないなら、そのまま家を出る。

▶▶▶ 図解するとより一層理解できる

これをさらに図にすると図5-1のようになります。

図5-1：「傘を持って出るかどうか」の実行手順

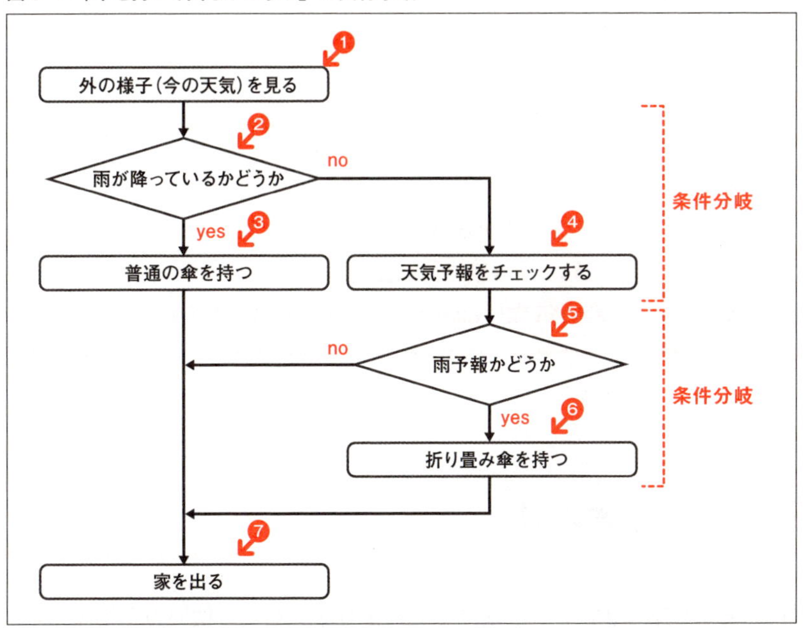

このうち、❷と❺がこのChapterのテーマである条件分岐にあたります。

さらに、先の説明文にはない❼が図5-1には追加されています。説明文では❸、❻のそれぞれの行動の最後に「家を出る」というの共通の行動があります。この共通の部分を❼として手順の最後に位置付けているのです。これは、プログラマ脳のひとつ目である「手順を細かく分解する」という考え方から出てきています。

このように、日常の所作でもプログラマ脳で考えると、ひとつひとつの処理ステップの積み重ねに思えてきます。さらに、その中に条件分岐がごく普通に含まれていることがわかります。プログラミングでは、それを意識してソースコードとして記述していく必要があります。

次節より、その書き方を学んでいきます。

5-2 ifとelse

ここから実際にJavaScriptで条件分岐を記述する方法を学んでいきます。

ポイントはこれ！

- ✓ 条件分岐の基本はif
- ✓ ifに続く()内に条件を記述する
- ✓ 条件に合致する処理は続く{}に記述する
- ✓ そうでない場合の処理はelseとそれに続く{}に記述する

[5-2-1 基本はif]

条件分岐の基本はifです。早速サンプルを作成しながら使い方を学んでいきましょう。

Chapterが新しくなりましたので、このChapter用のフォルダ「chap05」をjssamplesフォルダ内に作成し、リスト5-1のifStatement.jsを作成してください。

リスト5-1：ifStatement.js

```
let num = 30;  ←❶
if(num <= 40) {  ←❷
    console.log("数値は40以下です");  ←❸
}
console.log("処理終了!");  ←❹
```

コンソールパネルへの表示結果は以下の通りです。

```
数値は40以下です
処理終了！
```

▶▶▶ 条件分岐の基本はif

リスト5-1の❷の部分が、条件分岐の基本であるifです。ifの書式は以下のようになります。

構文 if

```
if(条件) {
    条件に合致したときに行う処理
}
```

ifの次の()内に条件を書きます。その条件に合致する場合、つまり、条件が正しい場合に{}ブロック内の処理が実行されます。リスト5-1の❷では、条件として、

num <= 40

と記述されています。演算子<=は、4-3-3項の表4-1に記載の通り**比較演算子**のひとつです。これは数学の≦と同じ意味ですので、上の条件は

変数numの値が40以下かどうか

という意味になります。リスト5-1では❶でnumを30で初期化していますので、条件に合致します。したがって、それに続く{}ブロック内の処理（リスト5-1の❸）、

console.log("数値は40以下です");

が実行され、コンソールに表示されます。

あ、今度は「処理終了!」しか表示されなかった。

どうしたの？

numが30と決まった値だと面白くないので、いろいろ値をいじって実行してみたのです。

いいわねえ。そんなふうにいろいろやってみるのはいいことよ。で、どうなったの？

条件に合致しない数値、例えば、50とかにしてみたら、「処理終了!」しか表示されなかったのです。

つまり、{}内は処理されなかったということね。

ここはすごく大切なところだよ。

▶▶▶ 実行されるのはブロック内のみ

ifを使った条件分岐で、条件に合致した場合に実行されるのはあくまで{}ブロック内のみです。それ以外の部分は条件に関係なく実行されます。リスト5-1では❹がブロック外にありますので、

console.log("処理終了!");

は条件にかかわらず常に処理されます。つまり、「処理終了!」というコンソールへの表示は常に行われるのです。

この、どこまでが条件に合致したときに実行される処理なのかを意識することは大切です。{}ブロックは、その境界をはっきりさせる役割があります。

COLUMN

{}の省略

JavaScriptの構文としては、実は、if条件分岐の{}が省略可能な場合があります。それは、{}内に記述する処理が1文のみの場合です。リスト5-1はこれに該当しますので、

```
if(num <= 40)
    console.log("数値は40以下です");
```

と記述しても正常に動作します。ただし、これは、「どこまでが条件に合致した処理なのか」を不明瞭にし、バグの温床となります。たとえ処理が1行でも{}で囲む癖をつけておきましょう。

先輩、このサンプル、いちいちnumの値を手動で変更しないと条件に合う場合と合わない場合をチェックできないですよね。なにか自動でできるいい方法ないですか？

あるわよ。乱数を使うの。

▶▶▶ 乱数を使ってみる

乱数は、不規則かつ等確率に現れる数字のことです。簡単にいえば、次に何が出るかわからない数字のことです。JavaScriptではこの乱数を発生させる仕組みがあるので、それを使うとリスト5-1のサンプルも少し面白くなります。

早速リスト5-1を、乱数を使ったものに変更したリスト5-2のifStatementWithRandom.jsを作成してください。

リスト5-2：ifStatementWithRandom.js

```
let num = Math.round(Math.random() * 100);  ←❶
console.log("現在の値: " + num);  ←❷
if(num <= 40) {
    console.log("数値は40以下です");
}
console.log("処理終了!");
```

乱数を使用するので、コンソールパネルへの表示結果は実行するたびに変わってきます。ブラウザの再読み込みを行って、何回か実行させてください。パターンとしては以下の2通りです。パターン1は条件に合致してifブロック内が実行されたもの、パターン2が実行されなかったものです。

- パターン1

```
現在の値: 29
数値は40以下です
処理終了!
```

- パターン2

```
現在の値: 72
処理終了!
```

▶▶▶ 乱数の発生は定型処理

リスト5-2の❶が乱数を発生させている処理です。❷では発生させた乱数を表示させています。

ここで記述したMath.random()やMath.round()というのは、組み込みオブジェクトと呼ばれるもので、詳細はChapter 10で扱います。ここでは、簡単に解説します。まず、Math.random()で0～1の乱数が発生します。それを

Math.random() * 100

で100倍することで、0～100の乱数が発生することになります。ただし、これは

小数です。それを整数に変換するために、

Math.round()

で四捨五入しています。現段階では、この

Math.round(Math.random() * 100)

が0～100の乱数を発生させる方法だと思ってください。さらに、この100という数字を変更することで、乱数の上限値を変更することができます。しばらくは、このパターンを利用していきます。

5-2-2 条件に合致しないときはelse

もう少し条件分岐を掘り下げます。リスト5-1やリスト5-2では、40より大きい場合、つまり、条件である「40以下」でない場合については何も処理を行っていません。この、条件に合致しないときに何か処理を行いたい場合の記述方法をここで学びましょう。

早速サンプルで見ていきましょう。リスト5-3のifElseStatement.jsを作成してください。

リスト5-3：ifElseStatement.js

```
let num = Math.round(Math.random() * 100);
console.log("現在の値: " + num);
if(num <= 40) {
    console.log("数値は40以下です");
} else {   ←❶
    console.log("数値は40より大きいです");
}
console.log("処理終了!");
```

今回も乱数を使用するのでコンソールパネルへの表示結果は実行するたびに変わり、次の2パターンあります。

- パターン1

```
現在の値: 11
数値は40以下です
処理終了!
```

- パターン2

```
現在の値: 73
数値は40より大きいです
処理終了!
```

▶▶▶「そうでない場合」のelse

リスト5-2ではパターン2、つまり、条件に合致しない場合は現在の値と「処理終了!」のみの表示でした。今回のリスト5-3では条件に合致しない場合にもそれ専用の処理が行われています。その際に記述するのが、❶のelseブロックです。構文としては以下のようになります。

構文 if-else

```
if(条件) {
    条件に合致したときに行う処理
} else {
    それ以外のときに行う処理
}
```

5-3 boolean型変数と比較演算子

if-elseによる条件分岐がひと通り理解できたところで、ここでは条件というものに注目してみます。

ポイントはこれ！

- ✓ 条件判定の結果はtrueかfalseで表される
- ✓ trueかfalseの値は変数に格納できる
- ✓ trueかfalseを格納する変数はboolean型
- ✓ 同じかどうかの判定はイコール2個
- ✓ データ型と値の両方が同じかどうかの判定はイコール3個

5-3-1 boolean型変数

まず、条件で使われていた式の結果に注目します。

▶▶▶ 条件式の答えはtrueかfalse

ここまでのサンプルで条件として使っていたのは、

num <= 40

という式でした。これは、「numが40以下かどうか」を表します。これに対する答えというのは、「はい（yes）」か「いいえ（no）」しかありません。5-1-2項のプログラマ脳の事例での条件もそうですが、プログラミングでの条件は、「〇〇かどうか」で表現できるものであり、その答えはyes/noのどちらかです。このyesの状態をJavaScriptでは**true**、noの状態を**false**として表します。

はい、いいえがtrueとfalseなのですね。

そう。で、このtrue、falseで表される値のことを**bool値**というのよ。

ひょっとして、コンピュータ内部ではtrueが1でfalseが0で扱われているのではないですか？

鋭いねえ。その通りよ。優秀優秀。

1-2-2項で説明したようにコンピュータ内部ではすべての演算が0と1で行われているから、bool値というのは最もコンピュータらしい値と言えるね。そして、このbool値だけでさまざまな演算を行うのがbool代数なんだよ。

▶▶▶ bool値の変数

trueとfalseを表すbool値も値のひとつですので、数値や文字列同様に変数に格納することができます。ということは、

num <= 40

の演算結果は、変数に格納でき、

let cond = (num <= 40)

のように記述できます。

この式、気持ち悪いですね。すごく違和感があります。

数学の目で見るとそうでしょうね。でもプログラムとしてはちゃんと成り立つ式よ。たぶん=を数学の=と見ちゃうからでしょうね。

そうだと思います。

この式は、まず右辺の比較演算子<=による演算が先に行われ、trueかfalseの値が決まります。その後、その値が変数condに代入されるという式です。このように、trueかfalseの値を格納した変数は**boolean**型変数といいます*。

なお、4-3-3項、表4-2の演算子の優先順位を参照すると、=よりも<=の方が優先順位が高いです。ですので、実は、前の式の()を記述せずに

let cond = num <= 40

と記述しても正常に動作します。ただし、やはり()があった方が見やすいのは確かですね。

5-3-2 条件判定に変数を使ってみる

リスト5-3は、この条件判定の結果を格納した変数を利用したソースコードに書き換えることができます。 次に、その書き換えをしてみましょう。リスト5-4のifElseStatementWithBoolean.jsを作成してください。

リスト5-4：ifElseStatementWithBoolean.js

```
let num = Math.round(Math.random() * 100);
console.log("現在の値: " + num);
let cond = (num <= 40);  ←❶
if(cond) {  ←❷
    console.log("数値は40以下です");
} else {
    console.log("数値は40より大きいです");
}
console.log("処理終了!");
```

実行結果はリスト5-3と同じです。

*）変数の型に関しては、3-2-3項を参照してください。

▶▶▶ ifの条件はboolean型

リスト5-4の❶がboolean型変数に条件判定を格納している式です。この❶の変数をそのままifの条件部分に使います。それが❷です。

ifに続く()内の条件というのは、bool値を表す記述ならば、リスト5-4のようにboolean型の変数そのものでも、リスト5-3のように演算式でもかまいません*。このうち、演算式の代表が4-3-3項の表4-1記載の**比較演算子**が使われる式です。

5-3-3 同じかどうかの判定

比較演算子で注意が必要なものを扱っておきましょう。これは、サンプルから見ていきます。リスト5-5のoddOrEven.jsを作成してください。

リスト5-5：oddOrEven.js

```
let num = Math.round(Math.random() * 100);
console.log("現在の値: " + num);
let rem = num % 2;  ←❶
if(rem == 0) {  ←❷
    console.log("数値は偶数です");
} else {  ←❸
    console.log("数値は奇数です");
}
```

今回もコンソールパネルへの表示結果は実行するたびに変わり、以下の2パターンあります。

*）実際には、ifに続く()にはbool値を表さないものも記述できます。その場合、undefined、null、0、NaN、空文字はfalse、それ以外はtrueと扱われます。

• パターン1

```
現在の値： 72
数値は偶数です
```

• パターン2

```
現在の値： 7
数値は奇数です
```

▶▶▶ 余りで判定

偶数か奇数かの判定は、4-1-3項で軽く解説しています。そこでは、演算子％を使って、2で割った余りで判定すると解説しました。リスト5-5ではその方式を採用し、乱数で発生させたnumを2で割った余りを❶で計算し、変数remに代入しています。その変数remが0かどうかの判定を行っているのが❷です。余りが0、つまり割り切れる場合が偶数ですので、この❷に続く{}ブロックが偶数の場合の処理となり、そうではない場合を表すelseに続く{}ブロックが奇数の場合の処理となります❸。

▶▶▶ 同じかどうかはイコール２個

❷でremの値が0かどうかの判定を行っている比較演算子に注目してください。同じ値かどうかを比較する演算子は==とイコールを2個重ねます。

プログラムで同じを表すのはイコール2個なのですね。数学では１個ですけど。

そうよ。しつこいようだけど、イコール１個は代入だから、同じという意味にはならないよ。

だから2個重ねることにしたのですね。じゃあ、もしリスト5-5の❷の部分にイコール1個で書いちゃったらどうなるのですか？

実際にやってみたらいいよ。

▶▶▶ イコール1個でも動作してしまう

実は、リスト5-5の❷を以下のようにイコール1個で記述しても問題なく実行されてしまいます。

```
if(rem = 0) {
```

という部分で、()内の

```
rem = 0
```

という式は、コードとして正しく成立してしまうからです。ただし、コードとしては正しくても、実行結果としてはおかしなことになります。しかも、この類のバグはなかなか発見しにくいですので、注意しておきましょう。

なお、リスト5-5の❶ ❷をまとめて、以下のように記述してもかまいません。

```
if(num % 2 == 0) {
```

「同じでない」演算子

「値が同じ」を表す演算子が==でした。一方で、「値が同じでない」を表す演算子は**!=**です。リスト5-5の❷を以下のように記述したら、続く{}ブロックは奇数の場合の処理となり、elseが偶数となります。

```
if(rem != 0) {
```

5-3-4 イコール3個

さあ、比較演算子の紹介も大詰めです。

Chapter 4の表4-1を見ると、イコール3個の比較演算子もありますね。しかも、説明には「厳密に等しい」とありますけど、これ、よくわからないです。何が厳密なのやら…

うん。これはサンプルで確かめるのが一番早いね。

リスト5-6のidentity.jsを作成してください。

リスト5-6：identity.js

```
let num = 48;
let str = "48";
if(num == str) {  ←❶
    console.log("numとstrは==です。");
}
if(num === str) {  ←❷
    console.log("numとstrは===です。");
}
console.log("処理終了!");
```

今回は、実行する前に結果を予想してみてください。
実行結果は以下のようになります。

```
numとstrは==です。
処理終了!
```

▶▶▶ 型と値の両方が同じ

リスト5-6の処理を簡単に説明すると、numとstrという2個の変数を用意し、それぞれ、==と===で比較しているというものです。しかも、numもstrも見た目は同じ「48」です。その結果、==ではtrue、つまり、同じと判断され{}内が実行されています。一方、===はfalse、つまり、違うと判断され{}内が実行されていません。

3-2-3項でも触れましたが、JavaScriptはデータ型を意識しなくてもプログラミングができる言語です。だからといって、データ型がないわけではありません。コンピュータ内部では明確に区別しています。

リスト5-6の変数numとstrに関して、先に見た目は同じ「48」といいましたが、これはあくまで見た目です。ダブルクォーテーションが書かれているかどうかでわかるように、numは整数値型であり、strは文字列型です。このデータ型を含めて同じかどうかを判定するのが比較演算子**===**です。一方、==はあまりデータ型を意識せずに判定します。Chapter 4の表4-1記載の「厳密に等しい」という意味は、「データ型と値の両方が等しい」という意味です。

同様に、**!==**はデータ型と値のどちらかが等しくないことを表します。

▶▶▶ 基本は厳密比較で

==と===のどちらを使うべきかについてですが、基本は===や!==を使用するようにしましょう。というのは、データ型も含めて比較した方がバグが発生しにくくなるからです。あえてあいまいに比較したい場合のみ==や!=を使うようにします。ただし、その場合は、あえてあいまいに比較していることを自覚したうえで使うようにしてください。

なお、リスト5-6は導入ですので==を使いましたが、本来なら===を使った方がいいです。これ以降のサンプルも、基本は===で作成していきます。

5 4 if条件分岐の完成形

比較演算子の注意点が理解できたところで、ここでもう一度条件分岐に戻ります。

ポイントはこれ！

- ✓ if-else if-elseの組み合わせが条件分岐の完成形
- ✓ 条件分岐では条件を書く順番に注意しよう
- ✓ ifの積み重ねとif-else ifを区別しよう

5-4-1 ifとelseの間のelse if

乱数で0～100の数値を発生させ、それを得点とします。その得点に応じて優良可不可の判定を行うとします。80点以上なら優、80点未満70点以上なら良、70点未満60点以上なら可、60点未満は不可です。このように処理するプログラムを作ろうとします。80点以上なら優というのは今まで学んだことで可能です。では、80点未満の場合はどうすればいいのでしょうか。今までの知識では「それ以外」と表示させるしかありませんでした。実際には、良可不可と続きます。そのように分岐できる方法があります。

早速サンプルで確認しましょう。リスト5-7のshowRank.jsを作成してください。

リスト5-7：showRank.js

```
let score = Math.round(Math.random() * 100);
console.log("得点: " + score);
if(score >= 80) {
    console.log("成績は優です");
} else if(score >= 70) {  ←❶
    console.log("成績は良です");
} else if(score >= 60) {  ←❷
    console.log("成績は可です");
} else {
    console.log("成績は不可です");
}
```

実行結果は4パターンあると思いますが、ここではひとつだけ挙げておきましょう。

```
得点: 78
成績は良です
```

▶▶▶ else ifで条件分岐が完成

リスト5-7の❶と❷に書かれている**else if**がここでのポイントです。ifブロックの条件に合致しなかった場合で、さらに他の条件で判定したい場合に、このelse ifを使います。このelse ifを導入することで、条件分岐が完成します。条件分岐の書式は次のようになります。

構文 if-else if-else

```
if(条件1) {
    条件1に合致したときに行う処理
} else if(条件2) {
    条件2に合致したときに行う処理
}
 :
} else {
    それ以外のときに行う処理
}
```

このif-else if-elseの処理の流れを図にすると図5-2のようになります。

図5-2：if-else if-elseの処理の流れ

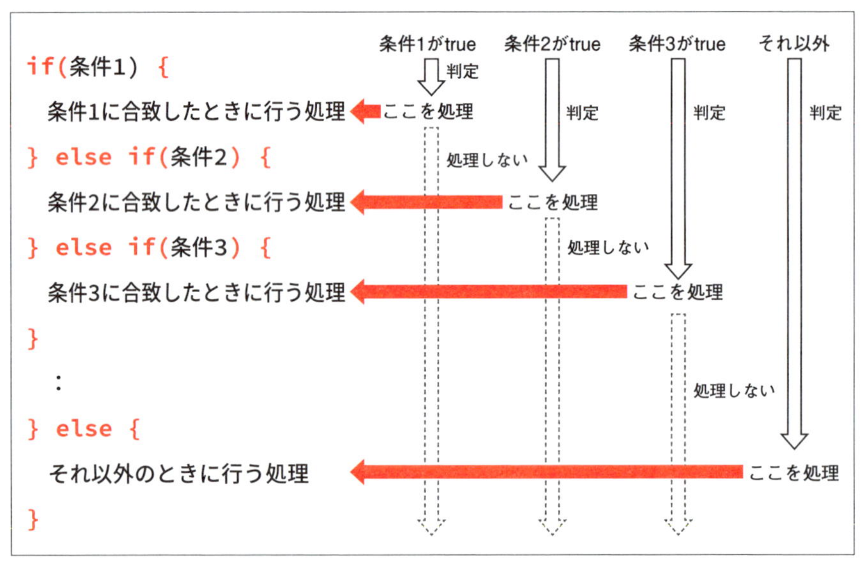

▶▶▶ 条件の順序に注意

図5-2にあるように、実行する際には、記述順通りに判定、処理が行われていくことは注意しておく必要があります。リスト5-7では、まず、scoreが80以上かどうかの判定を行います。ここで、条件に合致すると、それ以降のelse ifブロックやelseブロックは処理されません。条件に合致しない場合に初めて次のelse ifの判定、つまり、scoreが70以上かどうかの判定が行われます。それ以降も同様です。

したがって、リスト5-7で、例えば、

if(score >= 60) {

の可の判定を一番最初に記述した場合、優や良の判定は全くされなくなってしまうので注意してください。

5-4-2 else ifとifの積み重ね

else ifを学んだところで、このelse ifとifの積み重ねの違いを理解しておく必要があります。

リスト5-7で作成したelse ifですけど、これ、単純にifで書いたらダメなんですか？

なるほどね。そんなふうに考えるんだね。じゃあ、実際やってみようよ。

リスト5-7のelse ifをifにしたリスト5-8のshowRankMiss.jsを作成してください。

リスト5-8：showRankMiss.js

```
let score = Math.round(Math.random() * 100);
console.log("得点: " + score);
if(score >= 80) {
    console.log("成績は優です");
}
if(score >= 70) {   ←❶
    console.log("成績は良です");
}
if(score >= 60) {   ←❷
    console.log("成績は可です");
} else {
    console.log("成績は不可です");
}
```

リスト5-7の❶と❷のelse ifがifに変更されただけです。
何度か実行してみてください。ここでは、ひとつ実行例を挙げておきます。

```
得点: 80
成績は優です
成績は良です
成績は可です
```

わあ！これは、明らかにおかしな結果ですね。

なぜ、このようになったかわかるかな？

▶▶▶ ifではそれぞれが実行されてしまう

これは、間違ったサンプルですので、当然実行結果もおかしなことになっています。この実行結果の処理を図式化すると、図5-3のようになります。

図5-3：リスト5-8の処理の流れ

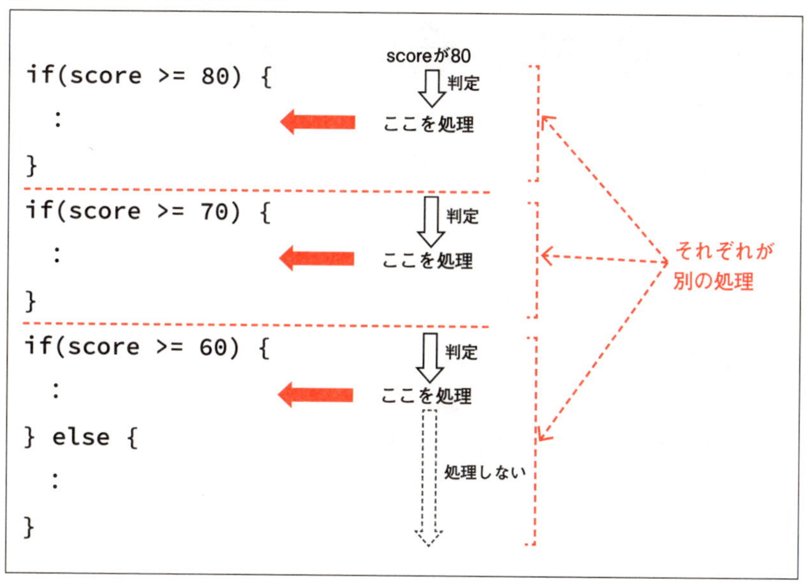

条件分岐では、if-elseでワンセットと見なされます。したがって、図5-2の場合は、どれかの条件がtrueであれば他の部分は処理されません。一方、リスト5-8では、優と良の判定は単にifブロックを重ねただけです。このような記述にすると、全体でワンセットとは見なされません。それぞれ別の処理と見なされ、それぞれが実行されてしまいます。その結果、80点の場合は、優も良も可も表示されてしまいます。

今回の例では間違った実行結果になりますが、図5-3のように、それぞれの判定をしなければならない場面も出てきます。条件分岐を記述する場合は、「if-else」のワンセットで判定させるのか、ifを積み重ねてそれぞれ判定させるのか、しっかり区別しておく必要があります。

5-5 条件分岐の応用

if条件分岐の完成形を学んだところで、ここからは応用させていきます。

ポイントはこれ!

- ✓ 条件分岐は入れ子にできる
- ✓ 複数の条件をつなげるのが論理演算子
- ✓ 論理演算子は、&&、||、!の3個

5-5-1 条件分岐の入れ子

条件分岐は入れ子にすることができます。まず、それを見ていきましょう。

入れ子?

例えば、ifブロックの中にさらにifのブロックが入っているような状態よ。ネストともいうわね。

サンプルで見ていこうか。

リスト5-9のnestedIf.jsを作成してください。

リスト5-9：nestedIf.js

```
let num = Math.round(Math.random() * 100);
console.log("現在の値: " + num);
if(num % 2 === 0) {  ←❶
    console.log("2の倍数です");  ←❷
    if(num % 3 === 0) {  ←❸
        console.log("3の倍数です");  ←❹
    }
} else {  ←❺
    console.log("2の倍数ではありません");
}
```

今回も何回か実行してください。ここでは、ひとつ実行例を挙げておきます。

```
現在の値: 30
2の倍数です
3の倍数です
```

このリスト5-9の❸の部分が入れ子の部分ですか？

そうよ。❶のifブロックの中に❸のifブロックが入っているでしょ？これが入れ子よ。

こんな書き方が可能なのですね。ということは、ひょっとして、elseブロックの中にifブロックを入れたりとかできるのですか？

正解。いいカンしてるわ。もちろん、else ifブロックにifも入れられるし、いろいろ入れ子にできるのよ。

ということは、ひょっとして、ifブロックの中のifブロックの中にifブロックを入れることもできますか？

できるわよ。何重でも入れ子にできるのよ。ただ、それがいいプログラムかどうかは別ね。入れ子にすればするほど読みにくくなるから。実際、リスト5-9は二重の入れ子だけど、処理の流れ、わかる？

処理の流れがわからないときは、慣れるまで図にしてみるといいよ。

▶▶▶ リスト5-9の処理の流れ

リスト5-9の処理の流れを図にすると図5-4のようになります。

図5-4：リスト5-9の処理の流れ

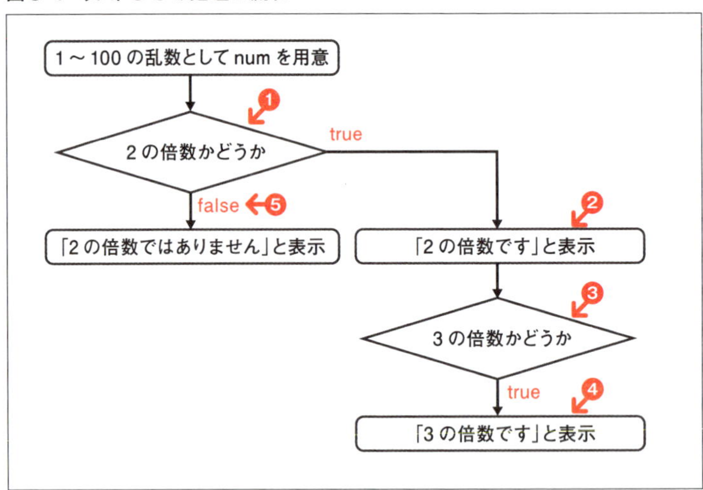

1～100の乱数を発生させ、変数numとします。

そのnumを❶で2の倍数かどうかを判定しています。2の倍数かどうかの判定は偶数奇数の判定と同じで、2で割った余りが0かどうかで判定します。判定結果がtrue、つまり、2の倍数の場合、❷で「2の倍数です」と表示させます。

さらに、この続きとしてもうひとつifブロックが続きます。このifでは3の倍数かどうかの判定をしています。これは2の倍数と同様に3で割った余りが0かどうかで判定します。判定結果がtrue、つまり、3の倍数の場合、❹で「3の倍数です」と表示します。ここで、注意しなければならないのは、このifブロックはあくまで2の倍数判定がtrueの場合の処理の中に含まれているということです。したがって、45のように、2の倍数でない場合は、たとえそれが3の倍数だとしても、そもそもこのif判定すら行われません。2の倍数でない時点で、❺のelseブロックに処理が移行してしまいます。

ここでどういった値がどのような処理をされるのかのパターンを図にしてみました（図5-5）。併せて確認してください。

図5-5：リスト5-9の処理パターン

```
if(num % 2 == 0)
  :
  if(num % 3 == 0)
    :
  }
} else {
  :
}
```

numが30　numが26　numが45

判定　判定　判定

ここを処理　ここを処理

判定　判定

ここを処理

処理しない　処理しない

ここを処理

5-5-2 論理演算子

ここで、リスト5-9をもう一度見てみます。

ここまでの説明を聞いていて、ふと思ったのですが、リスト5-9の❹の文面って、「2の倍数でしかも3の倍数です」のほうが正確ですよね。

確かにそうね。

じゃあ、そのように書き換えてみようか。ただし、今回は、「2の倍数です」を表示しなくていいとしたら、ナオキくんはどのように書き換える？

うーん…。❷を削除して、❹の文字列を書き換える、ですかね？

▶▶▶ 単純にifを重ねてもできるが

ナオキくんが考えたソースコードは以下のようなものです。

```
if(num % 2 === 0) {
        if(num % 3 === 0) {
            console.log("2の倍数でしかも3の倍数です");
    }
}
```

もちろん、これでも正しく動作します。ただ、ifの入れ子が少し無駄に感じます。実は、これをひとつのifで記述することができます。サンプルで見ていきましょう。

リスト5-10のconditionalOperators.jsを作成してください。

リスト5-10：conditionalOperators.js

```
let num = Math.round(Math.random() * 100);
console.log("現在の値: " + num);
if((num % 2 === 0) && (num % 3 === 0)) {    ←❶
    console.log("2の倍数でしかも3の倍数です");
} else {
    console.log("それ以外です");
}
```

今回も何回か実行してください。ここでは、ひとつ実行例を挙げておきます。

```
現在の値: 48
2の倍数でしかも3の倍数です
```

▶▶▶ 複数の条件をつなげる演算子

ここで注目するのは、リスト5-10の❶で使われている**&&**という演算子です。これは、**論理演算子**のひとつで、意味は「かつ（AND）」を表します。ここでは、

num % 2 === 0

という条件、つまり「2の倍数である」と

num % 3 === 0

という条件、つまり「3の倍数である」が「かつ（AND）」でつなげられています。これを和訳すると、

「2の倍数であり、かつ、3の倍数である」場合

となります。

この論理演算子って、Chapter 4の表4-1に載っていましたね。

そうだね。5-3-1項で解説した通り、条件はbool値だよね。だから、論理演算子&&は2個以上のbool値をANDでつないだ値を調べる演算子なんだよ。

なるほど。表4-1にはあとふたつ載っていましたけど、どういったものなのですか？

!と||ね。

!は比較演算子の!=や!==にも登場していますけど、同じような考えですか？なんか、「～でない」という意味のようなな。

そうね。

!はそのbool値を反転、つまり、trueをfalseに、falseをtrueにする演算子なんだ。今の段階ではわかりにくいので、今後のChapterで実例を挙げていくことにするね。ここでは、もうひとつの||の方をしっかり理解しておいた方がいいよ。

▶▶▶ &&はANDで||はOR

&&はANDを表しますが、もうひとつの論理演算子である||は「または（OR）」を表します。リスト5-10の❶の条件を||にすると、以下のようなコードになります。

if((num % 2 === 0) || (num % 3 === 0)) {

これを和訳すると、

「2の倍数であるか、または、3の倍数である」場合

となります。リスト5-10の❶をこのように変更して、実際に実行してみてください。&&のときには「それ以外です」と表示されていた4や9などの数値も、ifブロックとして処理されることが確認できます。

なるほど。ORでつなぐのですね。ところで、Chapter 4の表4-2の演算子の優先順位を見ると、論理演算子より比較演算子のほうが高く書いてあります。ということは、リスト5-10の❶の

```
(num % 2 === 0)
や
(num % 3 === 0)
```

の()はなくてもいいのじゃないですか？

なかなかいいカンしてるじゃない。その通りよ。この()はなくても同じ処理になるわ。ただ、あった方が見やすいのも確かよね。

5-6 switch

if条件分岐はいったん置いておいて、ここではもうひとつの条件分岐であるswitchを扱います。

ポイントはこれ!

- ✓ 場合分けにはswitchを使おう
- ✓ 各case内のbreakを忘れずに
- ✓ caseは積み重ねることができる

5-6-1 場合分けに便利なswitch

例えば、1～5の乱数を発生させ、1なら大吉、2なら中吉、3なら吉、4なら凶、5なら大凶と表示させるプログラムを考えます。

ナオキくんならどう考える?

5-4-1項で学んだifとelse ifとを使って分岐させます。

ぱっと思いつくとは、なかなか。ちゃんと学んだことを吸収してるわね。

うん。そうだね。もちろん、その方法でもできるよ。ただ、今回のように場合分けのプログラムを書く場合は、もっとわかりやすい方法があるんだ。サンプルで見ていこうか。

リスト5-11のswitchStatement.jsを作成してください。

リスト5-11：switchStatement.js

```
let num = Math.round(Math.random() * 5);  ←❶
console.log("現在の値: " + num);
switch(num) {  ←❷
    case 1:  ←❸
        console.log("大吉です!");
        break;  ←❹
    case 2:
        console.log("中吉です!");
        break;
    case 3:
        console.log("吉です!");
        break;
    case 4:
        console.log("凶です!");
        break;
    case 5:
        console.log("大凶です!");
        break;
    default:  ←❺
        console.log("これが表示されたら破滅です");
        break;
}
```

今回も何回か実行してください。ここでは、ひとつ実行例を挙げておきます。

```
現在の値: 2
中吉です!
```

▶▶▶ 乱数の範囲は掛け合わせる数値で変更

これまでのサンプルは、乱数として0～100でした。リスト5-11の❶ではMath.random()にかけ合わせる数として5を指定しているので、乱数の範囲は0～5です。このように、掛け合わせる数値を変更することで乱数の範囲を変えることが可能です。

▶▶▶ switchの構文

そうやって発生させた乱数を条件分岐で使いますが、場合分けのような内容ですので、リスト5-11では**switch**を使っています。ifとelse ifを積み重ねるよりはすっきりしたソースコードになっていると思います。

swtichは続く()内に比較対象を記述します。リスト5-11の❷のようにここではnumを記述しています。続く{}ブロック内に処理を記述していきますが、このnumと比較したい値を**case**の次に記述し、「:」(コロン)を記述します(リスト5-11の❸)。コロンの後に、その値だった場合の処理を記述します。このcase文を次々重ねていくことで分岐が成立します。

また、「それ以外」というelseと同じような処理を記述したい場合は、❺のように、

default:

を記述します。リスト5-11の本来の目的では1〜5の範囲での判定ですが、発生する乱数には0が含まれています。この0が発生した場合に、❺のdefaultが処理されて「これが表示されたら破滅です」が表示されます。

まとめると、switchの書式は以下のようになります。

構文 switch

```
switch(比較対象) {
   case 値1:
      比較対象が値1のときに行う処理
      break;
   case 値2:
      比較対象が値2のときに行う処理
      break;
   :
   default:
      上記以外のときに行う処理
      break;
}
```

▶▶▶ switchの比較

switchでは比較対象とcaseの次に書かれた値が同じかどうかを比較します。その際、比較演算子でいえば===で比較が行われています。つまり、型と値の両方が同じかどうかで判定されています。このことは理解しておいてください。

5-6-2 breakを忘れずに

ここで注意しなければならないのはbreakです。

switchを使うと確かにすっきり書けますね。これは、はまると便利そうだ。ところで、この各caseに書かれているbreakって何ですか？

このbreakはすごく大切なのよ。試しに、全部のcaseからbreakを取り除いて実行してみて。

取り除くといっても、実際に削除する必要はないよ。

コメントアウトですね。

▶▶▶ ソースコードの実験はコメントアウトを利用

プログラミングを行っていくと、一時的にソースコードを実行させたくない場合が出てきます。その際、本当に削除していると、元に戻す時にもう一度記述しなければなりません。そこで、便利な方法が**コメントアウト**です。2-2-3項で解説しましたが、ソースコード中にコメントを記載できます。それらコメント部分は実行されません。これを利用し、ソースコードそのものをコメント化してしまうことをコメントアウトといいます。例えば、リスト5-11の❹の部分をコメントアウトする場合は、前に//を記述し、次のようにします。

```
case 1:
        console.log("大吉です!");
//      break;
case 2:
```

C O L U M N

コメントアウトショートカット

最近の高機能エディタの場合は、コメントアウト用のショートカットが用意されています。それらを利用すると、コメントアウトしたい範囲を選択したうえで、ショートカットを入力するだけで自動的に前に//が記述されます。例えば、Visual Studio Codeでは ctrl + /（Macは cmd + /）です。

▶▶▶ breakがないと…

リスト5-11で各case内のbreakの行をコメントアウトして実行してみてください。以下に実行結果の一例を記載します。

```
現在の値: 4
凶です!
大凶です!
これが表示されたら破滅です
```

本来実行されてはいけない部分も処理されていますね。この処理を図にすると、図5-6のようになります。

図5-6：breakの有無による処理の違い

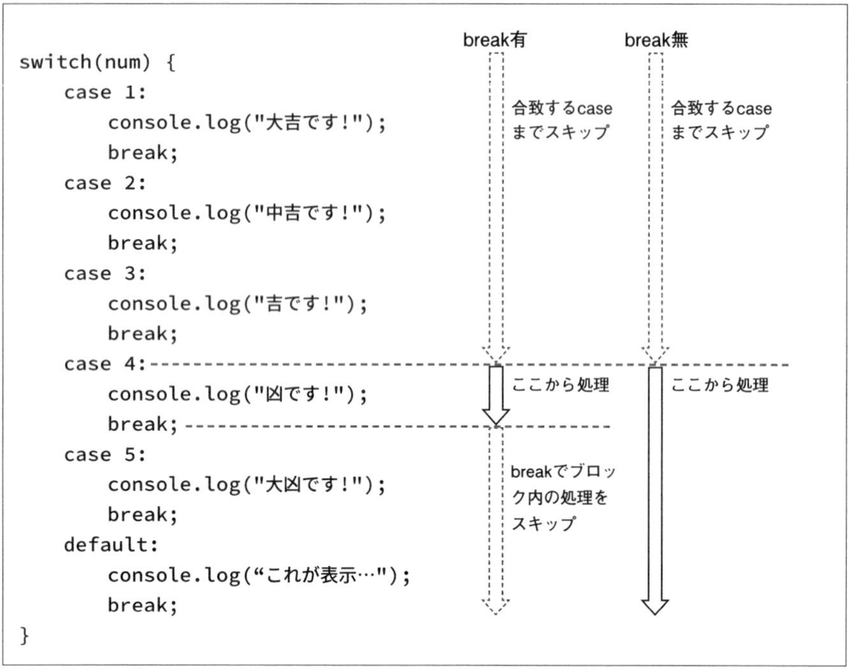

```
switch(num) {
    case 1:
        console.log("大吉です!");
        break;
    case 2:
        console.log("中吉です!");
        break;
    case 3:
        console.log("吉です!");
        break;
    case 4:
        console.log("凶です!");
        break;
    case 5:
        console.log("大凶です!");
        break;
    default:
        console.log("これが表示…");
        break;
}
```


breakというのは{}ブロック内のそれ以降の処理をスキップし、{}ブロックから抜け出す命令です。実はswitchで行うのは、比較対象が合致するcaseまで処理をスキップすることなのです。例えば、上の実行結果のようにnumが4の場合は、

case 4:

まで処理をスキップし、そこから処理をスタートさせます。それ以降の制御は行っていません。したがって、breakがないと、case 4、case 5、defaultとすべての処理を行ってしまいます。これを避けるためにbreakを記述して、case 5以降の処理をスキップするのです。

このように、breakは非常に重要な働きをしています。breakの書き忘れには注意しましょう。

5-6-3 caseの積み重ね

caseがその部分まで処理をスキップする目印だというのが理解できると、caseが積み重ねられることが理解できると思います。例えば、1～12の乱数をmonthとして発生させ、それを月とします。そして、各月の季節を表示するようなプログラムを考えます。そのようなサンプルであるリスト5-12のfiveSeasons.jsを作成してください。

リスト5-12：fiveSeasons.js

```
let month = Math.round(Math.random() * 12);
switch(month) {
    case 3:
    case 4:   ←❶
    case 5:
        console.log(month + "月は春です！");
        break;
    case 6:
        console.log(month + "月は梅雨です！");
        break;
    case 7:
    case 8:
    case 9:
        console.log(month + "月は夏です！");
        break;
    case 10:
    case 11:
        console.log(month + "月は秋です！");
        break;
    case 12:
    case 1:   ←❷
    case 2:
        console.log(month + "月は冬です！");
        break;
}
```

今回も何回か実行してください。ここでは、ひとつ実行例を挙げておきます。

```
6月は梅雨です！
```

リスト5-12では3、4、5のどれかの場合に「春です」と表示するように記述しています。それが❶の部分です。夏、秋、冬についても同様です。このように、caseを積み重ねる記述によって、処理を重複して記述しなくて済みます。

また、❷にも注目してください。caseは処理のスキップですので、必ずしも順番に並んでいる必要もありません。可読性さえ確保できるならば、❷のような記述も可能です。

altJS

JavaScriptが普及するに伴い、より簡単にクライアントサイドプログラミングを行いたい人たちが出てきます。とはいえ、ブラウザ上で動作するJavaScriptに代わる全く新しい言語の実行環境を作り出すのも容易ではありません。そこで、JavaScriptよりは簡単な言語でコーディングを行い、最終的にJavaScriptコードに変換するという手法が考え出されました。この言語をJavaScriptの代替言語という意味で、**altJS**といいます。altJSで現在主流なのは、**TypeScript**と**CoffeeScript**です。

TypeScriptはMicrosoftが開発した言語で、JavaやC#に似ており、静的型付け言語（3-2-3項参照）となっています。現在人気のJavaScriptフレームワークであるAngularはTypeScriptで記述します。

CoffeeScriptはRubyに似たaltJSです。2017年にメジャーバージョンアップとなるCoffeeScript 2が公開されています。

ループ

CHAPTER 6

Chapter 5では、制御構文のひとつである条件分岐を扱いました。このChapterでは、もうひとつの制御構文であるループを学びましょう。ループは繰り返し処理のことです。処理を繰り返せるようになると、大幅にソースコードの記述量を減らすことができ、コーディングが楽になります。

6-1 ループ処理

ループ処理とは、反復処理、繰り返し処理のことです。Chapter 5の条件分岐同様、実際のプログラミングに入る前に、ループとは何か、ループを扱うときの注意点を日常の一場面の中で見ていきましょう。

ポイントはこれ!

- ✓ ループ処理は、繰り返し処理のこと
- ✓ ループでは繰り返しを続ける条件が何かを考えておく必要がある
- ✓ ループでは繰り返す処理が何かを考えておく必要がある

6-1-1 ループ処理とは

日常の何気ない動作の中にループ処理は含まれています。その例を見ていきましょう。

▶▶▶ 日常の一場面のループ処理

先輩、ワトソン先生、飴を買ってきたので食べますか?

わあ。ちょうだいちょうだい。

私もいただこうかな。それにしてもたくさん買ったのだね。
しかもいろんな飴が…

袋に詰め放題だったのです。ギリギリまで詰めて買ってきました。

うん！ちょうどいい！その飴を袋に詰めているときのナオキくんの動作って、どういった流れになっていた？プログラマ脳で考えてみようか。

❶飴を入れる袋を受け取る。
❷飴をひとつ選ぶ。
❸選んだ飴を袋に入れる。
❹袋はいっぱいかどうか。いっぱいでなければもう一度❷から行う。
❺いっぱいならば袋の封をする。
❻袋をレジに持って行って代金を支払う。

▶▶▶ 図解してみる

条件分岐のときと同様に図にすると図6-1のようになります。

図6-1：「詰め放題の飴を買う」の実行手順

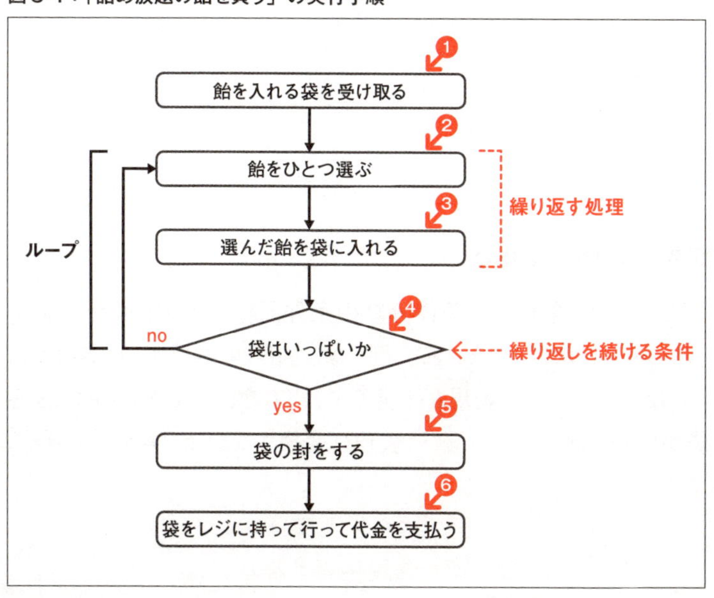

図6-1からも明らかなように、❹で袋がいっぱいでなければ❷ ❸の手順を繰り返します。この繰り返し処理、反復処理がループです。

6-1-2 ループの考え方の基礎

ループをこれから扱っていきますが、その際に必ず考えておかなければならないことがあります。

▶▶▶ 2個のポイント

それは、以下の2点です。

[A] 繰り返しを続ける条件は何か
[B] 繰り返す処理は何か

図6-1の例では以下の通りです。

[A] ❹の袋はいっぱいかどうか
[B] ❷と❸

▶▶▶ 条件は結果がtrue/false

[A] の繰り返しを続ける条件は、条件分岐の条件同様にその結果がtrueかfalseで表されるものでなければなりません。例えば、図6-1の例では、日本語では「袋がいっぱいになるまで」という表現も可能です。これを、trueかfalseで返答できるように「袋がいっぱいかどうか」という表現に変換することもプログラマ脳としては大切です。

▶▶▶ 処理はひとつのブロック

[B] の繰り返す処理は、図6-1では❷の「飴をひとつ選ぶ」と❸の「選んだ飴を袋に入れる」です。この2個がワンセットとなって繰り返されます。つまり、この2処理がひとつのブロックといえます。さらに、この2処理の順序は入れ替え不可です。この順序通りに処理を行う必要があります。このように、どの処理が繰り返しのブロックに含まれるのかを明確にしておく癖をつけておいてください。

この説明を聞いていると、本当にプログラマ脳って大切で、しかも、日常生活で訓練できるのがよくわかります。

でしょ？普段からこういう訓練をしていると、いざプログラムを書くときにもさっと書けるのよ。

わかります。あと、このブロックという考え方も大切なんですね。繰り返しの動作ってなんとなくしていますけど、プログラマ脳で見てみると、確かに、いくつかの動作がワンセットとなって繰り返しているのがわかります。

それが処理のブロックとなるからね。プログラミングでは、それを波かっこで記述してきたでしょ。だから、あの波かっこはすごく大切なのよ。

6-2 whileループ

いよいよ、ループのコードを記述していきます。JavaScriptでループを扱う構文は、主にwhile、for、do-whileの3種類あります。ここでは、そのうち基礎となるwhileを扱います。

ポイントはこれ!

- ✓ whileでは繰り返しを続ける条件は()内に記述する
- ✓ 繰り返す処理は{}内に記述する
- ✓ 無限ループに注意しよう
- ✓ ループとインクリメントは相性がいい

6-2-1 whileループの基本

早速サンプルを作成しながらwhileの使い方を学んでいきましょう。

Chapterが新しくなりましたので、このChapter用のフォルダ「chap06」をjssamplesフォルダ内に作成し、リスト6-1のwhileStatement.jsを作成してください。

リスト6-1：whileStatement.js

```
let num = 4; ←❶
let rand = Math.round(Math.random() * 10); ←❷
console.log("ループ開始"); ←❸
while(rand !== num) { ←❹
    console.log("randの値: " + rand); ←❺
    rand = Math.round(Math.random() * 10); ←❻
}
console.log("ループ終了"); ←❼
```

今回も乱数を使用しますので、実行結果は毎回違います。以下に一例を掲載します。

```
ループ開始
randの値: 2
randの値: 7
randの値: 5
ループ終了
```

▶▶▶ whileの構文

リスト6-1の❹の部分がループの基本であるwhileです。whileの構文は以下のようになります。

構文 while

```
while(繰り返しを続ける条件) {
    繰り返す処理
}
```

6-1-2項でループを考えるうえで大切なポイントを2個解説しましたが、**[A]** の「繰り返しを続ける条件」をwhileの次の()内に記述します。**[B]** の「繰り返す処理」を、続く{}ブロック内に記述します。つまり、()内がtrueのときに{}ブロック内の処理が繰り返されます。

▶▶▶ リスト6-1のwhileの内容

リスト6-1の処理に関して、まず、繰り返しを続ける条件を確認すると、

rand !== num

です。randはリスト6-1の❷で生成している0～10の乱数です。numは❶で初期化した4です。演算子!==は5-3-4項の通り、「厳密に等しくない」を表します。つまり、リスト6-1の繰り返しを続ける条件は「生成した乱数が4と同じでない場合」となります。

次に、繰り返す処理については、{}ブロック内に記述された❺と❻です。❺は生成した乱数を表示させているだけです。では、❻はどういった処理なのでしょうか。

せんぱーい、助けてくださ〜い！

ど、どうしたの?!

リスト6-1を実行したらブラウザがくるくる回った状態で、コンソールにひたすら表示されるのです（涙）。

ああ、やっちゃったわね。その場合はブラウザをいったん閉じてちょうだい。

ああ、びっくりした。何が原因なのですか？

ちょっとソースを見せて。ああ、なるほどね。❻を書き忘れているわ。

あ！本当だ！

無限ループだね。なんでそうなったかわかるかな？

▶▶▶ ループが止まらない

変数randは❷で乱数として生成しています。ということはどんな値になるかわかりません。もし❷の段階で4以外の整数が発生していたとしたら、条件「rand !== num」は常にtrueとなってしまい、ループが止まらなくなってしまいます。このようにループが止まらなくなった状態を**無限ループ**といいます。無限ループにならないように、ループのたびにrandの値を変更する必要があります。その処理が❻です。

ナオキくんは、この❻を書き忘れたために、まさに無限ループに陥ってしまったのです。

▶▶▶ 繰り返すのは{}ブロック内のみ

ここで、リスト6-1の❸と❼に注目してください。これは、whileループの{}ブロックの外にあります（❶と❷もそうですが）。whileによって繰り返されるのは、あくまで{}ブロック内の処理のみです。したがって、実行結果からもわかるように、ブロックの外にあるこれらの処理は繰り返されません。

また、{}ブロックの後に記述された❼はすべてのループが終了してから処理されます。5-1-1項で説明した通り、プログラムは記述された順番通りに処理されていくというのが、ここでも反映されています。

▶▶▶ 図にしてみる

以上のことを踏まえて、リスト6-1の処理の流れを図にすると図6-2になります。

図6-2：リスト6-1の処理の流れ

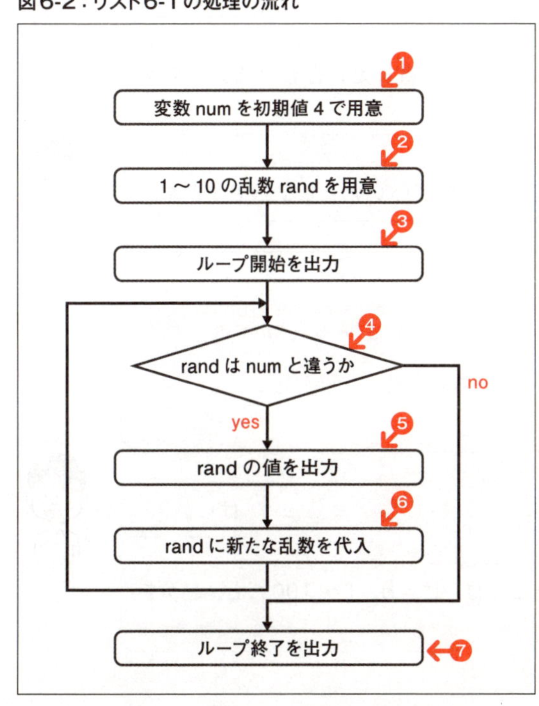

ここで6-1-1項の図6-1と比べてください。繰り返しを続ける条件判定の◇の位置が違います。図6-1の詰め放題の飴を買う例では条件判定を後で行っていますが、図6-2のwhileループの場合は判定を先に行います。そのため、もし❷の段階でrandの値が4だとしたら、ループは1回も回りません。この点は注意が必要です。

6-2-2 whileとインクリメント

whileループの基本が理解できたところで、ループとインクリメントを組み合わせた処理を見ていきましょう。

ナオキくん、ひとつ問題を出してもいいかな？

はい。

じゃあ、1～10までの整数を順番に足し合わせるプログラムを書いてみてくれる。

それって、単純に足し算すればいいんじゃないですか？

ナオキくんのは、

```
let ans = 1 + 2 + 3 + 4 + 5 + 6 + 7 + 8 +
9 + 10;
```

という記述でしょ？

はい。

確かにそれでもできるよね。じゃあ、1～100だと、どうする？

え…。

100ならまだいいけど、1000だとナオキくんの方式だと絶対嫌よね。

確かに、嫌ですね。

こういったときにループを使うんだよ。1〜100の場合をサンプルで見てみようか。

リスト6-2：whileWithIncrement.js

```
let ans = 0;  ←❶
let i = 1;  ←❷
while(i <= 100) {  ←❸
    ans += i;  ←❹
    i++;  ←❺
}
console.log("答え: " + ans);  ←❻
console.log("ループ終了後のi: " + i);  ←❼
```

実行結果は以下の通りです。

```
答え: 5050
ループ終了後のi: 101
```

▶▶▶ ソースコードの説明

リスト6-2の処理を順番に見ていきましょう。

まず、❶で答えを格納する変数としてansを用意しています。初期値は0です。

次に、❷で変数iを初期値1で用意しています。

この次の行❸でwhileループが記述されていますが、その条件としてこの変数

iが100以下、となっています。

繰り返しとして行う処理、つまり、{}ブロック内の処理は❹と❺です。ここでは❺に注目します。❺では変数iに++演算子がついています。4-3-2項で紹介したように、これはインクリメント演算子で、1ずつ増やすことを表しています。

ここで、リスト6-2のループ処理をまとめると、変数iを初期値1で用意し、ループごとにiを1ずつ増やし、その値が100になるまで繰り返す、ということになります。当然ループ回数は100回ですので、{}ブロック内の処理は100回繰り返されます。

そのループ内の処理には、もうひとつ❹があります。この処理で使われている演算子+=は4-3-1項で紹介した代入演算子で、

ans = ans + i;

と同じ処理です。つまり、リスト6-2は、全体として❷で用意したiがループのたびに1ずつ増加しながらansに足し合わされていく処理といえます。この処理の流れを具体的に表1にまとめました。

表6-1：リスト6-2の処理の流れ

ループの回数	iの値	ansの値	ans + i	ansの中身を展開した上での+i
1回目	1	0	0 + 1	(0) + 1
2回目	2	1	1 + 2	(0+1) + 2
3回目	3	3	3 + 3	(0+1+2) + 3
4回目	4	6	6 + 4	(0+1+2+3) + 4
5回目	5	10	10 + 5	(0+1+2+3+4) + 5
…	…	…	…	…

結果的に、iを100までインクリメントしながら+=することで、1～100まで足した値を得ることができます。

そして、最終的にこのように計算された値であるansとループ処理が終了した後のiの値を表示しています。それが、❻と❼です。

▶▶▶ whileは条件判定してから処理

ここで、iが最終的には101となっていることに注意してください。iが100のとき、つまり100回目のループ処理として、ブロック内の❹と❺の処理が行われます。このとき、❺でiが101となり、再度❸に戻ってきて条件判定を行います。iが101で

は条件に合致しませんので、今度はブロック内の❹と❺の処理を行わずに❻に移行します。このようにしてループが終了します。

▶▶▶ ループとインクリメント

リスト6-2の方法では、条件にあたる

i <= 100

の100という数値を変更するだけで、1〜500、1〜1000といった結果を簡単に得ることができます。

このように、ループとインクリメントは相性がよく、さまざまな場面で使われます。

なお、ここに登場したiのように、ループとともに使われ、ループが1回回るごとに1増える変数のことを**カウンタ変数**といいます。カウンタ変数には通常、iが使われます。複数のカウンタ変数を使う場合は、次はj、その次はkとすることが多いです。また、1ずつ増えるので、i++のようにインクリメント演算子と組み合わされます。

6-3 forループ

もうひとつのループ構文であるforを扱います。

ポイントはこれ！

- ✓ ループ処理の3点セットを把握しよう
- ✓ forは3点セットをまとめて記述できる
- ✓ 変数には存在できる範囲があり、これを変数のスコープという
- ✓ 変数のスコープを意識して変数を宣言する位置を考えよう

6-3-1 ループ処理パターン

forの説明に入る前に、ループ処理でよくあるパターンを見ていきます。

ここでもう一度リスト6-2を見てください。リスト6-2には以下の3個の処理が含まれています。

［A］ループが始まる前の準備→リスト6-2の❷

［B］ループを続けるための条件→リスト6-2の❸の()内

［C］ループが1回処理されるごとにその末尾で行う処理→リスト6-2の❺

ループ処理ではこの3点セットが頻繁に登場します。whileループではこの3個の処理をバラバラの位置に記述します。一方、それをまとめて記述できる方法がJavaScriptにはあり、それが**for**です。

6-3-2 forループの基本

早速サンプルを作成しながらforの使い方を学んでいきましょう。リスト6-2をforを使ったソースに書き換えたリスト6-3のforStatement.jsを作成してください。

リスト6-3：forStatement.js

```
let ans = 0;
for(let i = 1; i <= 100; i++) {  ←❶
    ans += i;
}
console.log("答え: " + ans);
// console.log("ループ終了後のi: " + i);  ←❷
```

❷はコメントアウトしていますが、これはコメントアウトのまま実行してください。実行結果は以下の通りです。❷については後述します。

```
答え: 5050
```

▶▶▶ forの構文

リスト6-3の❶の部分がforです。forの構文は以下のようになります。

構文 for

```
for(ループ開始前の処理; 繰り返しを続ける条件; ループ1回ごとの末尾で行う処理) {
    繰り返す処理
}
```

6-3-1項で解説したループ処理の3点セットがforに続く()内に「;」（セミコロン）で区切られてまとめて記述されています。リスト6-2とリスト6-3を見比べると以下のようにまとめられます。

［A］ループが始まる前の準備→let i = 1（リスト6-2では❷）

［B］ループを続けるための条件→i <= 100（リスト6-2では❸の()内）

［C］ループが1回処理されるごとにその末尾で行う処理→i++（リスト6-2では❺）

このように、3点セットがそろっている場合は、forを使うとすっきりしたソースコードが記述できます。

▶▶▶ 3点セットがそろっていない場合

3点セットがそろっていない場合はforは使えないのでしょうか。そんなことはありません。例えば、［B］の条件だけを書きたい場合は、以下のような記述になります。

```
for(; num !== 4; )
```

このようにforの()内に記述する3点セットはそれぞれ省略が可能ですが、セミコロンは必ず記述します。さらに、すべてを省略することもできます。その場合でも、セミコロンは必要ですので、以下のような記述になります。

```
for(;;)
```

ただし、この場合は、条件が記述されていませんので、無限ループとなるので注意してください。

なお、これらの記述は原理的に可能なだけであって、実際にこの方法をとるかどうかは何を省略するかによります。例えば、1個目の例のように条件のみの場合はforの代わりにwhileで記述します。2個目の例のように無限ループにしたい場合もwhileを使い、

```
while(true)
```

と記述します。forを使う場合は、3点セットのどれか1個が省略され、残りの2個は記述されている場合がほとんどです。

6-3-3 変数のスコープ

ここで、リスト6-3の❷について説明しておきましょう。

あれ？おかしいなあ。

どうしたの？

リスト6-3を実行しているのですが、確かに実行結果の通りに

```
答え: 5050
```

と表示されているのですけど、もう1行エラーが表示されているのです。

どんなエラー？

これです。

```
Uncaught ReferenceError: i is not defined
at forStatement.js:6
```

ナオキくん、❷のコメントアウトを忘れてるわよ！ちゃんと、コメントアウトしたまま実行って書いてあるじゃない。

あ、本当だ。ありがとうございます。でも、これどういうエラーなんだろう？「iが定義されていない」っていう英文メッセージですけど、ちゃんとiは宣言されているし…。

これは、すごく大切なところなんだ。だからコメントアウトで残しているんだよ。後で、コメントアウトを元に戻して実行してエラーを確認してもらう予定だったのだけど、先にしてくれるとは（笑）。

▶▶▶ 変数が生きていられる範囲

ナオキくんが経験したように、リスト6-3の❷のコメントアウトを元に戻して実行するとエラーとなります。エラー内容は変数iが定義されていないというものです。しかし、iは❶の()内でしっかりと宣言されています。つまり、変数iは❶で宣言されているが、❷の段階では見つけられないということを意味します。

なぜでしょうか。

これは、変数には存在できる範囲があるのです。この変数が存在できる範囲のことを**変数のスコープ**といいます。そして、JavaScriptには以下のルールがあります。

ルール 変数のスコープ

> **変数は宣言したところからそのブロックの最後までしか存在できない**

ブロックというのは、これまでに何度か登場している用語ですが、{}で囲まれた範囲のことです。

▶▶▶ iのスコープの違い

リスト6-2の❼は問題なく実行できましたが、同じコードであるリスト6-3の❷はエラーとなりました。この違いはまさに変数のスコープによるものです。この違いを図で見ていきましょう。まず、リスト6-2の変数のスコープを図にすると図6-3となります。

図6-3：リスト6-2の変数のスコープ

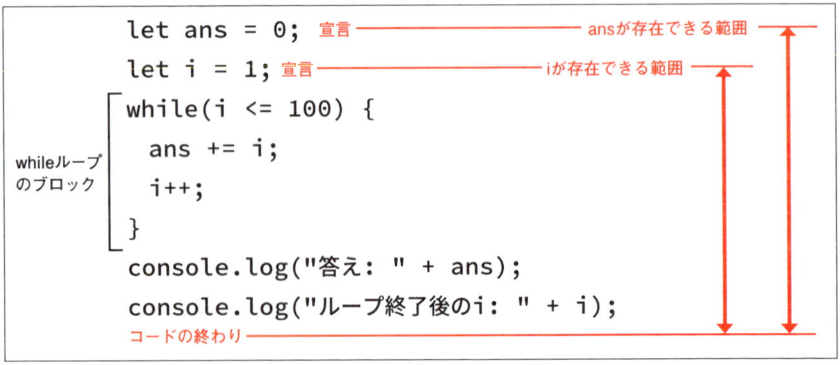
let ans = 0;
宣言
ansが存在できる範囲
let i = 1;
宣言
iが存在できる範囲
while(i <= 100) {
ans += i;
i++;
}
whileループのブロック
console.log("答え: " + ans);
console.log("ループ終了後のi: " + i);
コードの終わり

変数ansも変数iもwhileループブロックの外で宣言しています。その位置から、コードの終わりまで存在できることになります。

一方、リスト6-3の変数のスコープを図にすると図6-4となります。

図6-4：リスト6-3の変数のスコープ

```
let ans = 0;
for(let i = 1; i <= 100; i++) {
  ans += i;
}
console.log("答え: " + ans);
// console.log("ループ終了後のi: " + i);
```

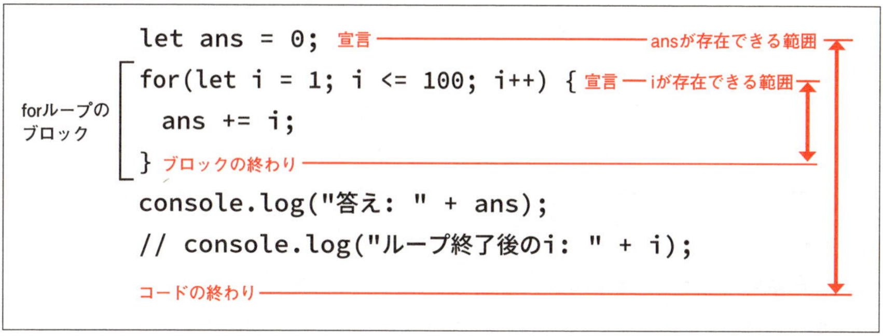

変数ansは、リスト6-2同様forループブロックの外で宣言しています。その位置からコードの終わりまで存在できます。ところが、iはforブロックで宣言されているので、存在できるのはforブロックの末までです（forの()内の記述はスコープとしてはforブロック内と同じ扱いとなります）。リスト6-3の❷の段階ではこのiは存在していないのです。これがエラーの原因です。

▶▶▶ スコープを意識して宣言

もしリスト6-3でどうしてもiを表示したいならば、リスト6-2と同じようにiをforブロックの外で宣言する必要があります。逆に、ブロック外で利用する予定のない変数はそのブロック内で宣言した方が、予定外に変数を利用されてバグとなるのを防げます。このように、変数の宣言位置は、スコープを意識するようにしましょう。

varではエラーにならない

3-2-1項のCOLUMNでJavaScriptの変数宣言では、letが導入される前ではvarが用いられていた話をしました。リスト6-3の❶のforの()内でのiの宣言にvarを使った場合、つまり、以下のように記述した場合、実は❷のコメントアウトを元に戻して実行してもエラーとはなりません。

```
for(var i = 1; …)
```

これが、letとvarの決定的な違いです。letはブロック単位の変数のスコープをサポートした宣言です。一方、varではブロックスコープをサポートしていません。

変数のスコープを意識しなくていいというのは、ゆるくプログラミングができるというメリットもありますが、一方でバグを生みやすいのも事実です。特にある程度の規模のプログラミングを行う場合は、やはり変数のスコープがサポートされているletを使うべきです。

6-3-4 インクリメントを使わないforの例

リスト6-3ではインクリメントと組み合わせたforの例を挙げました。while同様、当然forもインクリメントと組み合わせる必要のない使い方もできます。

さっきのリスト6-3は、リスト6-2のwhileループをforループに書き換えたサンプルでしたけど、最初にやった乱数を使ったリスト6-1もforでループさせることができるのですか？

もちろん、可能よ。

先のループ処理3点セットを見抜けば、forで書けるよ。じゃあ、やってみようか。

▶▶▶ リスト6-1のループ3点セット

リスト6-1のループ3点セットは以下のようになります。

［A］ループが始まる前の準備→リスト6-1では❷
let rand = Math.round(Math.random() * 10);
［B］ループを続けるための条件→リスト6-1では❹の()内
rand !== num
［C］ループが1回処理されるごとにその末尾で行う処理→リスト6-1では❻
rand = Math.round(Math.random() * 10);

これをそのままforの()内に記述するとできます。そのように作成したリスト6-4のforWithRand.jsを作成してください。

リスト6-4：forWithRand.js

```
let num = 4;
console.log("ループ開始");
for(let rand = Math.round(Math.random() * 10); rand !== ⇒
num; rand = Math.round(Math.random() * 10)) {   ←❶
    console.log("randの値: " + rand);
}
console.log("ループ終了");
```

実行結果はリスト6-1と同じです。

リスト6-4の❶が上で確認したループ3点セットをforに当てはめた部分です。❶の部分のみは長くなっていますが、全体としてはやはりコンパクトなソースコードになります。

▶▶▶ whileかfor

このように、ほとんどのループがwhileとforの両方で記述することができます。

となると、どちらを使えばいいのか迷います。

whileかforのどちらを使うかについて明確な基準はないんだ。プログラマ次第というか。

そうなんですか。では、先生はどちらを使うのですか？

私はforを優先的に使うようにしているよ。というのは、whileとforの一番大きな違いは、やはり変数のスコープなんだ。ループ処理をしたい場合、ループの前処理が含まれるのがほとんどだよね。その前処理で宣言する変数はループブロック内だけで存在してくれた方が安全だからね。forを使っているとそういった安心感があるんだ。でも、この前処理が不要なループ処理というのもあるから、その場合はwhileを使うようにしているんだ。

なるほど。参考になります。僕も先生の真似をしようっと。

6-4 do-whileループ

3個目のループ構文であるdo-whileを扱います。これで3種類のループ構文がそろったことになります。

ポイントはこれ！

- ✓ do-whileはdoブロックの中に繰り返し処理を記述する
- ✓ do-whileは繰り返し処理の後にwhile()で繰り返し条件を記述する
- ✓ whileとdo-whileは条件判定のタイミングが違う
- ✓ do-whileは処理の後に条件判定をするので、必ず1回は繰り返し処理が行われる

6-4-1 do-whileループの構文

早速サンプルを作成しながらdo-whileの使い方を学んでいきましょう。ここでも違いをはっきりさせるために、リスト6-2をdo-whileを使ったソースに書き換えたリスト6-5のdoWhileStatement.jsを作成してください。

リスト6-5：doWhileStatement.js

```
let ans = 0;
let i = 1;
do {
    ans += i;
    i++;
} while(i <= 100);
console.log("答え: " + ans);
console.log("ループ終了後のi: " + i);
```

実行結果はリスト6-2と同じです。

do-whileの構文は以下のようになります。

構文 do-while

```
do
    繰り返す処理
} while(繰り返しを続ける条件);
```

whileやforと違い、先にdoブロック内に繰り返す処理を記述し、後からwhile()と条件を指定します。

6-4-2 whileとdo-whileの違い

ここでwhileとdo-whileの違いを扱っておきましょう。

do-whileって何か、今ひとつピンときません。なんというか、whileと一体何が違うのだろうかって。確かに、書き方は違いますけど、これだったらwhileでいいじゃんって思ってしまいます。

私も、実はdo-whileってほとんど使ったことがなくて、今ひとつわかってないかも。

先輩もですか！

違いはあるよ。実は6-4-1項の説明の中にヒントがあるんだけど、はっきりさせるためにサンプルで見ていこうか。

リスト6-6：whileAndDoWhile.js

```
console.log("whileループ開始");
let i = 1;  ←❶
while(i < 0) {  ←❷
    console.log("iの値:" + i);  ←❸
}
console.log("whileループ終了");

console.log("do-whileループ開始");
let j = 1;  ←❹
do {
    console.log("jの値:" + j);  ←❺
} while(j < 0);  ←❻
console.log("do-whileループ終了");
```

実行結果は以下の通りです。

```
whileループ開始
whileループ終了
do-whileループ開始
jの値:1
do-whileループ終了
```

なるほど!これはわかりやすいわ。こういう違いがあるのですね。

さすがユーコさんはこの実行結果だけでわかるんだね。ナオキくんはどう?

えーっと…

ちょっと難しいかな?順番に見ていこうか。

▶▶▶ whileは実行されていない

リスト6-6ではwhileとdo-whileの両方で同じようなループ処理を行っています。両方ともループ処理の開始と終了にメッセージを表示するようにしていますので、ループ処理結果の範囲がわかるようになっています。その実行結果からわかるように、リスト6-6では、実はwhileの繰り返し処理は実行されていません。一方、do-whileは繰り返し処理が1回だけ実行されています。

ソースコードで見ていきましょう。リスト6-6はwhileもdo-whileもループの条件判定で使用する変数としてそれぞれ、iとjを初期値1で宣言しています（❶と❹）。その後繰り返し処理を行っていくのですが、条件は両方とも「0より小さい」です（❷と❻）。ということは、そもそも、繰り返しの処理である❸と❺は実行されないように思えます。実際、実行結果から、whileの方である❸は実行されていません。ところが、do-whileの方である❺は実行されています。

▶▶▶ 条件判定のタイミングの違い

この違いはどこから来るのでしょうか。それは、条件判定のタイミングです。
whileは
　条件判定→処理
　を繰り返すのに対して、do-whileは
　処理→条件判定
　を繰り返します。このことから、do-whileは条件にかかわらず必ず1回は繰り返し処理が実行される仕組みなのです。

なるほど！わかりました。

私もスッキリしました。このdo-whileは、はまれば使いどころがありそうですね。

うん。そうだね。私も過去に使ったことはあるよ。そのときは気持ちよかった。圧倒的にforの方が多いけどね。ちなみに、気づいたかな？

何がですか？

ナオキくんの飴の詰め放題の話。

あ！なるほど。
6-1-1項でナオキくんの飴の詰め放題をプログラマ脳で整理したでしょ。あれ、「袋がいっぱいかどうか」という条件判定を後で行っているから、do-whileなのよ！

本当だ！

実は、現実世界のループ処理はdo-whileの方が多いと思うよ。まずは1回は繰り返し処理を実行してみるからね。

人間の発想としては、まず何かをやってみて、そのあとループするかどうかを判断するんでしょうね。

そうだろうね。そういった意味で、先に判定を行うwhileやforループを多用するプログラミングと少しずれがあるね。そのあたりはプログラマ脳を鍛えていくしかないね。

はい！

6-5 ループの入れ子

5-5-1項で条件分岐の入れ子を学びました。ループも同じく入れ子にできます。

ポイントはこれ!

- ✓ ループの中にループ処理が入ったもの(ループの入れ子)を多重ループという
- ✓ 2個の入れ子のループを二重ループという
- ✓ 多重ループでは実行順序を意識しよう

6-5-1 二重ループ

ループの中にループを入れた場合、注意しなければならないことがあります。

少し質問があるのですが。条件分岐のときに、ifの中にifを書けると教わりましたけど、ループも同じですか?

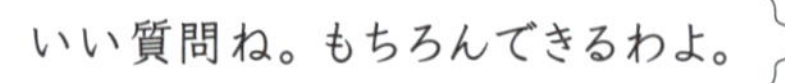

いい質問ね。もちろんできるわよ。

その場合、条件分岐の入れ子に比べて注意が必要なところがあるから、サンプルで見てみようか。

リスト6-7：nestedLoop.js

```
console.log("外のループ開始");  ←❶
for(let i = 1; i <= 3; i++) {  ←❷
    console.log("内のループ開始");  ←❸
    for(let j = 1; j <= 3; j++) {  ←❹
        console.log("i:j=" + i + ":" + j);  ←❺
    }
    console.log("内のループ終了");  ←❻
}
console.log("外のループ終了");  ←❼
```

実行結果は以下の通りです。

```
外のループ開始
内のループ開始
i:j=1:1
i:j=1:2
i:j=1:3
内のループ終了
内のループ開始
i:j=2:1
i:j=2:2
i:j=2:3
内のループ終了
内のループ開始
i:j=3:1
i:j=3:2
i:j=3:3
内のループ終了
外のループ終了
```

▶▶▶ リスト6-7は二重ループ

リスト6-7では❷のforループブロックの中に❹のforループブロックが含まれています。このようにループブロックの中にループブロックが含まれた状態を**多重**

ループといいます。多重ループの中で、リスト6-7のように入れ子が2個の状態を**二重ループ**といいます。

条件分岐と同様に、ループも3種類のループそれぞれに入れ子が可能です。forの中にwhileを入れてもかまいませんし、do-whileの中にforを入れてもかまいません。さらに、forの中にwhileを入れて、さらにその中にdo-whileを入れるという三重ループも可能です（必要かどうかは別として）。

▶▶▶ 多重ループでは実行順序が大切

リスト6-7は、二重ループの実行順序を確かめるためのサンプルです。

それぞれのループの最初と最後にループの開始と終了を告げるメッセージを表示しています。ひとつ目のループ（外側のループ）では❶と❼が該当し、ふたつ目（内側のループ）では❸と❻が該当します。外側のループでは変数iを初期値1で用意し、内側のループでは変数jを同じく初期値1で用意し、両ループともそれらの変数を1～3まで変化させています。つまり、両ループとも3回ずつ繰り返す処理です。そのうえで、この変数iとjがどの順番で変化して行くのかがわかるように❺でコンソール表示させています。

その実行結果から読み取れることは、iが1の間に

内側ループ開始→jが1→jが2→jが3→内側ループ終了

の処理が行われます。ここまで来てようやくiがひとつ増えて2になります（図6-5）。

図6-5：リスト6-7の実行結果の分析

```
外のループ開始
―― ここからiのループが開始する ――
内のループ開始
i:j=1:1 ←jのループ1回目 ┐
i:j=1:2 ←jのループ2回目 │←iのループ1回目
i:j=1:3 ←jのループ3回目 ┘
内のループ終了
―― ここでjのループが終了し、iのループの2回目に移る ――
内のループ開始
i:j=2:1 ←jのループ1回目 ┐
i:j=2:2 ←jのループ2回目 │←iのループ2回目
i:j=2:3 ←jのループ3回目 ┘
内のループ終了
―― ここでjのループが終了し、iのループの3回目に移る ――
内のループ開始
i:j=3:1 ←jのループ1回目 ┐
i:j=3:2 ←jのループ2回目 │←iのループ3回目
i:j=3:3 ←jのループ3回目 ┘
内のループ終了
―― ここでiのループが終了する ――
外のループ終了
```

このように、二重ループの場合は内側のループがすべて終了してから外側のループが繰り返されることに注意してください。

これは、5-1-1項で解説した「記述した順番通りに実行される」ということと、6-2-1項で解説した「ループが終了してからループ外の次の行が実行される」というプログラムの考え方がわかっていれば理解できます。その内容を図解すると図6-6のようになります。

図6-6：リスト6-7の処理の流れ

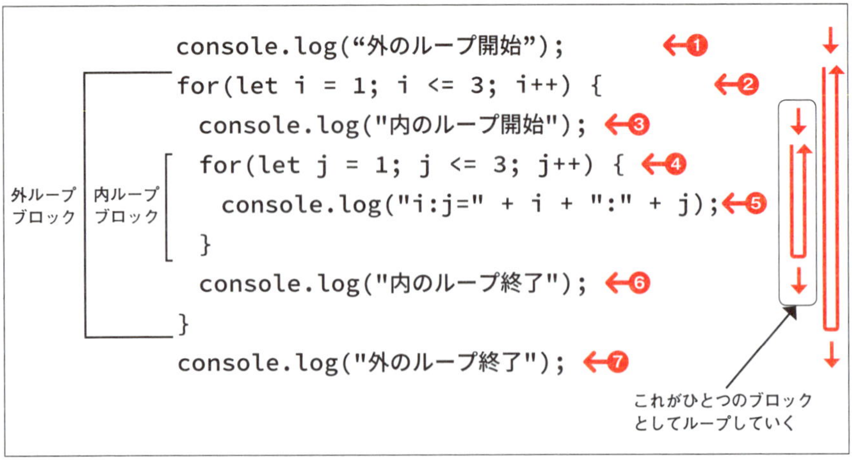

```
console.log(“外のループ開始”);          ←❶
for(let i = 1; i <= 3; i++) {           ←❷
  console.log("内のループ開始");        ←❸
  for(let j = 1; j <= 3; j++) {         ←❹
    console.log("i:j=" + i + ":" + j);  ←❺
  }
  console.log("内のループ終了");        ←❻
}
console.log("外のループ終了");          ←❼
```

外ループブロック

内ループブロック

これがひとつのブロックとしてループしていく

図6-6のように外のループブロック内では上から順番に処理されています。その中にさらに内のループブロックが含まれているだけです。この内のループが含まれたブロックごと、外のループとして繰り返し処理されているのです。

6-5-2 二重ループで長方形を描いてみる

二重ループの処理の流れが理解できたところで、少し二重ループで遊んでみましょう。

二重ループ、ややこしいなあ。

でも、プログラミングの基本である上から順番に実行されるんだ、というのがわかっていれば、処理を追っていくことができるでしょ？

はい。できそうです。

慣れるまでは大変だけど、訓練していけば追えるようになるわよ。

じゃあ、もうひとつ練習してみようか。ここでは単に数字を表示させても面白くないから、ループを使って長方形を表示させてみよう。

長方形、ですか？

実行結果から見た方が早いかな？こんな感じ。

```
*****
*****
*****
```

本当だ！長方形だ！

皆さんも、ナオキくんと同じように少し考えてみてください。
解答サンプルは以下のようになります。

リスト6-8：rectangleLoop.js

```
let width = Math.round(Math.random() * 10);  ←❶
let height = Math.round(Math.random() * 10);  ←❷
let str = "";  ←❸
for(let i = 1; i <= height; i++) {  ←❹
    for(let j = 1; j <= width; j++) {  ←❺
        str += "*";  ←❻
    }
    str += "\n";  ←❼
}
console.log(str);  ←❽
```

実行結果は先にワトソン先生が見せてくれた通りです。ただし、乱数を使用するので毎回図形は変わります。

それではソースコードを説明しておきましょう。先に、ソースコードの処理を表示結果と合わせて図解したものを図6-7に掲載します。こちらの図を参照しながら解説を読んでください。

図6-7：リスト6-8の処理の流れ

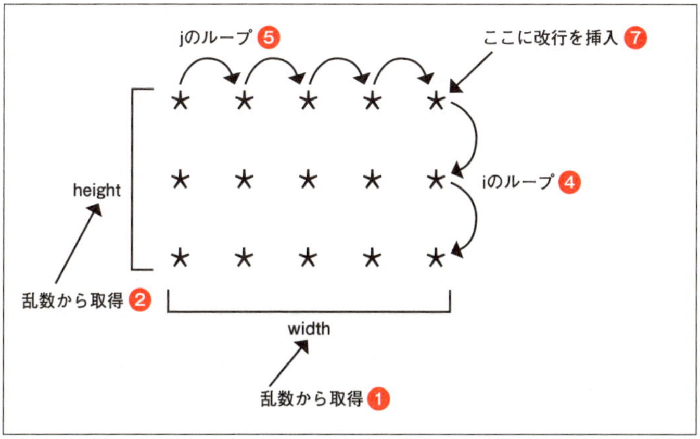

1～10の乱数を2個用意します。ひとつを底辺として変数widthとします（リスト6-8の❶）。もうひとつを高さとして変数heightとします（リスト6-8の❷）。

次に、文字列用の変数を用意します（リスト6-8❸）。これまでのサンプルでは、その都度コンソールに出力していました。それではきれいな長方形ができませんので、ここでは❸で用意した文字列変数に❻で次々「*」を文字列結合させていき、最終的に❽でまとめて表示させる方法をとっています。

その「*」をループさせながら結合させている処理がリスト6-8の❹～❼です。❹と❺が二重ループになっています。6-5-1項の解説の通り、内側のjのループ❺から先に回りますので、こちらが「*」を横に重ねていく処理となります。したがって、jの範囲は1からwidthまでとなります。この内側のjのループがひと通り終了した後に改行を行って縦に重ねる必要があります。その改行を文字列として結合している処理がリスト6-8の❼です。これが外側のiのループ1回分です。それを高さの回数分繰り返すことで縦に積み上がっていく仕組みです。ですので、iの範囲は1からheightまでとなります。

このリスト6-8は遊びのようなサンプルですが、このように二重ループを使いこなすことで、さまざまな処理ができるようになります。

jQuery

Chapter 1でJavaScriptの復活劇の話をしました。そこでECMAやGoogleの活躍については述べましたが、もうひとつ忘れてはならない存在があります。それが、2006年1月にリリースした**jQuery**というライブラリです。本書のChapter 11以降で、言語そのもののJavaScriptではなくWebらしいJavaScriptを学んでいきますが、そこで記述するさまざまな処理を、jQueryを使えばかなり簡単に記述することができます。さらに、リリース当時にはまだまだ存在していたブラウザ間の互換性の問題も、jQueryがその差異を内部で吸収してくれる仕組みがありました。そのおかげで、それまでコーディングしにくかった処理も簡単に記述できるようになり、ハードルの高かったクライアントサイドプログラミングが一挙に普及しました。例えば、Chapter 11で登場しますが、id属性による要素の取得処理をJavaScriptでは頻繁に行います。これが、普通のJavaScriptでは以下のように記述します。

```
document.getElementById("headTitle");
```

これを、jQueryを使えば、以下のようになります。

```
$("#headTitle")
```

これらのソースコードの意味はChapter 11で学んでもらえればいいので、ここでは、意味がわからなくてもかまいません。ただ、同じ処理をするのもソースコードがどれだけ簡単に記述できるかをつかんでください。これほど簡単に記述できるので、今ではjQuery抜きでのJavaScriptコーディングというのは考えられないくらいになっています。

一方で、弊害もあり、JavaScriptとjQueryを全く別のものと思っているプログラマがいます。特に、jQueryから学習し始めたプログラマはそうです。間違ってはいけないのは、jQueryはあくまでJavaScriptのライブラリのひとつであり、JavaScriptの理解なくしてjQueryの本当の理解はあり得ません。しっかりとJavaScriptの基礎力を身に付けた後にjQueryの学習をするようにしてください。

CHAPTER 7

配列とループ

Chapter 6では、ループを扱いました。このChapterでは、データをまとめて扱える「配列」を学びます。配列は、Chapter 6で学んだループと相性がいいので、ループも登場します。さらに、Chapter 5で学んだ条件分岐も組み合わせて、さまざまな処理が行えることを学びましょう。

配列

配列は、データをまとめて入れておける入れ物です。その使い方から学びましょう。

ポイントはこれ！

- ✓ 配列は複数の値をまとめてひとつの変数として扱えるもの
- ✓ 配列リテラルは角カッコ[]を使って、値をカンマ区切りで記述する
- ✓ 配列内の値ひとつひとつを要素という
- ✓ 各要素へのアクセスは配列変数に続く角カッコ[]内にインデックスを記述する
- ✓ 配列のインデックスは0から始まる
- ✓ 存在しないインデックスの配列要素に値を代入すると、その要素が作られる

7-1-1 配列とは

複数データの扱い方について少し考えてみます。

まず、Chapterが新しくなりましたので、このChapter用のフォルダ「chap07」をjssamplesフォルダ内に作成し、リスト7-1のwithoutArray.jsを作成してください。

リスト7-1：withoutArray.js

```
let num1 = 8;
let num2 = 9;
let num3 = 17;      ←❶
let num4 = 26;
let num5 = 43;

console.log("num1は" + num1);
console.log("num2は" + num2);
console.log("num3は" + num3);      ←❷
console.log("num4は" + num4);
console.log("num5は" + num5);
```

実行結果は以下の通りです。

```
num1は8
num2は9
num3は17
num4は26
num5は43
```

このソースコード、どう？入力していて、どう思った？

単に変数を用意して表示しているだけで、制御構文もないので、簡単なコードですね。ただ、めんどくさかったです。なんか、似たようなコードばっかりで…

このソースコードはそこが狙い目なんだよ。

▶▶▶ ループをイメージできるかどうか

会話の中でナオキくんが言っていたように、リスト7-1は似たようなコードが並んでいます。❶は各行が微妙に違いますが、❷となるとほぼ同じような処理を繰り返しています。1行だけ入力し、その行のコピー＆ペーストを繰り返し、差分だけ入力し直すという方法も確かにあります。それでも、面倒なのには変わりありません。特に行数が増えれば余計です。

このように、似たような処理の繰り返しを見ると、ループで処理できないだろうかと考えるのがプログラマ脳なのです。

▶▶▶ 連番の付いた変数名はあくまで人間のため

ただ、このままでのループ処理は無理です。リスト7-1の❶で宣言している変数num1〜num5は、一見連続した変数のように見えます。ただしこれは、あくまで人間が見やすいように連番を付けているだけで、コンピュータ側からすると全く関連のないバラバラの変数なのです（図7-1）。

図7-1：リスト7-1の変数の扱い

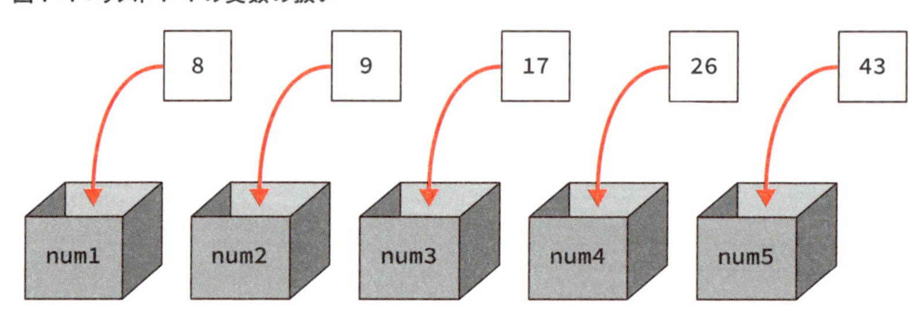

つまり、コンピュータからすると、num1、num2、num3、…という変数名は、hoge、bow、mue、…と全く関連のない変数名となんら変わらないのです。

▶▶▶ 配列とは

そこで登場するのが配列です。**配列**とは、複数の値をまとめてひとつの変数として扱えるものです。実際にソースコードで見てみましょう。リスト7-2のwithArray.jsを作成してください。なお、❸はコメントアウトのままにしておいてください。

リスト7-2：withArray.js

```
let nums = [8, 9, 17, 26, 43];  ←❶

console.log("1個目は" + nums[0]);
console.log("2個目は" + nums[1]);
console.log("3個目は" + nums[2]);  ←❷
console.log("4個目は" + nums[3]);
console.log("5個目は" + nums[4]);
// console.log("6個目は" + nums[5]);  ←❸
```

実行結果は以下の通りです。

```
1個目は8
2個目は9
3個目は17
4個目は26
5個目は43
```

▶▶▶ 配列の用意は[]

リスト7-2の❶が配列です。リスト7-1ではバラバラだった8、9、17、26、43という値をひとつの変数numsとしてまとめて扱えるようになっています（図7-2）。

図7-2：配列とは

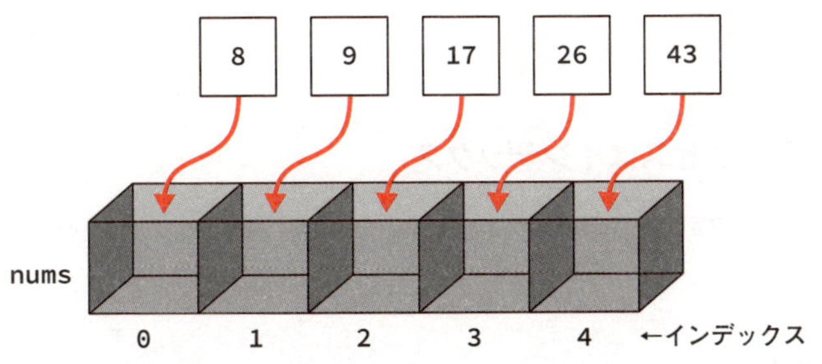

これは、いわば、ギフトの詰合せセットのようなものです。

イコールの左側、つまり変数の宣言部分は、通常の変数と変わりません。イコールの右側で配列データを用意し、それを変数に代入しています。この右側の配列データを**配列リテラル**といいます。配列リテラルの記述方法は、全体を[](角カッコ)で囲み、各データはカンマで区切ります。構文としてまとめると以下のようになります。

構文 配列リテラル

```
let 配列変数名 = [値, ...]
```

▶▶▶ 空の配列

具体例は7-3-2項で扱いますが、空の配列変数を用意し、各値を後から追加することも可能です。その場合は、配列変数を宣言するときに、以下のように角かっこの中身に何も記述しない形をとります。

```
let nums = [];
```

[7-1-2 配列のインデックス]

配列リテラルで、配列の用意ができました。続きとして、配列内の個々のデータの扱いを見ていきましょう。

▶▶▶ 配列要素へのアクセスはインデックス

配列内の個々のデータのことを**要素**といいます。この要素へアクセスするには以下の構文を使います。

構文 配列要素へのアクセス

```
配列変数[インデックス]
```

リスト7-2の❷のnums[3]のような記述が該当します。この角カッコ[]内に記述した数字のことを**インデックス**といいます。図7-2にあるように、このインデックスを使って配列内の箱の位置を指定し、その中に格納されているデータを取り出したり、入れたりできるようになっています。

▶▶▶ インデックスは0始まり

このインデックスで注意しなければならないことは、0から開始する、ということです。1個目の要素がインデックス0、2個目の要素がインデックス1、3個目の要素がインデックス2、…とひとつずつ数値がずれていきます。その結果、リスト7-1の❷とリスト7-2の❷を比べると、

num1→nums[0]

num2→nums[1]

…

と連番の対応関係がひとつずつずれていきます。ここさえ注意すれば、配列の各要素、例えば、nums[0]は通常の変数と同じように扱えます。実際、リスト7-2の❷ではその値を使ってコンソールに表示しています。

ひとつずつずれるのですか！ややこし〜！

人間の感覚では1から始まるのが普通だけど、プログラミングでは0から始まることが結構あるのよ。私も、これは気持ち悪いわ。

先輩もですか！ちょっと安心。

（笑）あまり、安心しすぎないでね。

ところで、リスト7-2の❸のコメントアウトって、ひょっとしてこのひとつインデックスをずらすのを忘れてアクセスしてしまった場合の例ですか？

まさに！鋭いね。5個目の要素にアクセスするつもりで、nums[5]と書いてしまった場合の処理を見てほしかったのだよ。正しくはnums[4]だよね。じゃあ、コメントアウトを外して実際に実行してみようか。

リスト7-2の❸の部分の実行結果は以下のようになります。

```
6個目はundefined
```

undefinedは3-2-1項で登場していますが、未定義を表します。インデックス5は要素が存在していません。つまり、未定義なのです。そこから値を読み出そうとするとundefinedとなるので、注意しましょう（図7-3）。

図7-3：存在しないインデックスからの値の読み出し

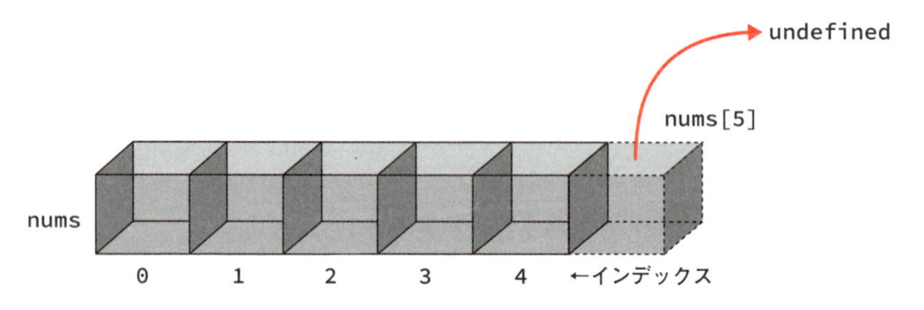

7-1-3 配列各要素へのデータの格納

リスト7-2では、インデックスを使って配列内各要素のデータの読み出しを行いました。では、データの格納はどうでしょうか。

配列はインデックスにさえ注意したら、データをまとめて扱えるので便利そうですね。ひとつ疑問なのですが、リテラルで用意した配列の要素のひとつだけ値を書き換えることってできるのですか？

もちろんできるわよ。

サンプルで見てみようか。

リスト7-3のarrayElement.jsを作成してください。

リスト7-3：arrayElement.js

```
let nameList = ["松田", "田中", "中山", "山本", "本田"];   ←❶

console.log("1人目は" + nameList[0]);  ┐
console.log("2人目は" + nameList[1]);  │
console.log("3人目は" + nameList[2]);  ├←❷
console.log("4人目は" + nameList[3]);  │
console.log("5人目は" + nameList[4]);  ┘

nameList[2] = "中野";   ←❸
console.log("3人目は" + nameList[2]);   ←❹
```

実行結果は以下の通りです。

```
1人目は松田
2人目は田中
3人目は中山
4人目は山本
5人目は本田
3人目は中野
```

▶▶▶ データの格納もインデックスを使用

リスト7-3は、❶で配列を用意しています。今回は文字列配列です。❷でその内容をひとつずつ表示しています。

❸が今回のテーマとなっている処理です。3個目の要素（インデックス2）の値を「中山」から「中野」に変更しています。配列要素のデータの読み出し同様に

配列変数[インデックス]

に対してイコールで値を代入するだけです。❹では、ちゃんと値が書き換わったかを表示して確認しています。

考え方はデータの読み出しと同じなのですね。じゃあ、例えば、リスト7-3のnameListに6人目を追加したい場合は、nameList[5]に値を代入すればいいのですか？

そうよ。優秀優秀。

実は、JavaScriptの配列は、さらに面白い挙動をするんだよ。それも含めて、サンプルで確かめてみようか。

リスト7-4のarrayElement2.jsを作成してください。なお、❶はリスト7-3のarrayElement.jsと同じ配列リテラルです。

リスト7-4：arrayElement2.js

```
let nameList = ["松田", "田中", "中山", "山本", "本田"]; ←❶

nameList[5] = "田村"; ←❷
console.log("5人目は" + nameList[4]); ←❸
console.log("6人目は" + nameList[5]); ←❸

nameList[8] = "村田"; ←❹
```

```
console.log("7人目は" + nameList[6]);
console.log("8人目は" + nameList[7]);
console.log("9人目は" + nameList[8]);
```
←❺

実行結果は以下の通りです。

```
5人目は本田
6人目は田村
7人目はundefined
8人目はundefined
9人目は村田
```

▶▶▶ 存在しないインデックスへの代入は要素作成

❶で用意した配列リテラルの続きとして❷で6人目（インデックス5）に「田村」を代入しています。JavaScriptの配列は、存在しないインデックスの配列要素に値を代入すると、そのインデックスの要素を作成します（図7-4）。

図7-4：存在しないインデックスへの値の格納

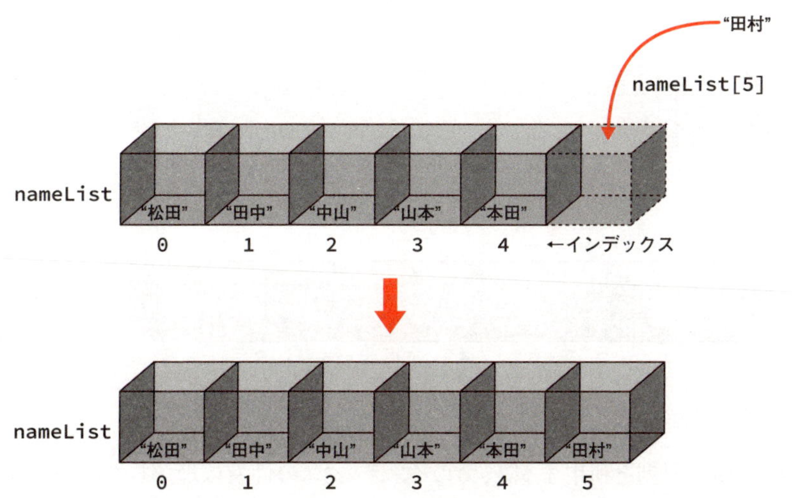

実際に要素が作成されて値が格納できたかどうかを確認しているのが、リスト7-4の❸です。❸では念のために配列リテラルで作成した最後の要素（インデックス4）も表示させています。ちゃんと続きとして値が格納されているのが確認できます。

▶▶▶ 飛んだインデックスを指定すると…

存在しないインデックスの配列要素に値を代入すると要素が作成されるということは、インデックスを飛び飛びの値にするとどうなるかという疑問が湧いてきます。それを実験したのが、リスト7-4の❹と❺です。❹ではインデックス8に「村田」を代入しています。となると、インデックス6と7が飛んでいます。その状態で❺でインデックス6～8を表示させています。結果は、飛んだインデックスの6と7はundefinedとなっています。

JavaScriptでは、インデックスを不連続にすると、飛んだ間のインデックスの要素については、未定義（undefined）の状態で枠だけ作成します。ただし、枠は存在するので、配列全体の要素数には含めます。例えば、リスト7-4のnameListは最終的に要素数が9個ということになります（図7-5）。

図7-5：インデックスが飛んだ値への格納

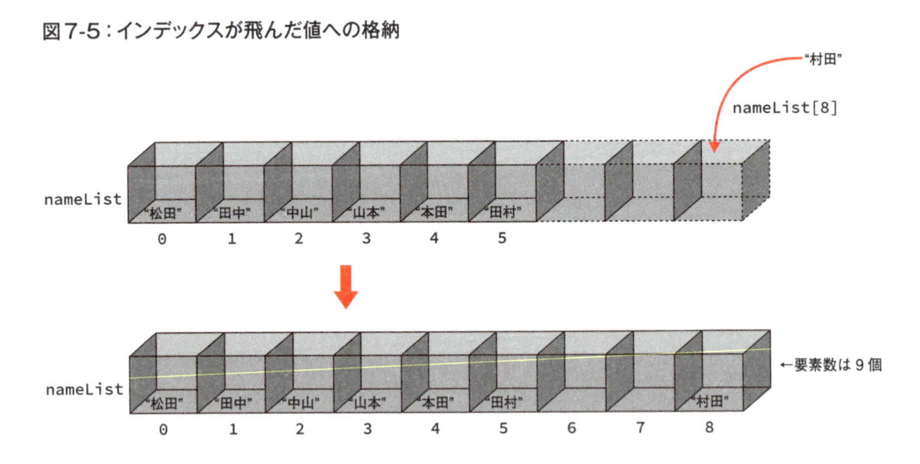

JavaScriptで配列を利用する際、このインデックスの性質は理解しておきましょう。

7-2 配列のループ

配列の使い方がひと通り理解できたところで、この配列をループ処理させましょう。

ポイントはこれ！

- ✓ 配列のループはインデックスを変数に置き換える
- ✓ 配列の長さはlengthを使う
- ✓ 配列をループさせるのに便利なfor...ofがある

7-2-1 配列をforでループさせる

ここまでに作成してきたサンプルは、確かに値をまとめてひとつの変数のように扱えていますが、一方で、当初の目標である表示のループ処理が達成できていません。リスト7-2にしても、リスト7-3にしても、せっかく配列を導入しても表示処理部分をベタに1行ずつ書いていたのでは、意味がありません。そこで、リスト7-3にループを導入します。

▶▶▶ リスト7-3の繰り返しルールを見つける

具体的なソースコードに入る前に、リスト7-3の表示部分から繰り返しのルールを見つけましょう。まず、インデックスに注目します（図7-6）。

図7-6：リスト7-3の表示部分の繰り返しルール分析

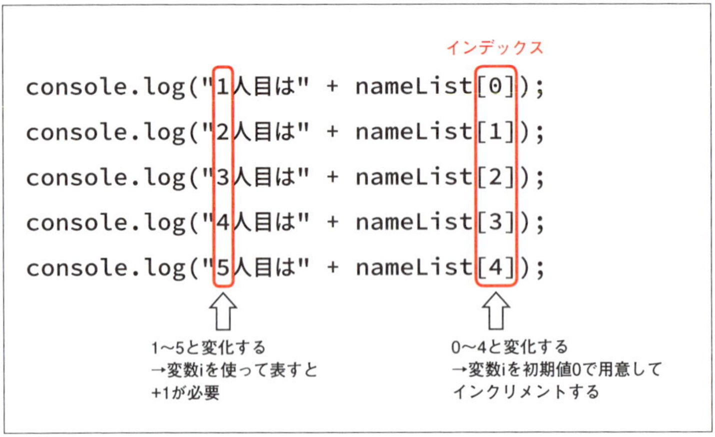

インデックス

```
console.log("1人目は" + nameList[0]);
console.log("2人目は" + nameList[1]);
console.log("3人目は" + nameList[2]);
console.log("4人目は" + nameList[3]);
console.log("5人目は" + nameList[4]);
```

1〜5と変化する
→変数iを使って表すと
+1が必要

0〜4と変化する
→変数iを初期値0で用意して
インクリメントする

繰り返し処理を行うたびに、インデックスが0からひとつずつ増えていきます。そして、そのインデックスが4になるとループが終了します。このことから、このインデックスを表す変数としてiを初期値0で用意します。そのiをループするごとにひとつずつ増やし、iが4になるとループが終了するというルールが見つかります。これを、6-3-1項で解説したループ3点セットで整理すると、以下のようになります。

［1］ループが始まる前の準備
　→インデックスを表す変数iを初期値0で用意する
　let i = 0
［2］ループを続けるための条件
　→iが4になるまで
　i <= 4
［3］ループが1回処理されるごとにその末尾で行う処理
　→iのインクリメント
　i++

▶▶▶ iを使って表示処理を書き換えると

これを利用すると、

nameList[0]
nameList[1]
…
と記述していた部分はインデックスをiに置き換えて、
nameList[i]
と記述できます。
さらに、
1人目
2人目
…
という「○●人目」表示の「○●」の部分はこのインデックスに1プラスした値です。このことから、ここは
(i+1)人目
と記述できます。

以上のことを踏まえて作成したリスト7-5のloopArray.jsを作成してください。

リスト7-5：loopArray.js

```
let nameList = ["松田", "田中", "中山", "山本", "本田"];

for(let i = 0; i <= 4; i++) {  ←❶
   console.log((i+1) + "人目は" + nameList[i]);  ←❷
}
```

実行結果は以下の通りです。

```
1人目は松田
2人目は田中
3人目は中山
4人目は山本
5人目は本田
```

❶が先に分析したループ3点セットに基づいて記述したfor構文です。このループブロック内で配列の表示処理を行いますが、こちらも先の分析の通り❷のようにiを使って記述しています。

7-2-2 配列の要素数を表すlength

配列のループをもう少し発展させます。

ようやく配列をループさせましたけど、すっきりしたソースコードになりました。

でしょ？まあ、もともとそのための配列だからね。でもリスト7-5には欠陥があるんだけど、気づいた？

…？

先のリスト7-4ではこの配列リテラルの表示処理の後にもうひとつ要素を追加したよね。その後、もう1回すべてを表示させようとしたら…？

あ!ループの回数、つまり、i <= 4の4を変えないとだめですね。5に。

そう。配列は後から要素を追加できるから、その要素数に応じてiの範囲を変化させないといけないのよ。

それはめんどくさいですね。せっかくループで処理できたのに。

それだけじゃないよ。配列の要素数が実行のたびに変化する場合だってあるんだ。そういったときのために、配列の要素数を取得する方法があるから、今度はそのサンプルを作ってみようか。

▶▶▶ 要素数はlength

配列の要素数（長さともいう）は、以下のようにlengthで取得します。

構文 配列の要素数（長さ）を取得

```
配列変数.length
```

では、リスト7-5をこのlengthに書き換えたリスト7-6のloopArray2.jsを作成してください。

リスト7-6：loopArray2.js

```
let nameList = ["松田", "田中", "中山", "山本", "本田"];

for(let i = 0; i < nameList.length; i++) {  ←❶
    console.log((i+1) + "人目は" + nameList[i]);
}
```

実行結果はリスト7-5に同じです。

▶▶▶ 要素数とインデックスの終端は1ずれる

リスト7-6の❶の部分が書き換えたところです。注目するのは、不等号です。lengthは要素数ですので、例えばリスト7-6なら5です。一方、インデックス変数に使われているiは4までループさせます。したがって、

i <= nameList.length

と記述すると、余分にループしてしまいます。ここでも、インデックスが0始まりなのが原因でずれが生じています。これを避けるために、

i <= nameList.length - 1

とするか、

i < nameList.length

のどちらかの方法をとるしかありません。通常はよりシンプルな書き方である後者を採用します。

ここまでの内容を踏まえて、配列のループ構文をまとめておきましょう。

構文 配列のループ

```
for(let i = 0; i < 配列変数.length; i++) {…}
```

7-2-3 配列用のループ構文 IE

前項で扱った配列のループ構文は定型といえます。これを簡単に記述できるfor文がJavaScriptには用意されています。リスト7-6をその構文を使って書き換えたリスト7-7のloopArray3.jsを作成してください。

リスト7-7：loopArray3.js ~~IE~~

```
let nameList = ["松田", "田中", "中山", "山本", "本田"];

for(let name of nameList) {  ←❶
    console.log(name);
}
```

実行結果は以下の通りです。

```
松田
田中
中山
山本
本田
```


▶▶▶ 配列ループを簡単に書ける構文

リスト7-7の❶が今回紹介する**for...of**ループです。構文としてまとめると以下のようになります。

構文 for...of

```
for(各要素を格納する変数宣言 of 配列変数) {…}
```


forの()内はofを区切りに左右に分かれます。右側にはループさせる配列変数を記述します。ここでは、nameListです。一方、左側は各要素を格納する変数を宣言します。ここでは

let name

を宣言しています。この記述で、ループ1回ごとに配列の各要素を取り出し、自動でこの変数に格納します（図7-7）。forブロック内では、この変数（ここではname）を使って配列の値を表示したり、加工できます。

図7-7：配列の各要素を格納する変数の役割

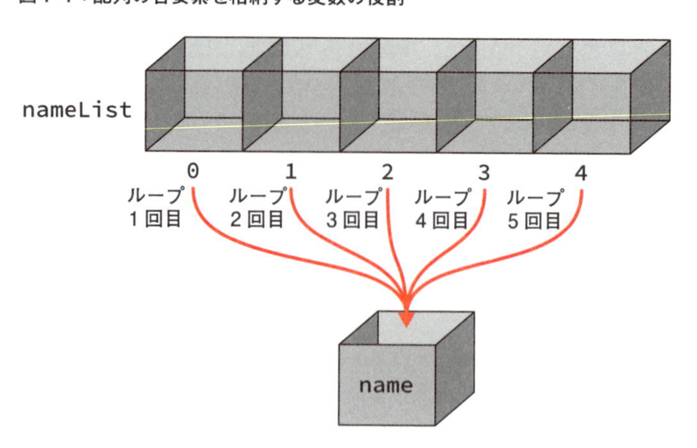

▶▶▶ インデックスは利用できない

　このように、for...ofは、配列のすべての要素を単にループさせるのには非常に便利な構文です。一方で、例えば、リスト7-6のように「1人目」、「2人目」とループのカウント（何回繰り返したか）を表示するには、インクリメントの変数がないため不向きです。その場合は通常のfor文を使いましょう。

for...inは配列で使わない

　JavaScritpには、for...ofと似たものにfor...inという構文があります。こちらは、Chapter 10で扱うオブジェクトリテラルをループさせるためのものなので、配列では使わないようにしましょう。

7-3 配列とループと条件分岐の組み合わせ

Chapter 5で条件分岐、Chapter 6でループ、そしてこのChapterで配列を学びました。ここではこれらを組み合わせたサンプルをいくつか紹介しましょう。

ポイントはこれ！

- ✓ ループと条件分岐を組み合わせることができる
- ✓ 配列、ループ、条件分岐を組み合わせると、より高度な処理が可能となる

7-3-1 ループと条件分岐を組み合わせる

いきなり配列、ループ、条件分岐の3種類の組み合わせは難しいので、まずは、復習がてらループと条件分岐を組み合わせてみます。

ナオキくん、問題。「★」と「☆」を交互に合計11個表示させるプログラムを作ってみて。

いきなりボヤ〜っと考えていても答えは出てこないわよ。

ベタに、console.log(…);を11回書くとできるんですけど、それじゃダメですよね。

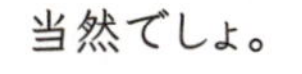

当然でしょ。

もし、これがテストで、どうしても思いつかなかったのならその方法もありだね。

え？ありなんですか？

全く何も手が付けられないよりは、ちゃんと動作するプログラムを作る方がよほどましだからね。ただ、ここではよりいい方法を考えよう。ナオキくんは11回書くといったよね？それって、繰り返しでは？

はい。だからループを使おうと思ったのですけど、そうすると、「交互に」のところをどうしたらいいのだろうと思って…。

そこに条件分岐を加えるのよ。ループの何回目のときが黒で、何回目が白？

1回目が黒で、2回目が白で、3回目が黒で、4回目が白で、…。あ！奇数回が黒で、偶数回が白だ！

まとめてみようか。

▶▶▶ ソースコードの流れをまとめてみる

ワトソン先生が出した問題に対して記述するソースコードの流れをまとめてみると、以下のようになります。

［1］11回ループを回す。
［2］ループの回数が偶数のときは「☆」を表示する。
［3］ループの回数が奇数のときは「★」を表示する。

ソースコードは次のようになります。リスト7-8のblackAndWhiteStar.jsを作成してください。

リスト7-8：blackAndWhiteStar.js

```
let str = "";
for(let count = 1; count <= 11; count++) {  ←❶
    if(count % 2 === 0) {  ←❷
        str += "☆\n";
    } else {  ←❸
        str += "★\n";
    }
}
console.log(str);
```

想定通りに「★」と「☆」が交互に11個表示されたでしょうか。

▶▶▶ ソースコード解説

流れ通りにリスト7-8を解説していきましょう。

［1］11回ループを回す。

リスト7-8の❶が該当します。ループの回数を表す変数countを用意して、1〜11までループさせています。

［2］ループの回数が偶数のときは「☆」を表示する。

リスト7-8の❷が該当します。偶数と奇数の分岐に関しては、5-3-3項で学習しています。余りの演算子%を使って2で割った余りが0かどうかで条件分岐しています。

［3］ループの回数が奇数のときは「★」を表示する。

リスト7-8の❸が該当します。elseブロックですので、余りが0でない、つまり奇数の場合を表します。

なお、6-5-2項で「*」で長方形を描いたときと同じ理由で、ここでも☆と★を文字列結合したうえで、最終的にまとめて表示する方式を採用しています。

7-3-2 配列、ループ、条件分岐を組み合わせる

ループと条件分岐の組み合わせを学習したところで、これに配列を組み合わせます。

じゃあ、ナオキくん、もうひとつ問題。1～100の乱数が30個格納された配列を用意し、その30個の数値の最大値、合計値と平均値を計算するプログラムを作ってみて。

まず流れを分解してみます。

▶▶▶ ソースコードの流れをまとめてみる

前項と同様に、ソースコードの流れをまとめてみると、以下のようになります。

[1] 乱数30個分の配列を用意する。
[2] 配列をループさせながら、合計値の計算と最大値の抽出を行う。
[3] 合計値をもとに平均値を計算する。
[4] それぞれ出力する。

ソースコードは次のようになります。リスト7-9のsumAndAve.jsを作成してください。

リスト7-9：sumAndAve.js IE

```
let nums = []; ←❶
for(let i = 0; i < 30; i++) { ←❷
    nums[i] = Math.round(Math.random() * 100); ←❸
    console.log((i+1) + "番目の値=" + nums[i]); ←❹
}

let sum = 0; ←❺
let max = 0; ←❺
for(let num of nums) { ←❻
    sum += num; ←❼
    if(num > max) {  ┐
        max = num;   │←❽
    }                ┘
}
let ave = sum / nums.length; ←❾
console.log("合計値=" + sum); ┐
console.log("平均値=" + ave); │←❿
console.log("最大値=" + max); ┘
```

乱数を使うので、実行のたびに結果は変わります。以下に実行結果の一部を掲載します。

```
1番目の値=36
2番目の値=95
～省略～
29番目の値=30
30番目の値=3
合計値=1479
平均値=49.3
最大値=99
```

▶▶▶ ソースコード解説

手順通りにリスト7-9を解説していきます。なお、ソースコードが少々複雑になってきていますので、処理の流れを図7-8にまとめました。

図7-8：リスト7-9の処理の流れ

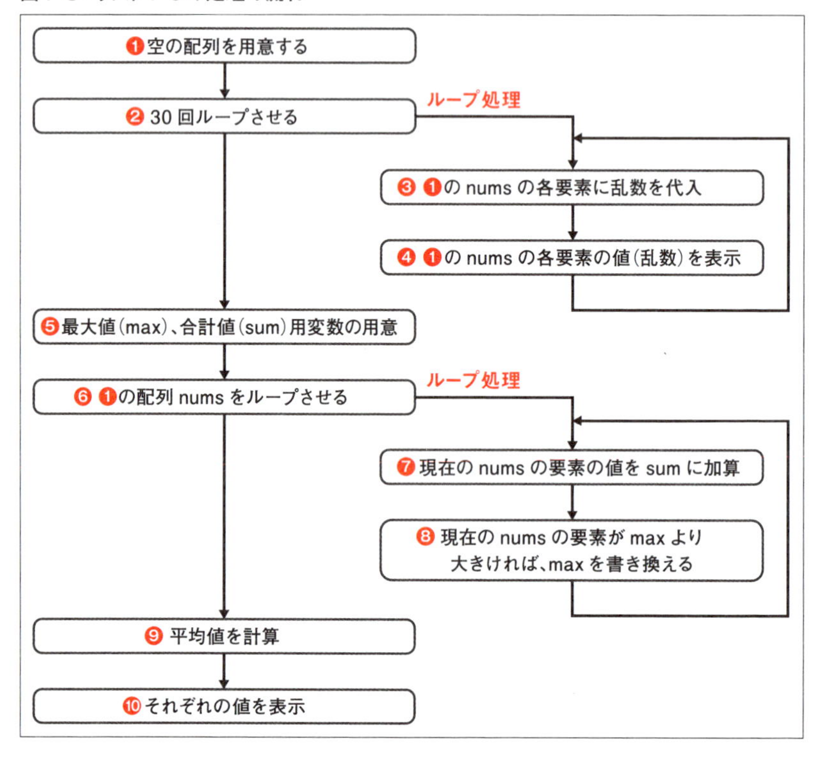

［1］乱数30個分の配列を用意する。

リスト7-9の❶～❹が該当します。

JavaScriptの配列は存在しない要素のインデックスに値を代入すると、その要素が作成されること（7-1-3項参照）を利用します。まず、❶で空、つまり要素数0の配列変数を用意します。これは、配列リテラルの角カッコ[]の中身を記述しないことで可能です。

次にインデックス用の変数iを0～29までループさせます（❷）。このループ中で乱数を発生させながら配列変数numsに順に代入していきます。このときに要素が作られます。それが❸です。その乱数の値をついでに表示しているのが❹です。

［2］配列をループさせながら、合計値の計算と最大値の抽出を行う。

リスト7-9の❺〜❽が該当します。

❺で合計値用変数と最大値用変数をそれぞれ初期値0で用意します。6-3-3項で学んだ通り、変数のスコープの関係上、これらの変数はループ外で宣言しておかなければ、ループ終了後、平均値の計算や表示に使えません。ですので、この位置で宣言しておきます。

次に、［1］で作成した乱数配列をfor...ofでループさせながら合計値の計算と最大値の抽出を行います。それが❻のループです。

まず、❼で合計値の計算を行っています。この処理は6-2-2項の復習です。

次に最大値の抽出を行っているのが❽の条件分岐です。これは、❺で用意した変数maxと配列内の要素の値numを比較し、numのほうが大きければmaxの値をnumで上書きする処理です。その際、初期値を0にしておくことで、少しでも値が大きければどんどん上書きされていき、ループが終了したときには最大値のみが残るという仕組みです。

［3］合計値をもとに平均値を計算する。

リスト7-9の❾が該当します。計算された合計値を個数で割るだけの処理ですが、その個数として配列の要素数を使っています。

［4］それぞれ出力する。

リスト7-9の❿が該当します。

このように、配列とループ、条件分岐を組み合わせることでさまざまな処理が可能となります。

7-4 breakとcontinue

ループと条件分岐にも慣れてきたころですので、ループ処理を制御できるbreakとcontinueという2個の記述を紹介します。初めに、それぞれの働きを簡単なサンプルで確認した後に、breakとcontinueを組み合わせた少し実用的なサンプルを紹介します。

ポイントはこれ！

- ✓ ループを終了するのがbreak
- ✓ 今の繰り返しを飛ばすのがcontinue

7-4-1 ループを抜けるbreak

まず、breakの働きを確認しましょう。リスト7-10のbreak.jsを作成してください。

リスト7-10：break.js

```
let breakPoint = Math.round(Math.random() * 10);  ←❶
console.log("breakPointの値: " + breakPoint);
for(let i = 1; i <= 10; i++) {  ←❷
    console.log(i + "回目のループ開始");
    if(i === breakPoint) {  ←❸
        console.log("breakPointなのでbreak");
        break;  ←❹
    }
    console.log(i + "回目のループ終了");  ←❺
}
```

乱数を使うので、実行のたびに結果は変わります。以下に実行結果の一例を掲載します。

```
breakPointの値: 3
1回目のループ開始
1回目のループ終了
2回目のループ開始
2回目のループ終了
3回目のループ開始
breakPointなのでbreak
```

リスト7-10の❹にbreakが登場しています。それ以外のコードは、難しいものはありません。❶で1〜10の乱数を発生させ、これを変数breakPointとしています。❷では変数iを1〜10まで変化させることで10回ループさせています。❸の条件分岐では、このiが❶で用意したbreakPointと同じ場合、❹のbreakを実行するようにしています。途中途中でbreakPointの値やループの状況、breakの実行をコンソールに表示するようにしています。

その**break**にはループを終了させる働きがあります。上の実行結果は、breakPointとして3が設定された例です。その場合、3回目のループでbreakが実行され、それ以降のループ内の処理である❺が実行されず、さらに、4回目以降のループが回っていないことが確認できます。

7-4-2 ループを飛ばすcontinue

次に、continueを扱います。breakとの違いがはっきりわかるように、リスト7-10の❹をcontinueに変えてどのような実行結果になるかを確認してみましょう。リスト7-11のcontinue.jsを作成してください。

リスト7-11：continue.js

```
let continuePoint = Math.round(Math.random() * 10);
console.log("continuePointの値: " + continuePoint);
for(let i = 1; i <= 10; i++) {  ←❷
    console.log(i + "回目のループ開始");
    if(i === continuePoint) {
        console.log("continuePointなのでcontinue");
        continue;  ←❹
    }
    console.log(i + "回目のループ終了");  ←❺
}
```

乱数を使うので、実行のたびに結果は変わります。以下にリスト7-10の実行結果と同じ、breakPointが3の実行結果の一部を掲載します。

```
continuePointの値: 3
1回目のループ開始
1回目のループ終了
2回目のループ開始
2回目のループ終了
3回目のループ開始
continuePointなのでcontinue
4回目のループ開始
4回目のループ終了
～省略～
10回目のループ開始
10回目のループ終了
```

breakとの大きな違いは、**continue**ではループは終了しない、ということです。リスト7-11を実行してみればわかりますが、continuePointがどの値であっても❷は10回ループしています。

では、どういった働きがあるのかというと、**continue**はループ内のその後の処理を飛ばす働きがあるのです。continuePointが3の場合、3回目のループで❹のcontinueが実行され、ループ内の以降の処理を飛ばして次の繰り返し処理に移行します。その結果、リスト7-11の❺の部分が処理されていません。実行結果からもそのことがわかります。

7-4-3 breakとcontinueの組み合わせ

breakとcontinueを組み合わせたプログラムとして、以下のようなものを考えます。1～10の乱数が5個格納された配列を2個用意します。それぞれ分母用の配列、分子用の配列とします。それらをループさせながら分数値（割り算の結果）を計算するプログラムを考えてみます。その際、分子が0の場合はそもそも割り算の必要がないので、ループ内の以降の処理を飛ばして次の繰り返し処理に移行します。一方、分母が0の場合はそもそも不正な値ですので、ループそのものを終了します。

これは、以下のようなソースコードとなります。リスト7-12のbreakAndContinue.jsを作成してください。

リスト7-12：breakAndContinue.js IE

```
let numes = [];
let denomis = [];
for(let i = 0; i <= 4; i++) {
    numes[i] = Math.round(Math.random() * 10);
    denomis[i] = Math.round(Math.random() * 10);
}                                                   ←❶

for(let denomi of denomis) {   ←❷
    console.log("--分母の値: " + denomi);
    if(denomi === 0) {   ←❸
```

```
        console.log("分母が0ですので、処理を中止します");
        break;  ←❹
    }
    for(let nume of numes) {  ←❺
        console.log("---分子の値: " + nume);
        if(nume === 0) {  ←❻
            console.log("分子が0ですので、処理を飛ばします");
            continue;  ←❼
        }
        let ans = nume / denomi;  ←❽
        console.log("分数値: " + ans);
    }
}
```

乱数を使うので、実行のたびに結果は変わります。以下に実行結果の一例を掲載します。なお、「…処理を飛ばします」や「…処理を中止します」が表示されないこともあります。その場合は何回か実行してください。

```
--分母の値: 3
---分子の値: 1
分数値: 0.3333333333333333
---分子の値: 7
分数値: 2.3333333333333335
---分子の値: 0
分子が0ですので、処理を飛ばします
---分子の値: 3
分数値: 1
---分子の値: 0
分子が0ですので、処理を飛ばします
--分母の値: 0
分母が0ですので、処理を中止します
```

▶▶▶ ソースコード解説

では、リスト7-12を解説していきます。なお、今回も、処理の流れを図7-9にまとめました。

図7-9：リスト7-12の処理の流れ

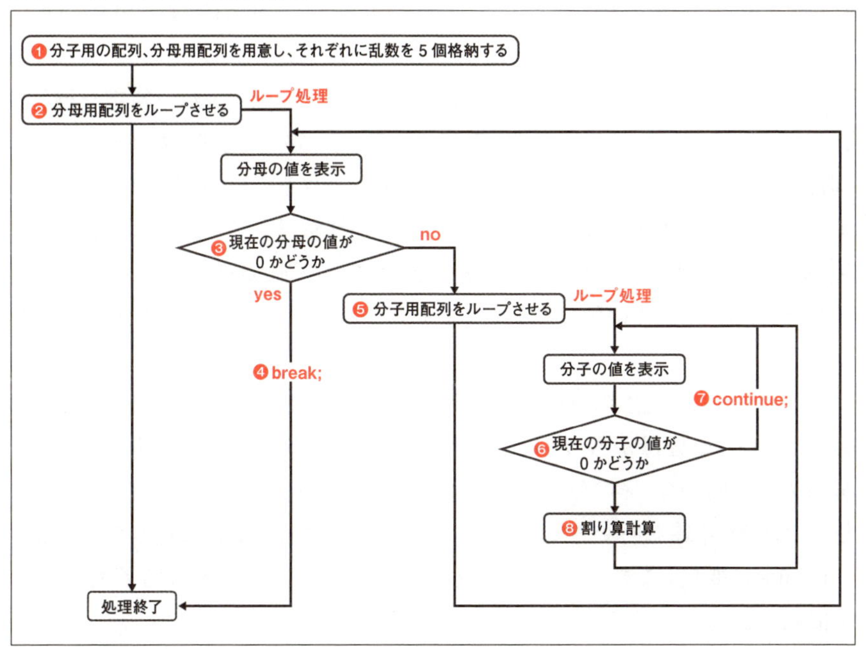

❶で分子用の空の配列と分母用の空の配列を用意し、インデックス用変数iを0〜4まで変化させながらそれぞれの配列に乱数を格納しています。結果、それぞれ乱数が5個格納された配列となります。

次に分子と分母を組み合わせるので、二重ループを使います。❷の外側のループを分母のループとし、内側に❺の分子のループを持ってきます。最終的に二重ループの内部で割り算を行います。それが❽です。

▶▶▶ breakとcontinueの使い分け

ここでふたつのポイントがあります。

ひとつは、分母が0だった場合です。その場合は割り算は行えないので、処理を中止します。それが❸と❹です。❸で分母が0かどうかの判定を行い、0の場合は❹でbreakしています。7-4-1項で解説した通り、breakはループを終了させる働きがありますので、分母が0の場合、❹のbreakが実行され、外側のループが終了します。

ふたつめは、分子が0の場合です。❻では分子が0かどうかの判定を行っています。分子が0の場合は、答えは0とわかっているので処理する必要がないと判断します。ここで、breakを使うと、内側のループそのものが終了してしまいます。そこで、❼ではbreakではなくcontinueを使います。7-4-2項での解説の通り、continueではループ内のそれ以降の処理である割り算処理と結果表示処理を飛ばし、次の分子の値に移行しています。実行結果からもそのことがわかります。

ところで、リスト7-12は、分母にひとつでも0があると外側のループが止まり、表示されていない分母が残っていたとしても、それ以降の処理を行いません。もし、分母が0の場合は、その分母のみをスキップし、残りの分母に関してはやはり同様に割り算計算を行いたいとします。その場合は、❹で記述したbreakをcontinueに変更します。以下に❹をcontinueにした場合の実行結果例の一部を掲載します。

```
～省略～
---分子の値: 7
分数値: 0.7777777777777778
--分母の値: 0
分母が0ですので、処理を中止します
--分母の値: 4
---分子の値: 8
～省略～
```

ちゃんと次の分母へ処理が移行しているのがわかります。

CHAPTER

8

関数

Chapter 7では、配列を扱いました。それと同時に、配列とループ、条件分岐を組み合わせて少々複雑なプログラミングも扱いました。ここまでで、プログラマ脳の基礎的なところが出そろいました。
ここから、プログラミングの幅をぐっと広げる内容をいくつか扱っていきます。その手始めは関数です。

8-1 関数の基本

まず最初に、関数とは何か、なぜ関数が必要なのかから学びましょう。

ポイントはこれ！

- ✓ 関数は、処理を部品化して再利用できるようにしたもの
- ✓ 関数は処理を{}ブロックにまとめて、ブロックの前にfunctionと関数名を記述する
- ✓ 関数にデータを渡すには引数を使う
- ✓ 関数から呼び出し元にデータを戻すには戻り値を使う
- ✓ 戻り値はreturnを関数ブロックの最後に記述する
- ✓ 関数の処理内容は使われ方次第

8-1-1 関数とは

関数の書き方を学ぶ前に、関数が必要となる、その理由から始めましょう。

まず、Chapterが新しくなりましたので、このChapter用のフォルダ「chap08」をjssamplesフォルダ内に作成し、リスト8-1のsumArrays.jsを作成してください。

リスト8-1：sumArrays.js IE

```
let list1 = [5, 6, 10, 55, 4, 9];
let list2 = [2, 7, 66, 4, 9];
let list3 = [8, 6, 13, 6, 9, 11, 5];

let sum1 = 0;
let sum2 = 0;
let sum3 = 0;

for(let num of list1) {
   sum1 += num;
}

for(let num of list2) {
   sum2 += num;
}

for(let num of list3) {
   sum3 += num;
}

console.log("list1の合計: " + sum1);
console.log("list2の合計: " + sum2);
console.log("list3の合計: " + sum3);
```

(❶: 1〜3行目、❷: sum1〜sum3の初期化、❸: 3つのforループ、❹: console.logの3行)

実行結果は以下の通りです。

```
list1の合計: 89
list2の合計: 88
list3の合計: 58
```

▶▶▶ 難しいところは何もないけど…

これは、配列の合計を計算して表示するプログラムです。ソースコードそのものはすべて復習ですので、難しいものはないと思います。❶で配列を3個用意し、

❷で配列の合計値を格納する変数を用意し、❸でそれぞれの配列をループさせながら合計値を計算します。最後に、❹で計算された合計値を表示します。

前のChapterの冒頭でも同じことを聞いたけど、このソースコード、入力していて、どう思った？

僕の方の返答も同じです。簡単なコードなのですが、同じく、似たようなコードの繰り返しで、めんどくさかったです。確かに、コピペすればちょっとはましなのですけど。今はリストが3個だからコピペで済みますけど、これ、リストが増えると、コピペそのものもめんどくさくなると思います。❶の配列はそれぞれ違うのでこれは仕方ないとしても、❷～❹はほとんど同じようなコードですから。

うん。その通りだね。

かといって、前のChapterみたいにループでまとめられそうにもないですし。またまた、このめんどくさいのを解決してくれる方法をこれから教えてくれるのですよね？

さすがに読まれていたか（笑）。ここで登場するのが関数だよ。

▶▶▶ 関数とは

上の会話中でナオキくんが思ったように、リスト8-1では同じような記述が何度も出てきます。これを見たときに、「似たような処理を部品化したい」と考えるのがプログラマ脳です。そこで登場するのが関数です。**関数**とは、処理を部品化し再利用できるようにしたものです（図8-1）。

図8-1：似たような処理を部品化

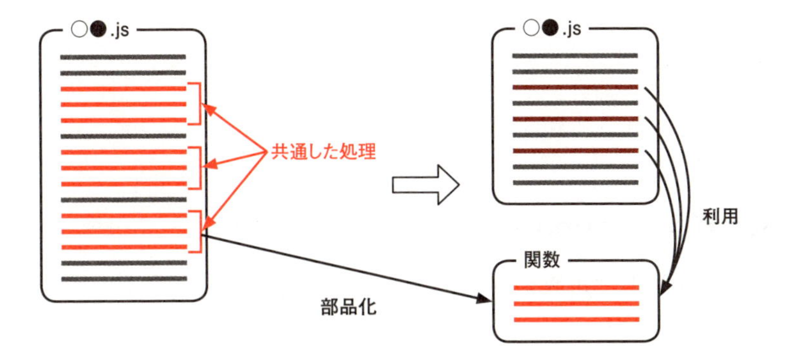

8-1-2 関数の書き方と使い方

では、実際にリスト8-1を関数を使った形に書き換えましょう。リスト8-2のsumArraysWithFunc.jsを作成してください。なお、❷はリスト8-1の❶と同じものです。

リスト8-2：sumArraysWithFunc.js IE

```
function sumArray(list) {        ←1-1
    let sum = 0;                 ←1-2
    for(let num of list) {
        sum += num;              ←1-3
    }
    console.log("合計値: " + sum);  ←1-4
}

let list1 = [5, 6, 10, 55, 4, 9];
let list2 = [2, 7, 66, 4, 9];        ←2
let list3 = [8, 6, 13, 6, 9, 11, 5];

sumArray(list1);   ←3-1
sumArray(list2);   ←3-2
sumArray(list3);   ←3-3
```

実行結果は以下の通りです。

```
合計値: 89
合計値: 88
合計値: 58
```

▶▶▶ 関数定義はfunctionを使う

リスト8-2の❶が関数を定義している部分です。関数の定義は以下の書式です。

構文 **関数定義**

```
function 関数名(引数, 引数, …) {
    処理;
}
```

関数を作る際の手順は以下の通りです。

[1] 部品化したい処理全体を波かっこブロックで囲む
[2] ブロック全体の前にfunctionと関数名を記述する
[3] 関数ブロック内で完結できない変数を引数として記述する

リスト8-2を見ながら順に解説します。

[1] 部品化したい処理全体を波かっこブロックで囲む

リスト8-2の1-2〜1-4が該当します。

ここでは、配列の合計を計算したうえで表示するという処理を部品化したいのでブロック内に記述しています。具体的には以下のコードです。

- 合計値用の変数を用意する（1-2）。→リスト8-1では❷にあたる。
- ループさせながら合計値を計算する（1-3）。→リスト8-1では❸にあたる。
- 計算された合計値を表示する（1-4）。→リスト8-1では❹にあたる。

[2] ブロック全体の前にfunctionと関数名を記述する

リスト8-2の 1-1 が該当します。

関数名は自由に付けてもかまいませんが、変数名と同様の命名規則を守ったうえで、キャメル記法で記述します（3-2-1項参照）。ただし、処理内容がわかるような関数名にしましょう。例えば、func1、func2のような名前ではなく、calcTotalCostやshowMemberListのようにします。コツは、動詞＋名詞を組み合わせることです。

［3］関数ブロック内で完結できない変数を引数として記述する

リスト8-2の 1-1 の関数名の次の()が該当します。

関数名の続きに()を記述し、この中に変数を記述します。これを**引数**（ひきすう）といいます。

リスト8-2の関数sumArray()は［1］に解説した通り配列の合計を計算する処理です。その関数ブロック内部では、合計値を表すsumや配列内の各要素を表すnumといった変数が用意されて使われていますが、肝心の計算対象となる配列は関数ブロック内では用意できません。関数を作るときにはこのような変数が必要となることが多々あります。その場合は、関数外からもらう必要があります。この関数外からデータをもらう仕組みが**引数**です（図8-2）。

図8-2：引数は関数外からデータをもらう仕組み

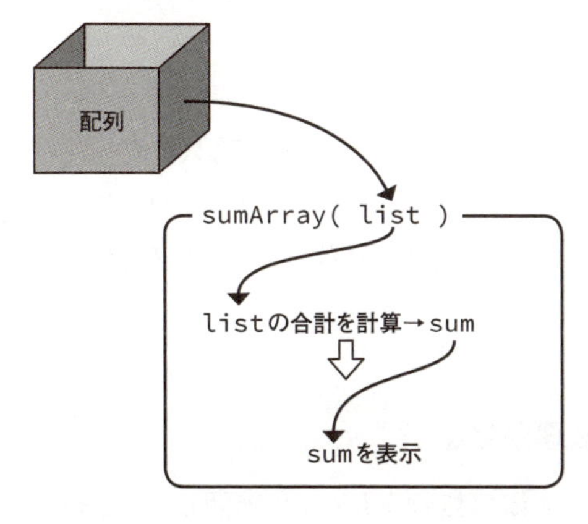

この引数は、必要に応じて複数記述することができます。その場合は次ページのようにカンマで区切ります。

```
function calcTotalCost(primaryCost, secondaryCost) {…}
```

また、関数によってはブロック内部の変数のみで完結し、引数が不要なこともあります。その場合は引数を記述しませんが、以下のように()は記述しておく必要があります。

```
function showMemberList() {…}
```

仮引数と実引数

引数には、引数を関数内から見た場合と関数外から見た場合とで、**仮引数**と**実引数**という用語が割り当てられています。

例えば、リスト8-2の関数sumArray()内では、引数名は 1-1 に記述されたlistです。このlistを**仮引数**と呼び、関数内では 1-3 のようにこの仮引数名を使って処理されます。一方、リスト8-1の❸に目をやると、list1、list2、list3という変数が、関数に値を渡すために引数として使われています。こちらが**実引数**です。

▶▶▶ 関数の利用は関数名を記述

リスト8-2では、❶で定義した関数を利用しているのが❸です。関数を使う（「呼び出す」ともいう）には、❸のように単にその関数名と()を記述するだけです。ただし、引数が必要な関数を呼び出す場合は、()内に引数にあたる値を記述します。

▶▶▶ 関数の呼び出し中は関数に処理が移る

関数の使い方がわかったところで、全体の処理をもう一度確認しておきましょう。5-1-1項で説明したように、プログラムはソースコードを記述した順番通りに実行されていきます。ただし、関数を利用する場合は注意が必要です。というのは、関数を呼び出している部分で処理がいったん関数に移るからです。リスト8-2

では、2の配列変数を用意している3行はそのまま順に処理されていきます。その後、3-1で関数を呼び出していますが、すぐに3-2には行きません。3-1の中で処理が関数に移り、list1のデータを利用して1-1〜1-4の処理を行います。その後、3-1に処理が戻り、3-2に移ります。3-2も3-3も同様で、いったん1-1〜1-4に処理が移り、その後戻ってくる流れになっています（図8-3）。

図8-3：リスト8-2の処理の流れ

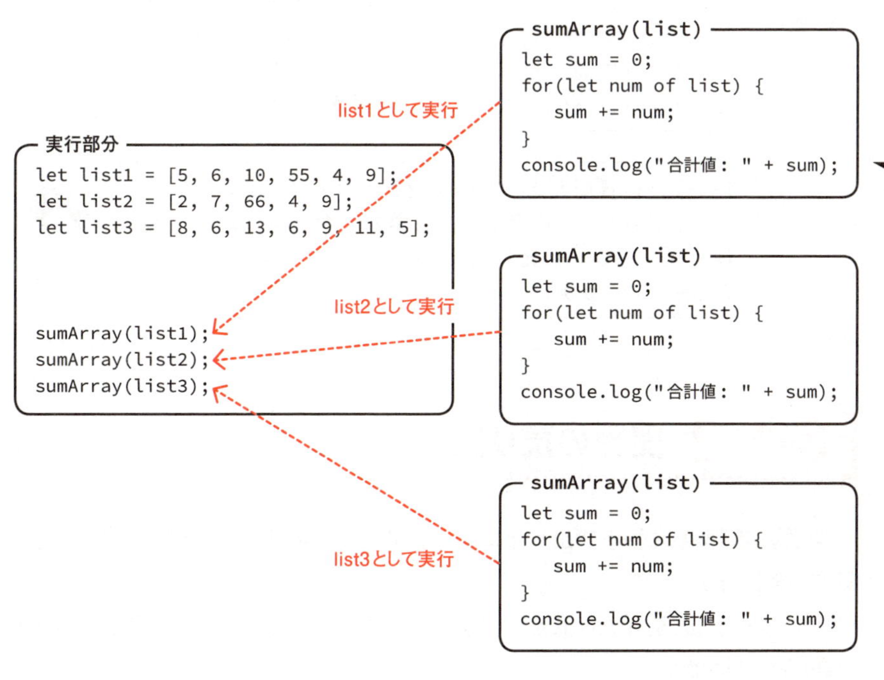

今後、関数を利用した処理がどんどん増えていきます。その際、このように関数を呼び出しているところでは、いったん処理が関数に移り、関数内の処理を順に実行した後に、元の処理に戻るという動きを意識するようにしてください。

関数、便利ですね。ソースコードの記述がぐっと減りました。これって、数学の関数と同じ考え方みたいですね。

そうね。数学の関数も、例えば、y=f(x) だったら、x を渡して関数内で何か計算をして、その結果を y としてもらうのだから、同じよね。

なるほど。でも、数学の関数は、関数内で計算された計算結果があって、それを y としてもらうわけだから、関数自体は計算結果を返しますよね。でも、リスト8-2のsumArray() ではそういった仕組みがないように思うのです。

鋭い！いい質問だよ。リスト8-2だけ見るとそう思えるね。実は、プログラムの関数は、数学の関数と同じように、処理結果を呼び出し元に返す仕組みがあるんだよ。次にそこを見ていこうか。

8-1-3 関数の戻り値

関数の処理結果を呼び出し元に戻す仕組みを、**戻り値**といいます。具体例を見ていきましょう。

リスト8-3のcalcSumArrays.jsを作成してください。なお、今回も❸はリスト8-1の❶と同じものです。

リスト8-3：calcSumArrays.js IE

```
function calcArraySum(list) {    ←❶
    let sum = 0;
    for(let num of list) {
        sum += num;
    }
    return sum;    ←❷
}

let list1 = [5, 6, 10, 55, 4, 9];
let list2 = [2, 7, 66, 4, 9];            ←❸
let list3 = [8, 6, 13, 6, 9, 11, 5];

let sum1 = calcArraySum(list1);
let sum2 = calcArraySum(list2);    ←❹
let sum3 = calcArraySum(list3);

console.log("list1の合計: " + sum1);
console.log("list2の合計: " + sum2);    ←❺
console.log("list3の合計: " + sum3);
```

実行結果はリスト8-1と同じです。

▶▶▶ 戻り値はreturnを記述

リスト8-3では、❶で関数calcArraySum()を宣言しています。引数はリスト8-2の関数sumArray()と同じように配列を表すlistであり、その配列の合計を計算するという内容です。ただ、リスト8-2では計算された合計の表示まで関数内で行っていましたが、リスト8-3のcalcArraySum()は表示を行っていません。単に合計を計算しているだけです。その代わり、計算した合計値を関数の呼び出し元に返却しています。この関数内で行った処理結果として、呼び出し元に返却する値のことを**戻り値**といいます。

関数内で戻り値を利用する場合は、リスト8-3の❷のように関数ブロック内の最後に次のように記述します。

構文 戻り値

```
return 値;
```

ここで、注意しなければならないのは、returnを記述した以降のコードは処理されない、ということです。だからこそ関数ブロック内の最後に記述するのです*1。

▶▶▶ returnの値はなんでも

リスト8-3では、合計値を戻り値とするので、returnの次には合計値が格納された変数sumを記述しています。returnの次には、このように変数を記述してもいいですし、以下のようにリテラルでも問題ありません。

```
return "問題ありません";
```

また、計算式を記述してもOKです。

```
return (5 * 32 + 88) / 100;
```

つまり、変数に格納できそうなものであればなんでも戻り値にできます。

▶▶▶ 戻り値のある関数を利用するには

戻り値のあるcalcArraySum()を呼び出しているのが、リスト8-3の❹です。リスト8-2の❸では、単に関数名を記述して関数を呼び出していました。戻り値がない場合は、これでいいのですが、calcArraySum()のように戻り値がある場合は、その戻り値を呼び出し側で受け取らないと意味がないです。これは、リスト8-3の

*1）実際には、条件分岐などと組み合わせて、関数の途中でreturnを記述する場合もあります。それでも、それ以降のコードが処理されないという事実には変わりありません。

❹のように変数を用意してそれに代入するのが基本です*2。

このようにして変数に代入した合計値を、❺で表示しています。関数calcArraySum()には表示処理が含まれていませんので、呼び出し元である実行部分で表示する処理を記述する必要があります。

8-1-4 関数の処理内容は使われ方次第

関数ブロック、functionキーワード、関数名、引数、戻り値と、関数に必要な知識はそろいました。次は、どのように関数を書いていくかです。

戻り値があると、数学の関数っぽくなりましたけど、リスト8-2とリスト8-3を見比べると、明らかに戻り値がない方がソースコードがすっきりしています。戻り値を書く場合と書かない場合、どちらを優先した方がいいのですか？書かない方がいいように思うのですけど…。

確かに、ここで登場した2個のサンプルだけを比べると、そのように思うかもしれないね。実は、戻り値がいるかいらないか、というのに決まりはないんだ。関数の書き方は自由自在で、その関数をどのように使うかで決まってくるんだ。少し、例を挙げようか。これまでは、合計値の計算だけだったけど、平均値も計算する場合を考えてみるね。

リスト8-3を平均値も計算して表示するように改造したリスト8-4のcalcSumAndAveArrays.jsを作成してください。なお、リスト8-3からの変更点は❶の関数calcAve()の追加と、その関数を利用している❷、表示の❸の部分です。

*2) もちろん、それ以外の方法もあります。例えば、変数に代入せずにそのまま利用することもあります。あるいは、場合によっては戻り値を呼び出し元で全く利用しない場合もあります。

リスト8-4：calcSumAndAveArrays.js IE

```
function calcArraySum(list) {
    let sum = 0;
    for(let num of list) {
        sum += num;
    }
    return sum;
}

function calcAve(list) {  ←1-1
    let sum = calcArraySum(list);  ←1-2
    let length = list.length;  ←1-3
    return sum / length;  ←1-4
}

let list1 = [5, 6, 10, 55, 4, 9];
let list2 = [2, 7, 66, 4, 9];
let list3 = [8, 6, 13, 6, 9, 11, 5];

let sum1 = calcArraySum(list1);
let sum2 = calcArraySum(list2);
let sum3 = calcArraySum(list3);

let ave1 = calcAve(list1); ┐
let ave2 = calcAve(list2); │←2
let ave3 = calcAve(list3); ┘

console.log("list1の合計: " + sum1 + ";平均: " + ave1); ┐
console.log("list2の合計: " + sum2 + ";平均: " + ave2); │←3
console.log("list3の合計: " + sum3 + ";平均: " + ave2); ┘
```

実行結果は次の通りです。

```
list1の合計: 89;平均: 14.833333333333334
list2の合計: 88;平均: 17.6
list3の合計: 58;平均: 17.6
```

▶▶▶ 関数の中で他の関数を呼び出す

リスト8-4の❶では平均値を計算する関数としてcalcAve()を定義しています。ここでは、calcArraySum()同様に配列変数を引数listとして受け取るようにしています（1-1）。

平均値の計算は合計値を要素数で割るので、あらかじめ合計値を計算しておく必要があります。calcAve()では、その合計値の計算処理を記述するのではなく、calcArraySum()関数を呼び出すことで合計値を取得しています（1-2）。このように関数内で他の関数を呼び出すことも可能です。

▶▶▶ returnの次に直接平均計算

1-3ではあらかじめ要素数を変数として用意しています。1-2の合計値を1-3の要素数で割れば平均値が計算できるので、以下のように平均値を格納する変数aveを用意して、これをreturnしても問題はありません。

```
let ave = sum / length;
```

ただ、8-1-3項で説明したように、returnの次に式を記述できるので、calcAve()関数では以下のようにreturnの次に直接平均値を計算する式を記述しています。

```
return sum / length;
```

このcalcAve()を呼び出して平均値を取得しているのが、リスト8-4の❷です。そのようにして、関数を使って計算された合計値と平均値を表示しているのがリスト8-4の❸です。

なるほど!確かに、配列の合計値を単に表示するだけではなくて、リスト8-4のように平均値の計算に利用したり、何か他で使おうと思ったら、戻り値は必要ですね。

そうね。ここで、戻り値がなかったら、処理の再利用という関数の役割がなくなっちゃうもんね。

そうそう。だから、どういった処理を関数としてまとめるか、というのは実は自由自在なんだよ。自由自在ゆえに、しっかりと使われ方を想定して作らないといけないし、使う側も、その関数がどういった内容なのか、引数は何で、戻り値はあるのかどうか、あるならどういった値が返ってくるのか、簡単に言ったら関数の仕様かな、そういうのをちゃんと理解しておく必要があるんだ。

単に処理をまとめればいい、というのではないのですね。これから、そのあたりも注意してみていきます。

8-2 さまざまな引数の書き方と使われ方

前節で関数の基本を学びました。ここからは、応用として、関数定義のバリエーションを紹介していきます。まずは、引数に関してのバリエーションです。

ポイントはこれ！

- ✓ JavaScriptは引数の個数をチェックしない
- ✓ 引数にはデフォルト値を設定できる
- ✓ 引数の定義部分に「...」を記述すると可変長引数となる
- ✓ 関数の呼び出し時に引数として「...」に続けて配列を記述すると引数が展開される

8-2-1 引数の個数をチェックしない

まず、JavaScriptのおおらかな引数の扱いを見ていきましょう。
リスト8-5のomittedArgs.jsを作成してください。

リスト8-5：omittedArgs.js

```
function concatenate(lastName, firstName, space) {   ←❶
    return lastName + space + firstName;
}

let lName = "中田";   ←❷
let fName = "雄二";
let name1 = concatenate(lName, fName, " ");   ←❸
console.log("半角スペースで結合: " + name1);
let name2 = concatenate(lName, fName);   ←❹
console.log("第3引数の渡し忘れ: " + name2);
let name3 = concatenate(lName);   ←❺
console.log("第2、第3引数の渡し忘れ: " + name3);
let name4 = concatenate();   ←❻
console.log("全ての引数の渡し忘れ: " + name4);
```

実行結果は以下の通りです。

```
半角スペースで結合: 中田 雄二
第3引数の渡し忘れ: 中田undefined雄二
第2、第3引数の渡し忘れ: 中田undefinedundefined
全ての引数の渡し忘れ: NaN
```

▶▶▶ 途中までは問題ないソースコード

ソースコードの内容としては、復習になるので、難しいものはないでしょう。

❶で関数を定義しています。第1引数として氏名の姓を、第2引数として氏名の名を受け取り、それらを第3引数でつないだ文字列を戻り値とするというものです。

実行部分では、❷で関数に渡すための値として氏名それぞれを表す変数を用意しています。❸でこれら変数と第3引数として半角スペースを関数concatenate()に渡し、その戻り値をname1に代入しています。その後、このname1を表示していますが、実行結果からはちゃんと結合されているのがわかります。

▶▶▶ 引数を書き忘れると…

問題は、❹からです。❹では第3引数を渡し忘れています。同様に、❺では第2と第3を、❻ではすべての引数を渡し忘れています。実行結果からわかる特徴的なことは、JavaScriptではリスト8-5の❹〜❻のように、本来想定されている引数を渡し忘れても、エラーにはならないということです。

代わりに、その引数は、undefined、つまり未定義として扱われます。❹のname2の表示結果、❺のname3の表示結果を見ればそのことがよくわかります。

なお、リスト8-5の❹〜❻の処理を見てもわかるように、引数として記述した個数より渡される値の個数のほうが少ない場合、左側の引数から優先的に値が格納されます。例えば、リスト8-5のconcatenate()関数では3個の引数が定義されていますが、❺のように1個しか渡されない場合は、左側の第1引数にのみ値が格納されて、それ以降の引数がundefinedとなります。第2引数にのみ値が格納されて、第1引数と第3引数がundefinedになることはありません。

COLUMN

引数が多い場合

引数が少ない場合は上記で扱いました。では、逆に多い場合はどうなるのでしょうか。例えば、リスト8-5のconcatenate()関数に対して、以下のような記述をした場合です。

```
concatenate("中田", "雄二", "・", "ダニエル");
```

この場合、4個目の引数である「ダニエル」は無視されます。ただし、無視されるだけで、内部ではargumentsというオブジェクト*に格納されており、いつでも取り出せるようになっています。

▶▶▶ NaNについて

なお、❻のname4の表示結果について少し解説しておきましょう。

NaNは非数（Not-A-Number）を表す値です。つまり、name4は数値として

*）オブジェクトが何かはChapter 9で扱います。

は認識できない、ということです。❻では引数をすべて渡し忘れていますので、lastName、firstName、spaceすべてがundefinedです。となると、関数内の計算は、

undefined + undefined + undefined

となります。4-2-1項で解説したように、+演算子のオペランド中に文字列がひとつでも含まれていればそれは文字列結合としてみなされます。❹のname2や❺のname3はこれにあたり、したがって、undefinedはそのまま文字列として表示されています。ところが、+演算子のオペランドがすべてundefinedとなると、これは数値演算として扱われます。この数値演算中にundefinedが含まれると数値として計算不能となり、計算結果はNaNとなります。これが、name4がNaNとなった原因です。

私は、JavaScriptのこの引数の数をチェックしない仕様は好きに慣れないわ。

そうよ。他の言語では、エラーになることの方が多いから。特にコンパイル系の言語では、コンパイルそのものが通らないもの。おかげで、バグが入り込みにくいのだけど、JavaScriptはこのあたりが、いいかげんなのよねえ。

そこは、おおらかと言おう。

まあ、個人の好き嫌いは別として、JavaScriptはリスト8-5のように渡される引数の個数をチェックしないという点はちゃんと理解しておいた方がいい。それに合わせてバグが入りにくいようにコーディングする必要があるから。

何か方法があるんですか？

あるよ。ひとつはデフォルト値を設定することだよ。

8-2-2 引数のデフォルト値 IE

JavaScriptが引数の個数をチェックしないことに対して、対策となりえるのが引数のデフォルト値です。これが、引数に関してのバリエーションの第一弾です。サンプルで見ていくことにしましょう。リスト8-5に対して引数のデフォルト値を設定したリスト8-6のdefaultArgs.jsを作成してください。なお、リスト8-5からの変更点は、concatenate()関数の引数内の記述と❷の2行が追加されただけです。

リスト8-6：defaultArgs.js IE

```
function concatenate(lastName = "", firstName = "", ⇒
space = "") {  ←❶
    return lastName + space + firstName;
}

let lName = "中田";
let fName = "雄二";
let name1 = concatenate(lName, fName, " ");
console.log("半角スペースで結合: " + name1);
let name2 = concatenate(lName, fName);
console.log("第3引数の渡し忘れ: " + name2);
let name3 = concatenate(lName);
console.log("第2、第3引数の渡し忘れ: " + name3);
let name4 = concatenate();
console.log("全ての引数の渡し忘れ: " + name4);
let name5 = concatenate(undefined, "美奈子");  ←❷
console.log("引数にundefined: " + name5);
```

実行結果は次の通りです。

```
半角スペースで結合: 中田 雄二
第3引数の渡し忘れ: 中田雄二
第2、第3引数の渡し忘れ: 中田
全ての引数の渡し忘れ:
引数にundefined: 美奈子
```

▶▶▶ 引数にデフォルト値を設定

リスト8-6の❶の()内の記述のように、引数に続いて=と値を記述するのが**引数のデフォルト値**の設定方法です。構文としては以下のようになります。

構文 引数のデフォルト値

```
function 関数名(引数名 = 値, 引数名 = 値, …)
```

リスト8-6ではすべての引数にデフォルト値を設定していますが、すべてに設定する必要はありません。任意の引数に設定できます。逆に、明らかに値が渡ってくるであろう引数がある場合は、デフォルト値を書かなくてもいいでしょう。ただし、8-2-1項の説明でもわかるように、そういった引数は()内の左側に書くようにします。

▶▶▶ デフォルト値が適用される場合

ここでひとつ注意が必要です。引数のデフォルト値が適用されるのは、何も引数を渡すのを省略した場合だけではありません。undefinedを値として引数に渡した場合も適用されます。それが、リスト8-6の❷です。❷の関数呼び出し部分では第1引数にundefinedを渡しています。第2引数は「美奈子」という文字列で、第3引数は省略しています。この場合、undefinedを渡した第1引数と省略した第3引数にデフォルト値が適用されます。実行結果からもそのことが読み取れるでしょう。

8-2-3 可変長引数 IE

引数に関してのバリエーションの第二弾として、可変長引数を扱います。これもサンプルで見ていきましょう。リスト8-7のvariableLengthArgs.jsを作成してください。

リスト8-7：variableLengthArgs.js IE

```
function concatenate(...name) {  ←❶
    let concatenatedName = "";  ←❷
    for(let i = 0; i < name.length; i++) {  ←❸
        concatenatedName += name[i];  ←❹
        if(i != name.length - 1) {
            concatenatedName += "・";  ←❺
        }
    }
    return concatenatedName;  ←❻
}

let lName = "中田";
let fName = "雄二";
let name1 = concatenate(fName, lName);  ←❼
console.log("結合結果: " + name1);
let picasso = concatenate("パブロ", "ディエゴ", "ホセ", "フ ⇒
ランシスコ", "デ", "パウラ", "ファン", "ネポムセーノ", "マリア", " ⇒
デ", "ロス", "レメディオス", "シプリアノ", "デ", "ラ", "サンティシ ⇒
マ", "トリニダード", "ルイス", "ピカソ");  ←❽
console.log("ピカソの本名: " + picasso);
```

実行結果は以下の通りです。

```
結合結果: 雄二・中田
ピカソの本名: パブロ・ディエゴ・ホセ・フランシスコ・デ・パウラ・ファン・ネ
ポムセーノ・マリア・デ・ロス・レメディオス・シプリアノ・デ・ラ・サンティシ
マ・トリニダード・ルイス・ピカソ
```

▶▶▶ 引数の個数を固定しない

リスト8-7の関数concatenate()は、引数で渡された名前を「・」で結合させた文字列を生成する処理を行っています。その関数を利用する実行部分で、❼では2個の引数を、❽では19個の引数を渡しています。JavaScriptは引数の個数をチェックしませんので、2個でも19個でもエラーにはなりません。ただし、8-2-1項で解説したように、引数として渡される値が想定よりも少ない場合はundefinedが格納されてしまいます。一方、多い場合は、8-2-1項のCOLUMNにあるように、無視されてしまいます。ところが、リスト8-7のように、たとえ引数として渡される値が何個であろうと、それらの値すべてを利用したい場合があります。そのときに有効なのがリスト8-7の❶の引数の記述です。引数名の前に「...」と、ドット3個が記述されています。この記述方法を**可変長引数**といい、引数の個数をあらかじめ決めない方法です。

構文 可変長引数

```
function 関数名(...引数)
```

▶▶▶ 可変長引数は関数内では配列

その可変長引数の関数内での扱いについては、配列として扱います。配列ですので、nameをループ処理できます。それが❸であり、このループ内で各要素を文字列結合しています。それが❹です。ただし、変数のスコープの関係上、結合された文字列を格納する変数を、あらかじめループブロック外で用意しておく必要があります（6-3-3項参照）。それが❷です。

ローカルスコープとグローバルスコープ

3-2-1項のCOLUMNにもあるように、ES2015以前は、変数宣言としてletではなくvarを使っていました。このvarで宣言された変数の場合、変数のスコープがブロック単位ではなく、関数の中か外かという2種類のスコープでした。関数の中のみのスコープを**ローカルスコープ**といい、このスコープの変数を**ローカル変数**といいます。一方、関数の内外を問わず有効な変数のスコープを**グローバルスコープ**といい、このスコープの変数を**グローバル変数**といいます。

どうでもいいですけど、ピカソの本名って、こんなに長いのですね。

あたしもびっくりした。知っていたのって、「パブロピカソ」だけだもん。

長いでしょ？こういうときに可変長引数は便利だね。

確かに、引数の個数を決めないって、逆転の発想ですね。

そうね。もちろん、すべての関数を可変長引数にする必要はないし、リスト8-5みたいにひとつずつ引数を記述することの方が普通だよ。でも、リスト8-7のように、本当に引数の個数を決めようがない関数を作る場合は、この可変長引数というのは有効ね。ところで、ナオキくん、リスト8-7の❺の処理って、何しているかわかる？

ちょうどそこを質問しようとしていたんです。ここがわかりにくくて。

❺は名前の間に埋め込んでいる「・」を最後に付けないようにしている処理だよ。

▶▶▶ ループの最後だけ処理をしない

リスト8-7のconcatenate()は名前を「・」で結合する処理なので、ループ内は本来なら、

concatenatedName += (name[i] + "・");

と記述したいところです。そうすることで、例えば、「パブロ・」の次に「ディエゴ・」が結合され、その次に「ホセ・」が結合され、…と繰り返されていきます。ただ、その場合、問題がひとつあります。一番最後にも「・」が結合されてしまうことです。そうなると、でき上がった文字列は、

パブロ・ディエゴ・ホセ・…ピカソ・

のようになってしまいます。この最後の「・」は不要です。人間の発想では、

最後だけ「・」を記述しない

と思いつくかもしれませんが、この「最後だけ○○しない」というのは実はプログラムでは書きにくいのです。そこで、逆転の発想として「最後以外○○する」とします。ループの最後というのは、変数iが配列の要素数-1の場合です。ここから、

if(i != name.length -1)

が「最後以外」を表します。この場合だけ「・」を文字列結合する処理をifブロック内に記述しています。

[8-2-4 引数の展開 IE]

引数に関してのバリエーションの第三弾は、引数展開です。可変長引数では引数の定義側に「...」が記述されていましたが、今度は引数を渡す側が「...」を記述します。サンプルで見ていきましょう。

リスト8-8のthreeDotsToken.jsを作成してください。なお、❶の関数部分はリスト8-6と同じです。

リスト8-8：threeDotsToken.js IE

```
function concatenate(lastName = "", firstName = "",⇒
space = "") {
    return lastName + space + firstName;
}

let nameParam1 = ["中田", "雄二", "・"];
let name1 = concatenate(...nameParam1);
console.log("・で結合: " + name1);
let nameParam2 = ["中田", "雄二"];
let name2 = concatenate(...nameParam2);
console.log("空文字で結合: " + name2);
```

❶〜❺は上のコードの該当行を指す注記（❶は関数定義部分全体、❷〜❺は「let」で始まる行に順に対応）。

実行結果は以下の通りです。

```
・で結合: 中田・雄二
空文字で結合: 中田雄二
```

リスト8-8の❶の関数部分はリスト8-6と同じですので、3個の引数が記述されています。それぞれデフォルト値も設定されています。ここで注目するのは実行部分、特に、リスト8-8の❸や❺の関数を呼び出している部分の引数の記述です。通常、こういう関数の場合は、リスト8-6のように

concatenate(lName, fName, " ");

と3個の引数をそれぞれカンマ区切りで記述します。ところが、リスト8-8では❷でこの3個の引数をあらかじめ配列として用意し、それを❸で引数として渡しています。このとき、以下のようにそのまま記述したのでは、配列nameParam1は単に第1引数として扱われてしまいます。

concatenate(nameParam1)

この引数に記述された配列の各要素を各引数に展開してくれるのがドット3個の働きです（図8-4）。

図8-4：リスト8-8の引数の展開

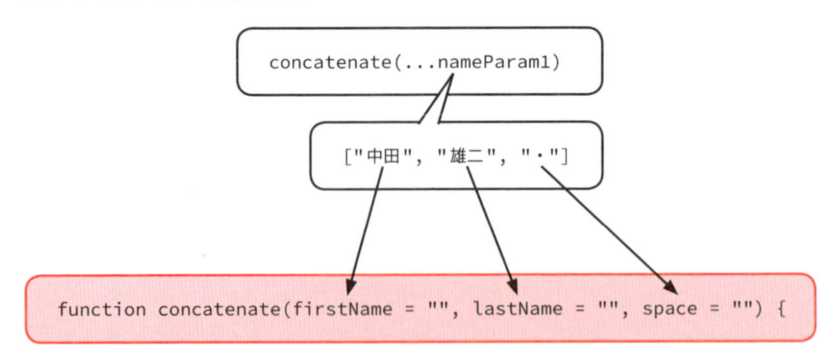

図8-4の動きが理解できると、リスト8-8の❹で用意した配列の要素数が2個のnameParam2を引数として渡した❺の動きも理解できると思います。第3引数が省略されているので、デフォルト値が使われています。

ドット3個にはこういう使い方もあるのですね。

ただ、この書き方が可読性が高いかどうかというと疑問があるわ。やはり可能ならバラバラで()内に記述したいわね。

確かに、わざわざ配列にするだけソースの行数も増えますしね。

でも、使いどころもあるよ。例えば、他の関数内で配列が生成されて、その戻り値をそのまま渡したい場合、リスト8-8でいうなら、nameParam1がほかの関数内で生成される場合ね。そういうときは、いちいち配列内の値をばらさなくても、ドット3個を書くだけで自動でばらしてくれるから。要は使いどころ。

8-3 関数式

ここまで紹介してきた関数は、何か固定された定義がどこかにあって、それをまた別のところから利用するようなイメージです。ここからは関数がより柔軟に利用できるようになる仕組みを紹介していきます。ポイントは、JavaScriptでは関数もひとつのデータ型として扱える、ということです。順に見ていきましょう。

ポイントはこれ！

- ✓ 関数そのものをひとつの値、データとして扱える
- ✓ 関数そのものを格納した変数や配列が作れる
- ✓ 関数そのものを引数にすることができる。これをコールバック関数という
- ✓ 引数や変数に直接関数定義を記述したものを無名関数という
- ✓ コールバックと無名関数は相性抜群

8-3-1 関数そのものが値

JavaScriptでは関数もひとつのデータ型として扱える、というのはどういうことでしょうか？まず、そのイメージを持ってもらうためのサンプルを用意しました。リスト8-9のfunctionExpression.jsを作成してください。

リスト8-9：functionExpression.js IE

```
function concatenateSpace(lastName, firstName) {   ←❶
    return lastName + " " + firstName;
}

function concatenateDot(lastName, firstName) {   ←❷
    return lastName + "・" + firstName;
}

let lName = "中田";
let fName = "雄二";
let funcList = [concatenateSpace, concatenateDot];   ←❸
for(let func of funcList) {   ←❹
    let name = func(lName, fName);   ←❺
    console.log("結合結果: " + name);   ←❻
}
```

実行結果は以下の通りです。

```
結合結果: 中田 雄二
結合結果: 中田・雄二
```

え？え？何なのですか？この処理？これ、どうやって動いているんですか？

ふふふ。

❶と❷の関数の定義はわかります。これは今までやってきましたから。そのあとの名前の変数を宣言しているところもわかります。❸からさっぱりわかりません。

ふふふ。

❸の配列って、なんの配列なのですか？各要素がダブルクォーテーションで囲っていたら文字列の配列ってわかるのですけど、そうなっていませんし。

ふふふ。

先生！にやにやしていないで、説明してあげましょうよ。

はいはい。ポイントは、JavaScriptでは関数もひとつのデータ型ということね。

▶▶▶ 関数そのものを格納した配列

ナオキくんが悩んだように、リスト8-9では❸の配列がひとつのポイントです。ここが、例えば、

let funcList = ["concatenateSpace", "concatenateDot"];

のように記述されていれば、それは文字列の配列とわかります。しかし、ここでは、ダブルクォーテーションで囲まれていません。実は、これは、「関数そのもの」を格納した配列なのです。JavaScriptでは、関数そのものもひとつの値、データとして扱うことができるのです。❸の配列funcListの1個目の要素には❶の関数そのものが、2個目の要素には❷の関数そのものが格納されているのです（図8-5）。

図8-5：関数そのものを格納した配列

```
function concatenateSpace(lastName, firstName) {
   return lastName + " " + firstName;
}
```

```
let funcList = [concatenateSpace, concatenateDot];
```

```
function concatenateDot(lastName, firstName) {
   return lastName + " " + firstName;
}
```

▶▶▶ ループでは関数そのものを取り出して実行

このことが理解できると、❹のループでどういった処理が行われているかも理解できると思います。funcListは関数そのものが格納された配列ですので、❹のループではそれをひとつずつ取り出して処理します。取り出したものを格納している変数がfuncです。ということは、この変数funcも関数そのものです。関数そのものを変数として扱えるのです。ですので、❺のように後ろに()を付けて、その中に引数を記述することで問題なく実行できるのです（図8-6）。❺ではその実行結果を変数nameに代入して、❻でそれを表示しています。

図8-6：funcListとfuncの関係

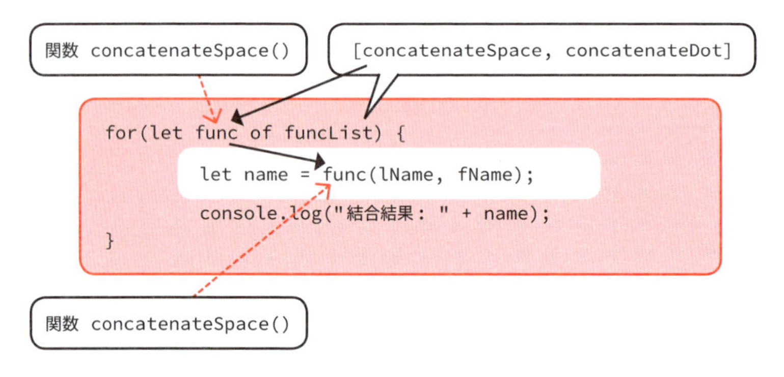

このように、関数そのものをひとつの値、データとして扱えること、これが、「JavaScriptでは関数もひとつのデータ型」の意味するところなのです。

ひゃー!! 関数そのものを値として扱えるのですね！

そのおかげで、JavaScriptではすごく柔軟な書き方ができるよ。

8-3-2 コールバック関数

関数がひとつの変数になれることが理解できたのなら、その延長で関数を引数として渡せることも想像できると思います。サンプルを見てみましょう。リスト8-10のcallbackFunction.jsを作成してください。なお、❶の関数はリスト8-9と同じです。

リスト8-10：callbackFunction.js IE

```
function concatenateSpace(lastName, firstName) {   ←❶
    return lastName + " " + firstName;
}

function useConcatenate(name, func) {   ←❷
    let concatName = func(...name);   ←❸
    console.log("結合結果: " + concatName);
}

let nameParam = ["中田", "雄二"];
useConcatenate(nameParam, concatenateSpace);   ←❹
```

実行結果は以下の通りです。

```
結合結果: 中田 雄二
```

▶▶▶ コールバック関数とは

リスト8-10の❶のconcatenateSpace()はリスト8-9と同じですので問題ないでしょう。ここでのポイントは❷のuseConcatenate()関数です。特に第2引数のfuncの扱いです。関数内の❸で、このfuncを以下のように関数として扱っています。

func(...name);

つまりuseConcatenate()関数では、そもそも変数化された関数が第2引数として渡されることを想定しているのです。このような関数の使い方を**コールバック関数**といいます。コールバック関数が使われている関数を利用するには、❹のようにその引数部分に関数名を渡します。関数名といっても、文字列で渡すのではなく、8-3-1項で関数そのものを格納した配列を作成した場合と同じように、ダブルクォーテーションなしで関数名を記述します（図8-7）。

図8-7：リスト8-10のfuncの使われ方

```
function concatenateSpace(lastName, firstName) {
   return lastName + " " + firstName;
}
```

```
useConcatenate(nameParam, concatenateSpace);
```

```
function useConcatenate(name, func){
      let concatName = func(...name);
      console.log("結合結果： " + concatName);
}
```

関数 concatenateSpace()

関数 concatenateSpace()

引数に関数そのものを渡すんですか！でも、もう驚きません。変数に関数そのものを格納できるなら、引数もありですから。

お？やるじゃない。

でも、このコールバック関数、どういったところにメリットがあるのですか？

それは、JavaScriptにはこういったコールバック関数を前提にして作られた仕組みがあるからよ。例えば、配列にはforEach()という機能があるの。これは、配列の各要素に処理を加えてくれる仕組みだけど、その処理内容を関数にして引数として渡すのよ。

例を見てみようか。

▶▶▶ コールバック関数の利用

リスト8-11のforEachCallback.jsを作成してください。

リスト8-11：forEachCallback.js

```
function printElement(currentValue, index, array) {   ←❶
    console.log((index + 1) + "個目の値: " + currentValue);   ←❷
}

let list = [2, 7, 66, 4, 9];
list.forEach(printElement);   ←❸
```

実行結果は以下の通りです。

```
1個目の値: 2
2個目の値: 7
3個目の値: 66
4個目の値: 4
5個目の値: 9
```

先の会話の中でユーコさんが話をしていたforEach()というのは、リスト8-11の❸です。今までさんざん利用してきた配列ですが、実は、.forEach()と記述することで、自動でループしながら配列内の各要素に処理を加えることができます。この引数としてコールバック関数を渡します。構文としては以下のようになります。

構文 forEach()

```
配列.forEach(callback)
    callback：配列を処理するための関数
```

forEach()の引数のcallback関数には以下の3個の引数を記述します。

- 第1引数currentValue：現在処理されている要素
- 第2引数index：現在処理されている要素のインデックス
- 第3引数array：配列そのもの

リスト8-11では❸のforEachで配列の各要素に処理を加えるコールバック関数を❶で定義し、その関数名printElementを引数として渡しています。printElement()関数内では、単に各要素を表示しているだけです。JavaScriptでは、このようにコールバック関数を前提とした仕組みが多々あります。

8-3-3 無名関数

ここで紹介したコールバック関数をもう一段階進めます。リスト8-11では、コールバック関数であるprintElement()を別で定義していました。ここで、このChapterの最初、8-1-1項で説明した関数のそもそもの意義を思い出してください。それは、処理の再利用です。ところが、ここで記述したprintElement()は他で何度も利用されそうなものなのでしょうか。コールバック関数は、その性質上、再利用されずにその場1回限りのことが多いです。その場合、関数定義の形で別で記述する必要性が薄れてきます。そこで、リスト8-12のanonymousFunction.jsのような記述を利用します。このファイルを作成してください。

リスト8-12：anonymousFunction.js

```
let list = [2, 7, 66, 4, 9];
list.forEach(  ←❶
    function(currentValue, index, array) {
        console.log((index + 1) + "個目の値: " + current⇒
Value);
    }                                              ←❷
);  ←❸
```

実行結果はリスト8-11と同じです。

リスト8-12の❶のforEach()を呼び出しているところはリスト8-11と同じです。違うのは、forEach()の引数です。リスト8-11では別で定義した関数名を記述しましたが、リスト8-12では、その部分に直接関数定義を記述しています（図8-8）。

図8-8：リスト8-12では引数内に直接関数定義を記述

```
list.forEach(…);
```

```
function(currentValue, index, array) {
   console.log((index + 1) + "個目の値: " + currentValue);
}
```

ここで、直接定義が記述された関数、つまり、❷を見てください。functionは書かれていますが、関数名がありません。functionに続けてすぐに引数部分が記述されています。このように、引数や変数に直接関数定義を記述する場合は関数名が不要であり、このような関数のことを**無名関数**、あるいは、**匿名関数**といいます*。

*）無名も匿名も英語のanonymousの訳語です。

本当だ！名前がない！まさに無名ですね！そういった場合は、function()という形になるんですね。

そうね。JavaScriptでは、この無名関数はよく使うのよ。

そうなんですか？

そうよ。

先にユーコさんがJavaScriptはコールバック関数を前提にした仕組みが多々あると言ったよね。ということは、そのコールバックと相性のいい無名関数は非常によく登場するんだ。

JavaScriptのサンプルソースコードで、高度なのを見ていくと、function()という記述が至るところに登場するわ。場合によっては、無名関数の中に無名関数を入れて、とどんどん入れ子にしたものも見るわね。

ひゃ〜。難しそう。

もちろん、8-3-2項で解説したように、通常の関数を定義してその関数名を渡してもいいのだけど、もともとコールバックは一度きりの使い捨て関数を前提に設計されているから、やっぱり無名関数を使うことになるね。最初は難しく感じるけど、徐々に慣れていってね。

はい！

CHAPTER 9

オブジェクト指向JavaScript

Chapter 8では、関数を扱いました。関数によって処理の再利用が可能となります。その関数は、実行部分で処理とデータを結び付ける必要がありました。そのデータと処理をワンセットで扱える仕組みがJavaScriptにはあります。このChapterではその仕組みを学びましょう。

9-1 オブジェクトとクラス IE

JavaScriptでデータと処理をワンセットとして扱える仕組みは、オブジェクトといいます。関数の復習から始めて、オブジェクトとは何かを学んでいきましょう*。

ポイントはこれ！

- ✓ クラスとオブジェクトを使うと、異なった種類のデータをまとめて扱える
- ✓ オブジェクト（クラス）内のデータをプロパティという
- ✓ クラスはclassで宣言する
- ✓ クラス内にconstructor(){}ブロックを作り、その中にプロパティを宣言する
- ✓ クラスをnewするとオブジェクトが作られる
- ✓ クラスとオブジェクトの関係は、クッキーの型とクッキーの関係

9-1-1 関数の復習

関数の復習から始めましょう。

まず、Chapterが新しくなりましたので、このChapter用のフォルダ「chap09」をjssamplesフォルダ内に作成し、リスト9-1のcalcTestScore.jsを作成してください。

*）このChapterで解説する内容はすべてIEではサポートされていません。したがって、リスト9-1以外のサンプルをIEで動作させる場合には、Babelでの変換が必要です。

リスト9-1：calcTestScore.js

```
function printScore(name, english, math, japanese) {←1-1
    let sum = english + math + japanese;  ←1-2
    let ave = sum / 3;  ←1-3
    console.log(name + "さんの合計: " + sum + " 平均: ⇒
" + ave);  ←1-4
}

let taroName = "たろう";
let taroEnglish = 92;
let taroMath = 87;           ←2-1
let taroJapanese = 74;
printScore(taroName, taroEnglish, taroMath, taro ⇒
Japanese);  ←2-2

let hanakoName = "はなこ";
let hanakoEnglish = 79;
let hanakoMath = 95;          ←3-1
let hanakoJapanese = 83;
printScore(hanakoName, hanakoEnglish, hanakoMath, hana⇒
koJapanese);  ←3-3
```


実行結果は以下の通りです。

```
たろうさんの合計: 253 平均: 84.33333333333333
はなこさんの合計: 257 平均: 85.66666666666667
```

▶▶▶ やはり面倒なソースコード

これは、たろうさんとはなこさんの英数国の各教科テストの合計と平均を計算し、表示するプログラムです。ソースコードの内容は復習となるので、難しいところは何もないと思います。

❶が各教科の合計と平均を計算し、表示する関数です。1-1を見てもわかるように、引数として名前と英数国の点数を受け取るようになっています。1-2では

引数でもらった英数国の点数の合計を計算しています。1-3ではその合計点をもとに平均点を計算しています。1-4で引数の名前とともに計算結果を表示しています。

この関数を利用しているのが2-2と3-3です。事前にこの関数に渡す引数を用意しています。2-1がたろうさんのデータ、3-1がはなこさんのデータです。

9-1-2 オブジェクトの登場

リスト9-1の感想をナオキくんに聞いてみましょう。

オヤクソクだけど、入力していて、どう思った？

このところ、このパターンで始まってますね（笑）。返事もオヤクソクで、めんどくさかったです。

（笑）。確かに、パターンになっているわねえ。でも、ほら、「失敗は成功のもと」というじゃない？

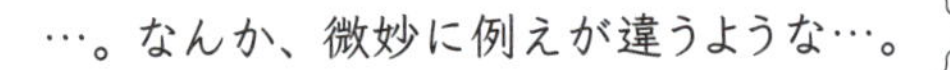

（笑）。確かに、この場合、「失敗」というには少し違うかもね。ただ、このように一度はめんどくさいところを味わっておくと、その解決策の意義がより理解できると思うからね。配列も、関数もそうだったから、ここでも一度めんどくさい方法を味わってもらったわけ。さあ、どこがめんどくさかった？

2-1 と 3-1 ですね。名前と英数国の点数データを用意するのに、いちいち変数を宣言していますから。でも、これって、配列を使えば解決できそうなので、新しいことを学ぶようには思えないのですけど。

なかなかいいセンいってるじゃない？

うん。配列を使えば、少し見通しがよくなるね。ただ、もうひとつ踏み込んで考えてみよう。

▶▶▶ データがワンセットとして扱われていない

リスト9-1の 2-1 や 3-1 で用意しているのは、たろうさんの名前と英数国の点数です。同様にはなこさんの名前と英数国の点数です。名前と英数国の点数というのはバラバラで存在するデータではなく、これらがワンセットとしてたろうさんのデータであり、はなこさんのデータです。リスト9-1では、これら本来ワンセットでなければならないデータがバラバラの変数として記述されています。これらの変数を本来のワンセットのカタマリとして記述できれば理想的です。

▶▶▶ 配列では難しい点

データをワンセットとして扱おうと考えると、これまでの知識ではナオキくんが考えたように配列がまず思い浮かぶと思います。例えば、たろうさんでは、以下のように記述します。

```
let taroScore = ["たろう", 92, 87, 74];
```

一見、これでもよさそうですが、この問題点は、どのデータが何を表すかがわからないということです。例えば、taroScore[2]は87ですが、この87が何の点を表すのかは何か別の情報、例えば、設計資料などがないとわかりません。これは、配列の性質を考えると当たり前です。

そもそも、配列というのは「同種のデータ」をまとめてひとつの変数として扱えるものです。例えば、「学生30人の数学の点数」ならば、同じ数学の点数という「同種のデータ」と言え、配列が適しています。一方で、リスト9-1で扱おうとしているデータは、たろうさんという一人の学生の名前と英数国の点数という、「異種のデータ」です。

▶▶▶ 異種のデータをまとめるオブジェクト

そういった異種のデータをひとつのカタマリとしてまとめて扱える方法がJavaScriptには用意されています。それが、**オブジェクト**です（後述するように、オブジェクトの役割はそれだけではありません）。そして、そのオブジェクトを生成する仕組みとして**クラス**というものがあります。

9-1-3 クラスの作り方

実際にソースコードでクラスとオブジェクトを見ていくことにしましょう。リスト9-2のcalcTestScoreWithClass.jsを作成してください。なお、❷の関数printScore()はリスト9-1と同じものです。

リスト9-2：calcTestScoreWithClass.js IE

```
class TestScore {
    constructor() {
        this.name = "";
        this.english = 0;
        this.math = 0;
        this.japanese = 0;
    }
}

function printScore(name, english, math, japanese) {
    let sum = english + math + japanese;
    let ave = sum / 3;
    console.log(name + "さんの合計: " + sum + " 平均: ⇒
" + ave);
}

let taro = new TestScore();
taro.name = "たろう";
taro.english = 92;
taro.math = 87;
taro.japanese = 74;
printScore(taro.name, taro.english, taro.math, taro.⇒
japanese);

let hanako = new TestScore();
hanako.name = "はなこ";
hanako.english = 79;
hanako.math = 95;
hanako.japanese = 83;
printScore(hanako.name, hanako.english, hanako.⇒
math, hanako.japanese);
```

(注記: 1-1 クラス定義全体、1-2 constructor、1-3 プロパティの初期化、2 printScore関数、3-1 / 4-1 インスタンス生成、3-2 / 4-2 プロパティ設定、3-3 / 4-3 printScore呼び出し)

実行結果はリスト9-1と同じです。

リスト9-2の❶の部分がクラスを定義しているコードです。この部分のコードを説明していきますが、その前に、用語をひとつ紹介しておきます。これまで、名前と英数国の点数はそれぞれバラバラの変数でした。クラスを作成すると、これらバラバラの変数をクラスの中にまとめることができ、ひとつのデータのカタマリとして扱えるようになります。このクラスの中の変数を**プロパティ**といいます。

さて、その**クラス**の定義ですが、以下の手順で行います。

[1] クラス全体を波かっこ{}ブロックで囲み、そのブロックの前に以下の記述を付記する。

```
class クラス名
```

リスト9-2では 1-1 が該当します。ここでのクラス名はTestScoreです。クラス名はアルファベットの大文字で始めるキャメル記法（アッパーキャメル記法）で記述します（3-2-1項参照）。これが、クラスブロックとなります。

[2] クラスブロック内に以下のブロックを記述する。

```
constructor() {}
```

リスト9-2の 1-2 が該当します。constructorが何かは9-3-1項で解説します。

[3] constructorブロック内に以下の書式でプロパティを設定する。

```
this.プロパティ名 = 初期値;
```

リスト9-2の 1-3 が該当します。ここでは、名前を表すnameを初期値空文字("")で、英数国の点数を表すenglish、math、japaneseを初期値0でプロパティとして設定しています。

図9-1：リスト9-2でのクラス定義の手順

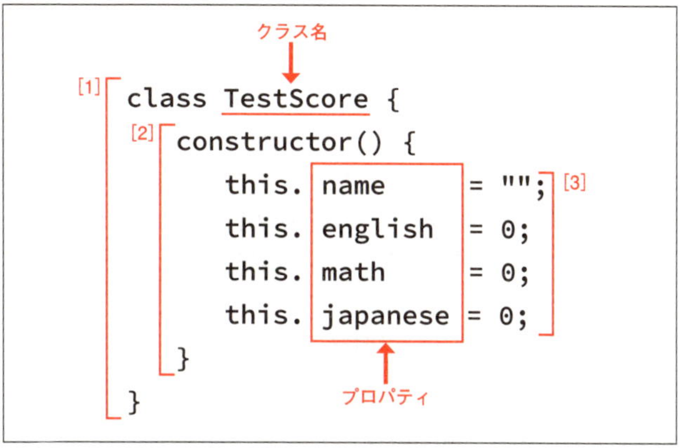

```
[1] class TestScore {          ← クラス名: TestScore
[2]   constructor() {
        this.name     = "";     [3]
        this.english  = 0;
        this.math     = 0;
        this.japanese = 0;
      }                         ↑ プロパティ
    }
```

以上を構文としてまとめると以下のようになります。

構文 クラスの定義とプロパティの設定

```
class クラス名 {
   constructor() {
      this.プロパティ名 = 初期値;
      :
   }
}
```

[9-1-4 オブジェクトの生成方法]

クラスを定義することで、今までバラバラだった変数がプロパティという形でひとつにまとまりました。次に、このクラスの使い方を説明します。リスト9-2では❸と❹が該当します。

クラスの使い方は以下の通りです。

[1] クラスをnewしてそれを変数に格納する

3-1や4-1が該当します。構文としては以下のようになります。

構文 オブジェクト生成

```
オブジェクトを格納する変数 = new クラス名();
```

詳細は後述しますが、この**クラス名()**の前に**new**を記述することで生成されたものを**オブジェクト**といいます。つまり、3-1や4-1はTestScoreオブジェクトを生成するコードなのです。そして、taroやhanakoは生成されたオブジェクトを格納した変数です。

[2] オブジェクト内のプロパティを利用するには「.」(ドット)でつなぐ

3-2や4-2の「taro.name」のような記述が該当します。これは、「taroオブジェクトの中のnameプロパティ」という意味になります。これでひとつの変数として扱えるので、この「taro.name」に対して値を代入することもできますし、その値を利用することもできます。リスト9-2では3-2や4-2が値の代入を行っています。一方、3-3や4-3が格納された値を利用しています。つまり、オブジェクト内のプロパティも、通常の変数と同様に扱えます。

なお、このプロパティに代入したりプロパティの値を参照したりすることを、通常の変数同様に「アクセスする」という用語を使っていきます。

9-1-5 クラスとオブジェクトの関係

ここまでクラスの作り方、使い方を説明してきましたが、これはあくまで手順です。では、実際にクラスをnewしてオブジェクトを生成するというのはどういった処理なのでしょうか。ここではそのイメージをつかんでもらおうと思います。図9-2を見てください。

図9-2：クラスとオブジェクトの関係

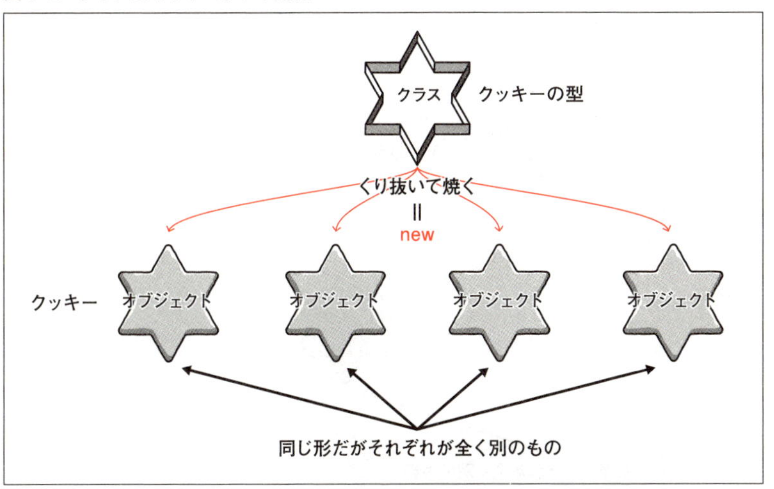

クラスというのは、クッキーの型のようなものです。そして、この型で生地をくり抜いてオーブンで焼く作業、つまりクッキーそのものを生成するのが「new」というキーワードで、焼きあがったクッキーそのものがオブジェクトです。ここで大切なのは、焼き上がったクッキーは皆、同じ形をしています。しかし、それぞれが全く別のものであるということです。同様に、オブジェクトもクラスをもとに生成されるので同じようなものに見えますが、それぞれが全く別のものなのです。

リスト9-2では 3-1 で「new TestScore()」とすることでTestScore型のクッキー、つまりオブジェクトが生成され、それをtaroで表しています。同様に、 4-1 で生成されたオブジェクトは同じTestScore型ですが、taroとは全く別のものであり、それをhanakoで表しています（図9-3）。

図9-3：TestScoreとtaroとhanakoの関係

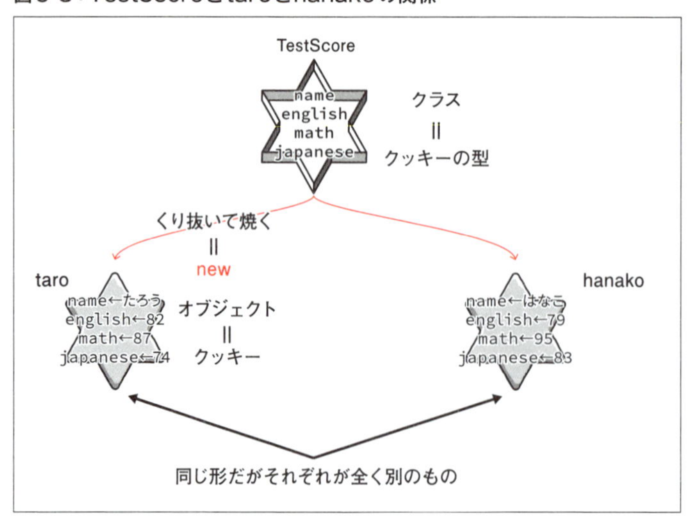

このように同じ形でありながら、全く別のものとして扱えるので、それぞれにたろうさんのデータ、はなこさんのデータという別々のデータを保持できるのです。

なるほど！クッキーの型とクッキーの関係なのですね！

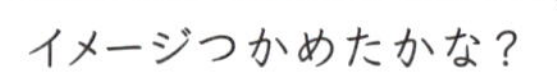

はい！イメージはつかめました。プロパティという形で異なった種類のデータがひとつにまとまるのもわかりました。でも、いまいち、このよさがわからないです。

というと？

例えば、関数を教わったときというのは、明らかにコード量が減ったじゃないですか。でも、今回は、オブジェクトを導入しても全然コードがすっきりしないです。

もっともな意見だね。じゃあ、これから少しずつそのあたりを解決していこうか。

9-1-6 関数の引数をオブジェクトにする

リスト9-2のソースコードをすっきりさせる改造の第一弾として、関数printScore()へのデータの渡し方を変えてみます。リスト9-2では、せっかく各データをオブジェクト内にまとめて格納したのにもかかわらず、もう一度そこから取り出して関数printScore()に渡しています（図9-4）。

図9-4：せっかくデータをまとめたのにもう一度バラバラに取り出している

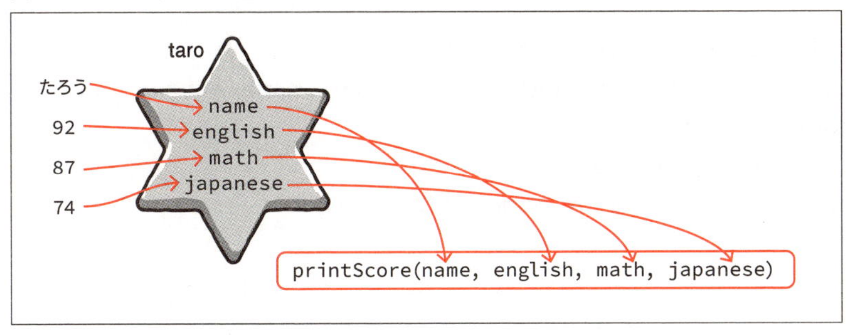

せっかくデータをまとめるオブジェクトがあるので、関数にはこれをそのまま渡して処理してほしいところです。

図9-5：オブジェクトごと関数に渡す

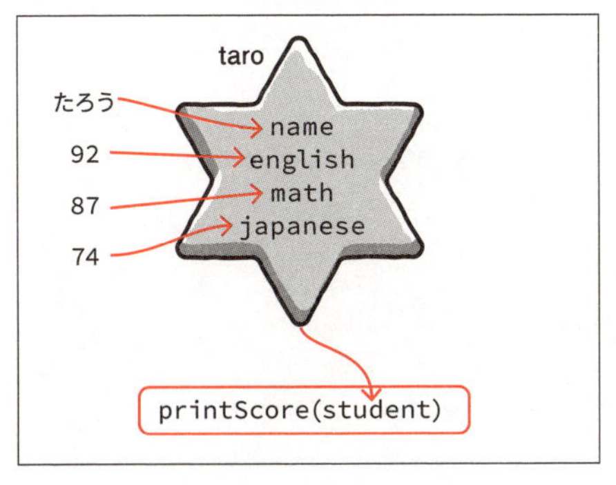

リスト9-2をそのように改良したリスト9-3のcalcTestScoreWithClass2.jsを作成してください。なお、リスト9-2から変更された部分は太字の行のみです。

リスト9-3：calcTestScoreWithClass2.js IE

```
class TestScore {
    constructor() {
        this.name = "";
        this.english = 0;
        this.math = 0;
        this.japanese = 0;
    }
}

function printScore(student) {   ←❶
    let sum = student.english + student.math + student.⇒
japanese;   ←❷
    let ave = sum / 3;
    console.log(student.name + "さんの合計: " + sum + " 平均:⇒
" + ave);
}

let taro = new TestScore();
taro.name = "たろう";
taro.english = 92;
taro.math = 87;
taro.japanese = 74;
printScore(taro);   ←❸

let hanako = new TestScore();
hanako.name = "はなこ";
hanako.english = 79;
hanako.math = 95;
hanako.japanese = 83;
printScore(hanako);   ←❹
```

実行結果はリスト9-2と同じです。

大きく変わったところは、関数printScore()の引数がオブジェクトひとつになったところです（リスト9-3の❶）。それに伴って、関数内で引数のオブジェクトから各プロパティを「student.english」のように取得しています（リスト9-3の❷）。また、❸や❹のように、関数を利用するところではデータが格納されたオブジェクトをそのまま渡しています。

これで、少しはすっきりしました。この続きは次節で行っていきます。

9-2 データと処理がワンセット IE

データをまとめる方法としてクラスとオブジェクトを導入しました。実は、このクラスとオブジェクトの役割は、データをまとめるだけではありません。ここからは、その点を見ていきましょう。

ポイントはこれ！

- ✓ クラス(オブジェクト)の中に処理を含めることができる
- ✓ この処理をメソッドという
- ✓ メソッドへのアクセスもドットを使う
- ✓ thisは自分自身のオブジェクトを指す
- ✓ メソッドは複数記述できる
- ✓ データと処理がワンセットのオブジェクト指向プログラミングは便利
- ✓ JavaScriptのソースコードはファイルを分割して、それぞれ読み込ませることで実行可能
- ✓ ファイル分割したjsファイルの読み込み順には注意しよう

9-2-1 クラスとオブジェクトには処理を含められる

リスト9-3で関数の引数をオブジェクトにし、複数のデータをまとめて渡すことで少しすっきりしました。しかし、まだ無駄があります。それは「オブジェクトへデータを格納すること」「データを処理してもらう関数にデータが格納されたオブジェクトを渡すこと」の2つ、つまり、データと処理を結び付けるのを実行部分で行っていることです。

図9-6：データと処理を実行部分で結び付けている

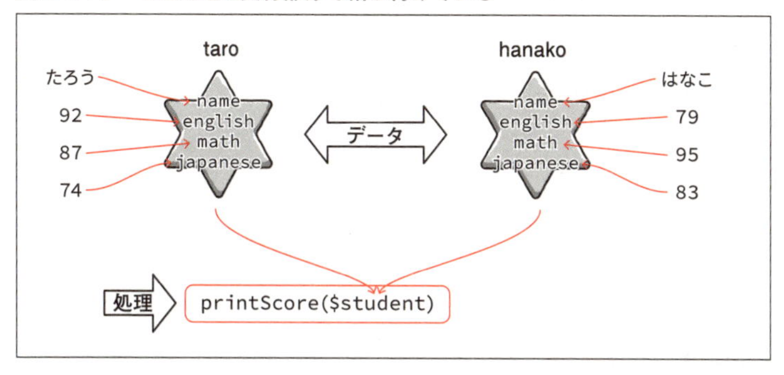

どうせオブジェクト内のデータを使って処理を行うのなら、処理そのものをオブジェクト内に含められればすべてがオブジェクト内で完結し、便利です。

図9-7：オブジェクト内に処理を含める

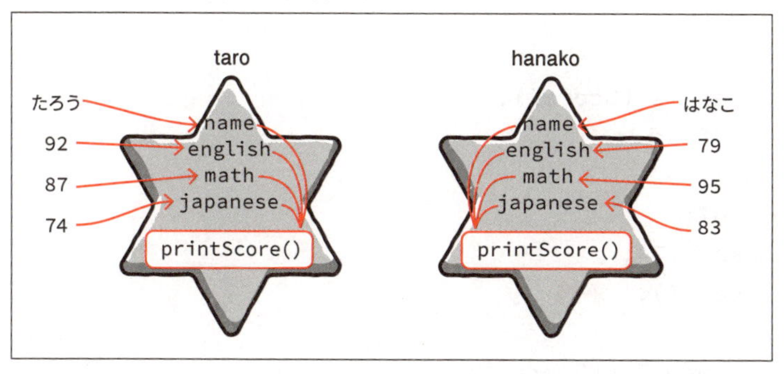

では、TestScoreクラスをそのように改良したリスト9-4のcalcTestScoreWithMethod.jsを作成してください。なお、リスト9-3から変更された部分は太字の行です。

リスト9-4：calcTestScoreWithMethod.js IE

```
class TestScore {
    constructor() {
        this.name = "";
        this.english = 0;
        this.math = 0;
        this.japanese = 0;
    }

    printScore() {  ←1-1
        let sum = this.english + this.math + this. ⇒
japanese;  ←1-2
        let ave = sum / 3;
        console.log(this.name + "さんの合計: " + sum + " 平均: ⇒
" + ave);  ←1-3
    }
}

let taro = new TestScore();
taro.name = "たろう";
taro.english = 92;
taro.math = 87;
taro.japanese = 74;
taro.printScore();  ←2

let hanako = new TestScore();
hanako.name = "はなこ";
hanako.english = 79;
hanako.math = 95;
hanako.japanese = 83;
hanako.printScore();  ←3
```

実行結果はリスト9-3と同じです。

▶▶▶ クラス内の処理はメソッド

クラス（オブジェクト）にはデータと処理を一緒に含めることができます。リスト9-4では、リスト9-3までは関数として記述していた、合計値と平均値を表示する処理がクラスの中に書かれています。それが、1-1のブロックです。関数として処理を記述する場合は、functionを使いました。しかし、1-1を見てもわかるように、クラスの中に処理を含める場合は、このfunctionは不要となります。それ以外は、通常の関数と同様の記述ができます。引数をとることもできますし、戻り値を記述することもできます。

ところで、データはプロパティという名称でした。同じように、処理もクラスの中に記述すると名称が変わり、関数とはいわず、**メソッド**といいます。そして、プロパティとメソッドを合わせて**メンバ**といいます。

▶▶▶ クラスの形

ここまで学んだ内容を構文としてまとめると、以下のようになります。なお、メソッドは複数記述できます。

構文 クラスの形

```
class クラス名 {
  constructor() {
    this.プロパティ名 = 初期値;
    :
  }

  メソッド名(引数) {
    処理;
  }
    :
}
```

▶▶▶ クラス内ブロックの記述順序は不問

ところで、プログラムでは、記述した順序通りに処理されることはこれまでの解説で理解していると思います。したがって、実行部分や関数内ではソースコードの記述順序は大切です。これはメソッド内でも同じです。

ところが、クラス内のメンバ同士の記述順序は不問です。例えば、リスト9-4は以下のように記述しても問題なく動作します。

```
class TestScore {
    printScore() {
        :
    }

    constructor() {
        :
    }
}
```

とはいえ、プロパティの設定を行っているconstructor()ブロックは、クラスの最初に記述した方が可読性が高いでしょう。

9-2-2 オブジェクト内アクセスはthis

ここでリスト9-4で追加したメソッドを見てみましょう。基本の処理はリスト9-3の関数printScore()と同じですが、違うところがあります。

▶▶▶ メソッドでもドットでアクセス

リスト9-3の関数printScore()は外部からデータをもらう必要があるため、引数が必要でした。一方、リスト9-4のメソッドprintScore()はクラス内部のプロパティを使うため引数は不要です（1-1）。このメソッドを利用している部分が❷と❸です。これを見ると、引数が記述されていません。

また、リスト9-3では実行部分で定義した関数を呼び出して利用していたので、

printScore(taro);

のように関数名だけ記述していました。一方、リスト9-4のメソッドはオブジェクト内部のものです。したがって、呼び出すときも、

taro.printScore();

とプロパティと同様に「.」(ドット)でつないでメソッド名を記述します。

▶▶▶ 内部から見たthis

オブジェクト内部のメンバにアクセスするには**this**を使います。リスト9-4の1-2や1-3が該当します。thisというのは自分自身を指します。例えば、taro.nameというのは変数taroが表すオブジェクト中のプロパティnameです。これはオブジェクトを外から見た状態です。一方、this.nameというのは自分自身のオブジェクトの中のプロパティnameです。こちらはオブジェクトを中から見た状態です(図9-8)。

図9-8:たろうさんのオブジェクトを外から見るとtaroだが中から見るとthis

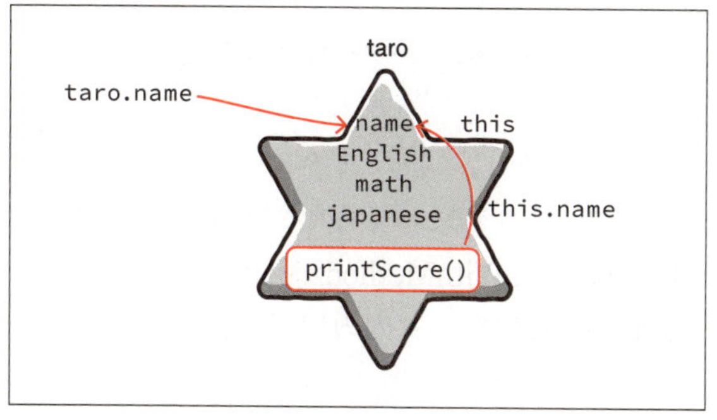

クラスというかオブジェクトというか、これって、データと処理をまとめてひとつのものとして扱えるんですね。

そう。データと処理がひとつにまとまっているから、さまざまなメリットがあるんだよ。このデータと処理をひとまとめとして扱えるプログラミングを**オブジェクト指向**プログラミングというんだ。まさに、オブジェクト、つまり、プロパティとメソッドが含まれたクッキーをそれぞれ生成しながらいろいろ処理をさせていくプログラミングだね。

なるほど。でも、リスト9-4で確かにオブジェクトに処理が含まれたのですが、ソースコードとしては今ひとつすっきりしません。

まだ、ここからすっきりさせられるわよ。ポイントは、メソッドは複数記述できる、ということろね。

9-2-3 メソッドを複数記述する

リスト9-4では、各オブジェクトのプロパティにデータを代入する処理を

taro.name

のようにバラバラに行っていました。しかし、よく考えてみると、名前と英数国のデータというのは4個でワンセットです。これをまとめて行えるようにしてみます。そのように改良したリスト9-5のcalcTestScoreWithMethod2.jsを作成してください。なお、constructor()ブロックとprintScore()ブロック内の記述はリスト9-4と同じですので、省略しています。

リスト9-5：calcTestScoreWithMethod2.js IE

```
class TestScore {
    constructor() {
        ～省略～
    }

    printScore() {
        ～省略～
    }

    setData(name = "", english = 0, math = 0, japa ⇒
nese = 0) {   ←1-1
        this.name = name;
        this.english = english;
        this.math = math;              ←1-2
        this.japanese = japanese;
    }
}

let taro = new TestScore();
taro.setData("たろう", 92, 87, 74);   ←❷
taro.printScore();

let hanako = new TestScore();
hanako.setData("はなこ", 79, 95, 83);   ←❸
hanako.printScore();
```

実行結果はリスト9-4と同じです。

ここで追加したメソッドは1-1のsetData()です。これが、必要なデータをまとめてプロパティに登録するメソッドです。そのため、引数にプロパティと同じ4個の引数を設定しています。その際、このメソッドを呼び出す側で引数の記述忘れに対応するために初期値を設定しています。メソッド内では、引数で受け取った値をプロパティに代入しています（1-2）。

このメソッドがひとつあるだけで、実行部分がぐっとコンパクトになります。今までデータ登録で4行記述していたものが❷や❸の1行だけになります。

どう？

すごくすっきりしました。なるほど。メソッドを工夫することで、こんな風にコンパクトなコードが記述できるようになるんですね。

それだけじゃないよ。データと処理がワンセットのメリットをもう少し味わってもらおうかな。

9-2-4 データと処理がワンセットのメリット

リスト9-5までは、たろうさんとはなこさんそれぞれの英数国の合計と平均を表示しているだけです。これを拡張し、たろうさんとはなこさんの合計の平均、平均の平均も表示するようにします。そのためには、それぞれの合計値と平均値を取得するメソッドが必要になります。そのように改良したリスト9-6のcalcTestScoreAdv.jsを作成してください。なお、クラスTestScore内ではメソッドの順番をリスト9-5から変えて、setData()をconstructor()の次に持ってきています。また、constructor()ブロックとsetData()ブロック内の記述はリスト9-5と同じですので、省略しています。一方、printScore()の内容はリスト9-5から変わっているので注意してください。

今回のソースコードは長くなっています。要所要所にコメント形式で解説を入れています。ソースコードを記述する際の参考にしてください。

リスト9-6：calcTestScoreAdv.js IE

```
class TestScore {
    constructor() {
        ～省略～
    }

    //プロパティにまとめてデータをセットするメソッド。
    setData(name = "", english = 0, math = 0, japa ⇒
nese = 0) {
        ～省略～
    }

    //合計値を計算するメソッド。
    calcSum() {  ←1-1
        let sum = this.english + this.math + this.⇒
japanese;  ←1-2
        return sum;  ←1-3
    }

    //平均値を計算するメソッド。
    calcAve() {  ←2-1
        let sum = this.calcSum();  ←2-2
        let ave = sum / 3;  ←2-3
        return ave;  ←2-4
    }

    //合計値と平均値を表示するメソッド。
    printScore() {  ←3-1
        let sum = this.calcSum();  ←3-2
        let ave = this.calcAve();  ←3-3
        console.log(this.name + "さんの合計: " + sum + " 平均:⇒
" + ave);  ←3-3
    }
}
```

```
//たろうさん用のTestScoreAdvを使って、データ表示。
let taro = new TestScore();
taro.setData("たろう", 92, 87, 74);     ←4-1
taro.printScore();
                                          ←4
//はなこさん用のTestScoreAdvを使って、データ表示。
let hanako = new TestScore();
hanako.setData("はなこ", 79, 95, 83);
hanako.printScore();

//たろうさんの合計点を取得。
let taroSum = taro.calcSum();   ←5
//はなこさんの合計点を取得。
let hanakoSum = hanako.calcSum();
//二人の合計の平均点を算出し、表示。
let ave2 = (taroSum + hanakoSum) / 2;
console.log("二人の合計の平均: " + ave2);

//たろうさんの平均点を取得。
let taroAve = taro.calcAve();
//はなこさんの平均点を取得。
let hanakoAve = hanako.calcAve();
//二人の平均の平均点を算出し、表示。
let aveAve = (taroAve + hanakoAve) / 2;
console.log("二人の平均の平均: " + aveAve);
```

実行結果は以下の通りです。

```
たろうさんの合計: 253 平均: 84.33333333333333
はなこさんの合計: 257 平均: 85.66666666666667
二人の合計の平均: 255
二人の平均の平均: 85
```

リスト9-6で追加されたメソッドはcalcSum()、calcAve()の2個です。また、printScore()も内容が変更されています。以下に、それぞれのポイントを説明します。

▶▶▶ calcSum()

calcSum()は合計値を計算するメソッドです（リスト9-6❶）。

合計値の計算そのものは1-2です。これはリスト9-5まではprintScore()メソッドの中に記述されていたコードです。これで計算された値sumを戻り値とします。戻り値が必要なメソッドは、関数同様メソッドの末尾にreturnを記述し値を返却します（1-3）。

▶▶▶ calcAve()

calcAve()は平均値を計算するメソッドです。

平均値は、当たり前ですが合計値を個数で割った値です（リスト9-6❷）。ということは事前に合計値を計算しておく必要があります。この計算をリスト9-4のprintScore()メソッドではメソッド内部でプロパティの足し算を行っていました。しかし、リスト9-6ではcalcSum()という合計値を計算するメソッドを別に用意しているので、それを呼び出して使います。それが2-2です。プロパティ同様に自分自身のメソッドを呼び出すのにも、**this**を使います。このようにして取得した合計値sumを使って平均値を計算しています2-3。この1行はリスト9-5まではprintScore()メソッドの中に記述されていたコードです。

また、calcSum()同様、戻り値が必要なので、メソッド末尾にreturnを記述しています（2-4）。

▶▶▶ printScore()

printScore()はリスト9-5までと同様、合計値と平均値を表示するメソッドです（リスト9-6❸）。

ただ、リスト9-5までとの違いは、表示する合計値と平均値をこのメソッド内で計算するのではなく、calcSum()とcalcAve()を呼び出してその値を利用しています（3-2と3-3）。これらのメソッドで取得した値を使って合計値と平均値を表示しています（3-3）。

▶▶▶ 一度データをセットしておくだけ

実行部分を見てみましょう。

❹はリスト9-5と同じコードです。❺以降が追加された処理です。ここでは、コメントにあるように、たろうさんとはなこさんの合計値を取得して、その平均を計算しています。また、同様に、それぞれの平均値を取得して、その平均を計算しています。ここで注目するのは、例えば、❺でたろうさんの合計値を取得する際、引数を一切渡していないところです。これは、4-1でたろうさんのデータをtaroオブジェクトのプロパティに格納しているので、その後はこのオブジェクトが生存している限り、取り出しは自由自在だからです。今回の合計や平均計算のように必要なメソッドさえ用意しておけば、プロパティの値をもとにさまざまな値を取得できます。

これが、関数だったら、例えば以下のようにその都度引数でデータを渡す必要があります。

```
let taroSum = calcSum(math, …);
```

これはすごい！関数では考えられないですね。ものすごく便利です。

データと処理がワンセットとなっているオブジェクト指向ならではのメリットよね。

じゃあ、あとは、どういった値をプロパティとするか、どういったメソッドを記述するかを考えていけば、さまざまな処理ができますね。

そうね。慣れていくと、本当に便利よ。いろいろサンプルをコーディングしながら慣れていってね。

はい！ところで、質問があるんですけど…。リスト9-6って今までに比べてソースがかなり長くなってますよね？なんか、だんだんソースの見通しが悪くなってきたというか…。

うん。そうだね。じゃあ、ファイルを分けてみようか。

え？そんなこと、できるんですか？

できるわよ。2-2-2項を思い出してみて。 最初のJavaScriptのコードってどこに記述していた？

あ!HTMLの中ですね。それを別ファイルに記述してHTMLに読み込んで実行しているんでしたね。じゃあ、その読み込みを複数にすればいいんですね。

いいカンしてるじゃない？

まずは2分割しようか。ナオキくんなら、リスト9-6を2分割するとしたら、どこで分ける？

クラスを宣言している部分とそれ以外です。

そうだね。じゃあ、そのように分けてみようか。

9-2-5 jsファイルを分割

会話にあるように、JavaScriptのコードが長くなった場合、その役割に応じて複数のファイルに分割する方法をとります。 ただし、それらを統合するのはHTMLの役割です。実際にリスト9-6を以下の手順で分割してみましょう。

[1] リスト9-6のクラス部分を記述したTestScore.jsを作成する。

リスト9-7：TestScore.js ~~IE~~

```
class TestScore {
    ～省略～
}
```

[2] リスト9-6の実行部分を記述したcalcWithTestScore.jsを作成する。

リスト9-8：calcWithTestScore.js IE

```
//たろうさん用のTestScoreAdvを使って、データ表示。
let taro = new TestScore();
    ～省略～
console.log("二人の平均の平均: " + aveAve);
```

[3] この2つのファイルを読み込むuseCalcWithTestScore.htmlを作成する。

jsファイルを読み込んでいるscriptタグの記述部分を以下の太字のように2行にします。

リスト9-9：useCalcWithTestScore.html IE

```
<!DOCTYPE html>
<html lang="ja">
    ～省略～
<script type="text/javascript" src="TestScore.js"></⇒
script>
<script type="text/javascript" src="calcWithTestScore.⇒
js"></script>
</body>
</html>
```

このuseCalcWithTestScore.htmlを読み込んで、無事実行できるか確認してください。

このように、必要に応じてjsファイルを分割してそれぞれをhtmlファイルで読み込めば問題なく実行できます。その際、jsファイルは、scriptタグを書いた順番に読み込み、処理されていく、というルールがあるので注意してください。

リスト9-9ではTestScore.jsを先に記述することで、calcWithTestScore.jsの前に読み込ませています。これは、calcWithTestScore.js内で、TestScore.jsに記述されたクラスを利用しているからです。もし、このjsファイルの読み込みを逆にした場合、エラーとなりますので、読み込み順には注意してください。基本的に実行部分を一番最後に読み込ませます。

9-3 クラスの他のメンバ IE

ひと通り、オブジェクト指向プログラミングが理解してもらえたところで、クラスの他のメンバを紹介しましょう。

ポイントはこれ!

- ✓ オブジェクトが生成されるとき、つまり、newのときに処理される特殊なメソッドがコンストラクタ
- ✓ コンストラクタは、クラス内ではconstructor()と記述する
- ✓ constructor()に引数を設定することで、new時に値を受け取れる
- ✓ ゲッタとセッタを作成することで疑似プロパティを作成できる
- ✓ プロパティへのアクセスの際に処理を含めたいときはゲッタとセッタを使う

9-3-1 コンストラクタ

まず、ここまで解説していないconstructor()をここで解説しておきましょう。

TestScoreクラスは、リスト9-5でsetData()メソッドを導入したことでプロパティに格納するデータの受け取り方として問題がなくなったように思えます。しかし、少し考えてみます。実行部分では、このTestScoreオブジェクトを生成した後、setData()でデータを渡しています。そもそも、名前と英数国の点数というのは計算に絶対必要なものです。そういったデータを

オブジェクトの生成→メソッドの実行で受け取る

という2段階を経るのではなく、オブジェクト生成時に受け取れたらもう1段階ソースがコンパクトになります。JavaScriptにはこの仕組みがあります。それが**コンストラクタ**です。

コンストラクタとは、オブジェクトが生成されるとき、つまり、newのときに実行される特殊なメソッドです。このメソッドを使うことで、new時に値を受け取れます。

ん?ひょっとして、今まで記述してきた**constructor()**って、コンストラクタですか?

さすがに、これは気づくわね。名前が同じだもの。

コンストラクタは特殊なメソッドなので、メソッド名が**constructor()**と固定されているんだ。そして、各クラスには1個しか記述できないようになっているんだ。

ということは、constructor()の中でプロパティを記述、と教わりましたけど、あれって、つまりは、newのときに行っていた処理なんですね。だから、例えば、

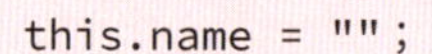

```
this.name = "";
```

という記述なら、newのときに、this.name、つまり、このオブジェクトのnameプロパティに空文字を代入する、という処理だったのですね。

うん。よく理解している。いいわよ、その調子で。

後でもう一度解説するけど、JavaScriptはオブジェクトに対して

```
this.プロパティ名
```

を一度でも実行すると、そのプロパティが追加される仕組みなんだ。この仕組みを利用するなら、newのときに実行するのがプロパティを用意するには一番確実な方法となる。だから、コンストラクタに記述するようにしているんだよ。

なんか、ややこしそうですね。

ここはまた後で解説があるみたいだから、そこで学べばいいわ。

はい。ところで、コンストラクタって、特殊なメソッドで、しかも、constructor()と()が付いているということは、ひょっとして、この()内に引数が書けるということですか？

鋭い！その通り。それを利用すると、new時に値を受け取れるんだ。サンプルで見ていくことにしよう。

まず、リスト9-7のTestScore.jsのコンストラクタ部分を改造したリスト9-10のTestScoreWithConstructor.jsを作成してください。 なお、calcSum()、calcAve()、printScore()の各メソッドは変更していませんので、TestScoreのものをコピーしてください。また、setData()メソッドはもはや不要ですので記述しません。

リスト9-10：TestScoreWithConstructor.js ~~IE~~

```
class TestScoreWithConstructor {
    //コンストラクタ。
    constructor(name = "", english = 0, math = 0, japa ⇒
nese = 0) {   ←❶
        this.name = name;
        this.english = english;
        this.math = math;
        this.japanese = japanese;   ←❷
    }

    ～省略～
}
```

次に、リスト9-8のcalcWithTestScore.jsをこのクラスを利用するように改造したリスト9-11のcalcWithConstructor.jsを作成してください。なお、後半部分はリスト9-8と同じですので省略しています。

リスト9-11：calcWithConstructor.js IE

```
//たろうさん用のTestScoreWithConstructorを使って、データ表示。
let taro = new TestScoreWithConstructor("たろう ⇒
", 92, 87, 74);  ←❸
taro.printScore();

//はなこさん用のTestScoreWithConstructorを使って、データ表示。
let hanako = new TestScoreWithConstructor("はなこ ⇒
", 79, 95, 83);  ←❹
hanako.printScore();

～省略～
```

なお、読み込み用のhtmlファイルに記述するscriptタグは以下のようになります。

リスト9-12：useCalcWithConstructor.html IE

```
～省略～
<script type="text/javascript" src="TestScoreWith ⇒
Constructor.js"></script>
<script type="text/javascript" src="calcWithConstructor. ⇒
js"></script>
</body>
</html>
```

実行結果はリスト9-9と同じです。

コンストラクタに引数を設定している記述がリスト9-10の❶です。特殊なメソッドとはいえ、コンストラクタもメソッドの一種ですので、呼び出し側で引数の渡し忘れが起こる可能性があります。そのため、初期値を設定しています。そのコンストラクタ内では、引数で受け取った値をプロパティに代入しています（❷）。

一方、この引数が設定されたコンストラクタを利用する場合の記述が、リスト9-11の❸や❹です。今まで、

new クラス名()

と記述していたこの()内に、通常のメソッドと同様に渡したい値を記述するだけです。

このコンストラクタの引数というのは必須ではありません。ただ、今回のようにそもそもオブジェクト生成の段階から必要なデータというのはコンストラクタで受け取るようにしておくと、バグを減らせます。

9-3-2 ゲッタとセッタ

次に紹介するのは、プロパティを用意する別の方法です。これまでは、コンストラクタの中で

this.プロパティ名

を記述することでプロパティを用意していました。これとは別の方法が用意されています。サンプルで見ていきましょう。リスト9-13のaccessor.jsを作成してください。

リスト9-13：accessor.js IE

```
class AccessorProp {
    //コンストラクタ。氏名を受け取りプロパティに格納。
    constructor(lastName, firstName) {
        this.lastName = lastName;
        this.firstName = firstName;
    }

    //nameプロパティのゲッタ。
    get name() {
        return this.lastName + this.firstName;     ←❶
    }

    //extNameプロパティのセッタ。
    set extName(value) {
        this.lastName = value;
        this.firstName = value;     ←❷
    }
}

//「中田太郎」という氏名でAccessorPropオブジェクトを生成。
let taro = new AccessorProp("中田", "太郎");     ←❸
//各プロパティを表示。
console.log("lastName: " + taro.lastName);
console.log("firstName: " + taro.firstName);     ←❹
//nameプロパティを表示。
console.log("name: " + taro.name);     ←❺

//extNameプロパティに「山口次郎」を代入。
taro.extName = "山口次郎";     ←❻
//各プロパティを表示。
console.log("lastName: " + taro.lastName);
console.log("firstName: " + taro.firstName);     ←❼
```

実行結果は次の通りです。

```
lastName: 中田
firstName: 太郎
name: 中田太郎
lastName: 山口次郎
firstName: 山口次郎
```

▶▶▶ getとset

リスト9-13のクラスAccessorProp内の❶と❷が新しい記述です。❶も❷もプロパティを定義する特殊なメソッドですが、コンストラクタで記述したプロパティの定義とは内容が違います。その説明に入る前に、まず用語を確認しておきます。❶がgetから始まっているところから**ゲッタ**、❷がsetから始まっているところから**セッタ**といいます。

このゲッタとセッタの構文、および処理を以下に簡単にまとめます。

構文 ゲッタとセッタ

```
・ゲッタ
get プロパティ名() {
    このプロパティで値を取得しようとした際に値を生成、返却す
    る処理。
}

・セッタ
set プロパティ名(引数) {
    このプロパティに値が代入された際に行う処理。
}
```

▶▶▶ ゲッタの挙動

上の構文とリスト9-13を見比べると、❶のゲッタはnameプロパティのゲッタです。このnameプロパティにアクセスして値を取得しようとしているのがリスト9-13では❺です。

通常、プロパティにアクセスした場合、オブジェクト内に格納された値をそのまま返します。リスト9-13では❹が該当します。❸でオブジェクトを生成するときにプ

ロパティに格納したlastNameとfirstNameを表示しています。

しかし、ゲッタが設定されている場合は、このゲッタブロック内の処理が実行されます。リスト9-13では、プロパティlastNameとfirstNameを文字列結合した文字列を返却しています。実行結果からそのことがわかります。

▶▶▶ ゲッタのプロパティは疑似プロパティ

ここで注意してほしいのは、AccessorPropクラス内にはどこにも

this.name

という記述がないことです。このことから、実はnameプロパティというのは実体があるわけではなく、その都度ゲッタが処理を行って、さも実体があるかのように見せているだけなのです。ゲッタで設定されたプロパティは、いわば、疑似プロパティなのです。

▶▶▶ セッタも同じ疑似プロパティ

セッタも同じです。リスト9-13では❷でプロパティextNameのセッタを定義していますが、このextNameプロパティも疑似プロパティです。❻でextNameプロパティに「山口次郎」を代入し、❼でlastNameとfirstNameを表示しています。その実行結果を確認すると、lastNameプロパティとfirstNameプロパティの両方に「山田次郎」が格納されているのがわかります。これは、明らかに❷の処理が行われた結果です。

▶▶▶ プロパティのアクセスに処理を入れたい場合に便利

プロパティにアクセスされるたびに何か処理を入れたい場合、ゲッタやセッタを使った疑似プロパティというのは便利な仕組みです。例えば、「2018-02-28」のような形式で日付を格納した実体プロパティdateがあるとして、これを「2018年2月28日」のような形に加工した値を取得したいとします。その場合、加工用のメソッドを用意してもいいですが、dateStrとしたゲッタを用意し、その中で加工処理を入れれば、プロパティのようにアクセスできます。

一方で、そういった処理が不要な場合は、コンストラクタで実体のあるプロパティを設定しましょう。

▶▶▶ セッタのみの疑似プロパティから値を取得

リスト9-13のtaroのextNameプロパティは、❷のようにセッタは設定されていますが、ゲッタはありません。このようにセッタはあるがゲッタがない疑似プロパティからデータを取得しようとするとどのようになるか試してみましょう。リスト9-13の最下部にリスト9-14の太字の1行を追記し、再実行してみてください。

リスト9-14：accessor.js（追加コード） IE

```
～省略～
console.log("firstName: " + taro.firstName);

//extNameプロパティを表示。
console.log("extName: " + taro.extName);
```

実行結果には以下の1行が追加されます。

```
～省略～
extName: undefined
```

実行結果からわかるように、extNameは未定義となっています。このことからも、taroオブジェクト内にはどこにもextNameプロパティは存在せず、疑似プロパティであることがわかります。

▶▶▶ ゲッタのみの疑似プロパティに値を代入

逆に、nameプロパティのようにゲッタは設定されているがセッタがない疑似プロパティに値を代入しようとするとどうなるかを確認しましょう。リスト9-14の最下部にリスト9-15の太字の2行を追記し、再実行してみてください。

リスト9-15：accessor.js（追加コード） IE

```
～省略～
console.log("extName: " + taro.extName);

//nameプロパティに「篠原三郎」を代入したうえで同プロパティを表示。
taro.name = "篠原三郎";
console.log("name: " + taro.name);
```

実行結果には以下の1行が追加されます。

```
～省略～
name: 山口次郎山口次郎
```

実行結果からわかるように、代入したはずの「篠原三郎」とは表示されず、元の「山口次郎山口次郎」のままです。このことから、nameもtaroオブジェクト内にはどこにも存在しない疑似プロパティであることがわかります。

なお、上の実行結果は非Strictモード（Chapter 3末のCOLUMNを参照）での実行結果です。これをStrictモードで実行すると以下のようにエラーが表示されます。

```
Uncaught TypeError: Cannot set property name of
#<AccessorProp> which has only a getter at accessor.
js:40
```

ゲッタしかないプロパティには値はセットできません、という内容です。

非Strictモードでは、代入したのに値が反映されないという現象でした。こちらではバグが発見しにくいです。Strictモードでエラー表示される方がデバッグしやすいですね。

getやsetがあっても通常メソッドはプロパティではない

セッタもゲッタもsetやgetとプロパティ名の後に空白があるのに注意してください。ここをくっつけて、例えば以下のような記述にすると、通常のメソッドになってしまいます。

```
getConcatName() {…}
```

こういった場合は、get（あるいはset）を取り除いて以下のようにプロパティのようにアクセスしようとしても、このメソッドは呼び出されません。

```
taro.concatName
```

この表示結果はundefinedとなります。この場合は以下のように、メソッドとして呼び出す必要があります。

```
taro.getConcatName()
```

この違いは理解しておいてください。

9-4 オブジェクトの拡張 IE

プロパティ、メソッド、コンストラクタ、ゲッタとセッタと、クラス、およびオブジェクトに必要な部品はすべてそろいました。ここからはこのオブジェクトを拡張する方法を解説します。

ポイントはこれ！

- ✓ 継承はextendsを使う
- ✓ 継承すると、書かれていなくても親クラスのメンバがそのまま含まれる
- ✓ 親クラスのメソッドと同名メソッドを子クラスで記述することをオーバーライドという
- ✓ オーバーライドメソッドで親クラスの同名メソッドの処理も行う場合はsuperを使う
- ✓ 子クラスのコンストラクタでは必ずsuper()と親クラスのコンストラクタを呼び出す
- ✓ メンバはオブジェクトごとに追加できる

9-4-1 継承

オブジェクトの拡張で一番中心となるのは継承です。

サンプルで見ていきましょう。リスト9-16のTestScoreExtended.jsを作成してください。

リスト9-16：TestScoreExtended.js IE

```
class TestScoreExtended extends TestScoreWith⇒
Constructor {  ←❶
    //コンストラクタ。
    constructor(name = "", english = 0, math = 0, japa⇒
nese = 0, science = 0, social = 0) {
        //親クラスのコンストラクタの呼び出し。
        super(name, english, math, japanese);  ←❷
        //プロパティの定義、および初期データ格納。
        this.science = science;
        this.social = social;
    }

    //5教科の合計点を計算するメソッド。
    calcTotalScore() {
        //3教科の合計を親クラスのメソッドを使って計算。
        let sum3 = this.calcSum();  ←❸
        //理科と社会の点を加算して合計を算出。
        let total = sum3 + this.science + this.social;
        return total;
    }

    //5教科の平均点を計算するメソッド。
    calcTotalAve() {
        //calcTotalScore()の戻り値を5で割って平均点を算出。
        let ave = this.calcTotalScore() / 5;
        return ave;
    }

    //合計点と平均点を表示するメソッド。
    printScore() {
        //親クラスのprintScore()メソッドの呼び出し。
        super.printScore();  ←❹
        //このクラス内のメソッドを使って合計点と平均点を取得。
        let total = this.calcTotalScore();
        let ave = this.calcTotalAve();
```

```
        //表示。
        console.log(this.name + "さんの5教科合計: " + total + " ⇒
平均: " + ave);
    }
}
```

このクラスを利用する実行部分であるリスト9-17のcalcWithExtended.jsを作成してください。

リスト9-17：calcWithExtended.js IE

```
//たろうさん用のTestScoreExtendedを使って、データ表示。
let taro = new TestScoreExtended("たろう ⇒
", 92, 87, 74, 81, 79);
let total3 = taro.calcSum();  ←❶
console.log("3教科の合計: " + total3);
taro.printScore();  ←❷
```

このサンプルではリスト9-10のTestScoreWithConstructor.jsも使いますので、読み込み用のhtmlファイルに記述するscriptタグは以下のようになります。

リスト9-18：useCalcWithExtended.html IE

```
～省略～
<script type="text/javascript" src="TestScoreWith⇒
Constructor.js"></script>
<script type="text/javascript" src="TestScoreExtended.⇒
js"></script>
<script type="text/javascript" src="calcWithExtended.⇒
js"></script>
</body>
</html>
```

実行結果は次の通りです。

```
3教科の合計: 253
たろうさんの合計: 253 平均: 84.33333333333333
たろうさんの5教科合計: 413 平均: 82.6
```

リスト9-16では見慣れない記述があります。このextendsやらsuperやら。このあたりが継承と関係するのでしょうけど、それよりもびっくりなのは、リスト9-16の❸やリスト9-17の❶です。TestScoreExtendedにはcalcSum()メソッドって書かれていないじゃないですか。入力していたときは、これは、エラーになるソースコードなんだって思っていましたもん。

ところがならなかったと。

はい。不思議ですけど、今から教わる継承というのが種明かしですか？

その通り。

▶▶▶ 継承はextendsと記述

リスト9-16の❶の記述が**継承**です。**継承**を利用するには**extends**というキーワードを使います。通常のクラス宣言、つまり

class クラス名

に続けて

extends クラス名

を記述します。すると、ここで宣言するクラスは**extends**の後に記述されたクラスを継承したことになります。リスト9-16の❶では

TestScoreExtendedクラスはTestScoreWithConstructorクラスを継承したということになります。そして、この**extends**の右に記述したクラスのことを**親クラス**といい、左に記述したクラスを**子クラス**といいます。リスト9-16の❶では

TestScoreWithConstructorが親クラス、TestScoreExtendedが子クラスとなります。

構文としては以下のようになります。

構文 継承

```
class 子クラス extends 親クラス {…}
```

▶▶▶ 継承すると親のメンバをすべて引き継ぐ

ここまで説明した内容はあくまで継承の書式です。継承関係がある場合、子クラスは親クラスのメンバをすべて引き継ぎます。例えば、リスト9-16だと子クラスであるTestScoreExtendedクラスは、TestScoreWithConstructorクラスのメンバを引き継ぎます。たとえ、TestScoreExtendedクラス内には何の記述がなくても、TestScoreWithConstructorのメンバがそのまま含まれることになります(図9-9)。

図9-9：子クラスには親クラスのメンバがそのまま含まれる

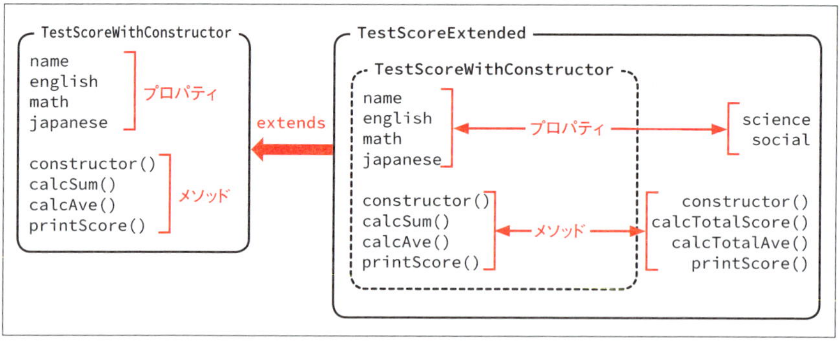

リスト9-16の❸やリスト9-17の❶でTestScoreExtendedに記述されていないcalcSum()メソッドを呼び出せているのは、TestScoreExtendedの親クラスであるTestScoreWithConstructorにこのメソッドが記述されており、その内容がそっくりそのままTestScoreExtendedクラスに含まれているからです。

▶▶▶ オーバーライド

ここで、printScore()メソッドに注目します。このメソッドは親クラスであるTestScoreWithConstructorにも記述されているメソッドですが、子クラスであるTestScoreExtendedにも記述しています。このように、親クラスに記述されたのと同名のメソッドを子クラスで記述することができ、このことを**オーバーライド**といいます。この場合、内容は子クラスの内容で上書きされます。

▶▶▶ super

では、そのprintScore()内に記述された❹の記述は何を表すのでしょうか。オーバーライドを行う場合、その処理内容を親から丸々変更する場合もあります。一方で、親の処理を残しつつ、さらに処理を追加したい場合もあります。その際に、❹のように**super**を使います。オーバーライドしたメソッド内で、以下の構文の記述で親クラスの同名メソッドを実行できます。

構文 super

```
super.同名メソッド()
```

▶▶▶ コンストラクタ中のsuper

次にリスト9-16の❷に注目します。ここでもsuperの記述が見られますが、❹とは違い、

super()

とだけ記述されています。これは、親クラスのコンストラクタの呼び出しを表します。ほかのメソッドと違い、コンストラクタはひとつしか記述できませんので、必ずオーバーライドとなります。そして、そのコンストラクタ中では必ず親クラスのコンストラクタを呼び出さなければならず、これを行わないとエラーとなります。この親クラスのコンストラクタを呼び出す場合、リスト9-16の❷のように必要に応じて引数を渡します。

なるほど！納得いきました。それにしても、この継承、便利そうですね。なんというか、ソースコードの記述量が減りそうで。差分でコーディングができるんですね。

そう！この差分コーディングは便利よ。ただし、その分、しっかりクラス設計ができていないと、逆にぐちゃぐちゃなコードになってしまうけどね。

ここはしっかり勉強していきたいと思います。ところで、この継承って、ずっと続けられるのですか？つまり、この下に孫を作るというか…

できるわよ。例えば、TestScoreExtendedを継承したクラスを作ることはできるし、その場合は、TestScoreExtendedのメンバはもちろん、その親、つまりおじいちゃんかな？にあたるTestScoreWithConstructorのメンバも含まれることになるの。

そうやって継承していくこともできるけど、ちょっとした差分コーディングをしたいのなら、実は、JavaScriptには非常に柔軟な方法があるんだ。

JavaScriptでは、クラスではなく、生成されたオブジェクトにメンバを追加することができるんだよ。

わかりにくいだろうから、サンプルで見てみようか。

9-4-2 メンバの柔軟な追加

リスト9-19のaddObjectMember.jsを作成してください。

リスト9-19：addObjectMember.js ~~IE~~

```
//たろうさん用のTestScoreWithConstructorを使って、データ表示。
let taro = new TestScoreWithConstructor("たろう⇒
", 92, 87, 74);
taro.printScore();

//はなこさん用のTestScoreWithConstructorを使って、データ表示。
let hanako = new TestScoreWithConstructor("はなこ⇒
", 79, 95, 83);
hanako.printScore();

//hanakoオブジェクトのscienceプロパティに89を代入。
hanako.science = 89;    ←❶
//hanakoオブジェクトのscienceプロパティを表示。
console.log("はなこさんの理科の点: " + hanako.science);    ←❷
//taroオブジェクトのscienceプロパティを表示。
console.log("たろうさんの理科の点: " + taro.science);    ←❸
```

このサンプルではリスト9-10のTestScoreWithConstructor.jsも使いますので、読み込み用のhtmlファイルに記述するscriptタグは以下のようになります。

リスト9-20：useAddObjectMember.html ~~IE~~

```
～省略～
<script type="text/javascript" src="TestScoreWith⇒
Constructor.js"></script>
<script type="text/javascript" src="addObjectMember.⇒
js"></script>
</body>
</html>
```

実行結果は以下の通りです。

```
たろうさんの合計: 253 平均: 84.33333333333333
はなこさんの合計: 257 平均: 85.66666666666667
はなこさんの理科の点: 89
たろうさんの理科の点: undefined
```

ここで、注目するのはリスト9-19の❶です。TestScoreWithConstructorクラスに記述されていないプロパティscienceに対して、hanakoオブジェクトでは代入を行っています。ここでエラーになりそうですが、エラーにならずに無事実行できてしまいます。さらに、❷でその値を読み出して表示していますが、問題なく表示できています。

この現象、実は9-3-1項でワトソン先生が軽く触れています。そこでは、オブジェクトに対して

this.プロパティ名

を一度でも実行すると、そのプロパティが追加される仕組み、という説明がなされていました。その通り、クラス宣言の中で、このような記述をすると、その時点でプロパティが追加されます。一方、これは、生成されたオブジェクトに対しても有効です。例えば、❶のように、hanakoとして生成されたオブジェクトに存在しないプロパティ名で値を代入すると、その時点でプロパティが追加される仕組みなのです（図9-10）。

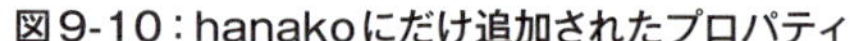
図9-10：hanakoにだけ追加されたプロパティ

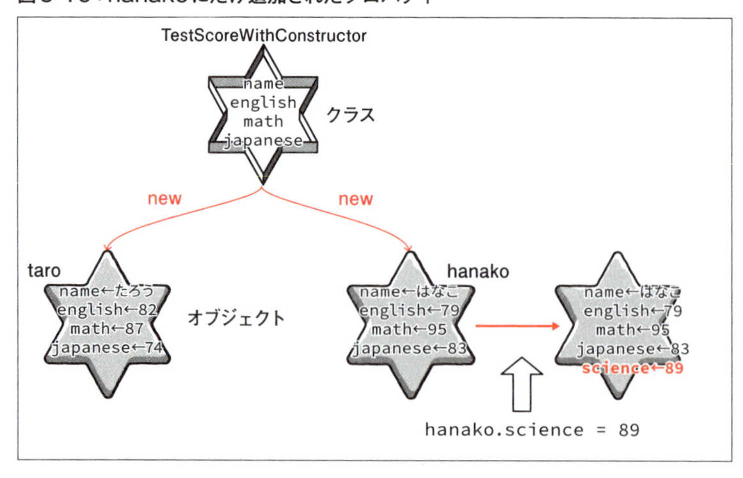

ただし、注意してほしいのは、追加されるのはあくまでもオブジェクト単位です。リスト9-19の❶で追加されたscienceプロパティはhanakoオブジェクトにだけ存在し、taroオブジェクトには存在しません。その証拠に、❸でtaroオブジェクトのscienceプロパティを表示させると、undefinedとなります。

JavaScriptのこのオブジェクト単位の挙動というのは非常に重要ですので、覚えておいてください。

9-4-3 JavaScriptのクラスはシンタックスシュガー

ここまで説明してきた、クラス、およびオブジェクトの仕組みというのは、ES2015*で導入されたものです。それまで、JavaScriptにはクラスがありませんでした。クラスがないということは、すべてがオブジェクトとして扱われてきたことになります。先にクッキーの型とクッキーの例えをしましたが、クラスがないということは、クッキーの型がないということになります。このまま例えでいうならば、JavaScriptはクッキーの生地をその都度手でちぎって形を作ってクッキーにするようなコーディングでした。だからひとつひとつのクッキーの形、つまり、オブジェクトのメンバが違っていてもかまわないのです。

こういう従来のJavaScriptのオブジェクト指向を、**プロトタイプベース**オブジェクト指向といいます。これに対して、このChapterで紹介したのは、**クラスベース**オブジェクト指向といいます。JavaやPHP、C#などの他のオブジェクト指向言語はクラスベースです。その影響でか、ES2015でクラスが導入されたものの、実は、JavaScriptはいまだにプロトタイプベースのオブジェクト指向となっています。

では、このChapterで解説してきたクラスというのはどういう働きなのでしょうか。

JavaScriptのクラスは、Javaのような根っからのクラスベース言語で使われているクラスとは少し意味合いが違っていて、プロトタイプベースに対して、上からクラスを当てはめたような形になっています。クラスで記述したものを、実行時に

*）1-2-4項参照。

自動でプロトタイプベースに書き換えてオブジェクトを生成しているようなイメージです。こういう仕組みを**シンタックスシュガー**といいます。お薬の糖衣錠と同じです。本当は苦い薬の周りを砂糖で固めて飲みやすくしているのが糖衣錠ですが、JavaScriptのクラスはこの糖衣錠と同じ働きです。

ですので、ひと皮むいて、実際のオブジェクト状態になると、本来のプロトタイプベースの仕組みが顔を出してきます。9-4-2項でのプロパティの追加はその典型です。

シンタックスシュガー！糖衣錠！なるほど。わかりやすいです。ということは、ここまで学習してきたクラスというのは、JavaScriptの本当の姿ではないのですね。

確かに、本当の姿とは言いにくいわね。ただ、現在、ほとんどのブラウザがクラスをサポートしているから、クラスで記述しても問題ないと思うわ。

うん。そうだね。まずは、クラスベースのオブジェクト指向JavaScriptを知っていれば、それで十分だよ。クラスベースでいろいろ作成した後、JavaScript言語そのものに慣れてきたら、本格的な参考書でプロトタイプの勉強をすればそれでいいと思うよ。

CHAPTER 10

ビルトインオブジェクト

Chapter 9では、JavaScriptの神髄ともいえるオブジェクト指向を学びました。その最後に、JavaScriptではありとあらゆるものがオブジェクトだということを説明しました。このChapterでは、その延長として、今まで普通に使っていたものが実はオブジェクトだった、というお話です。

10-1 ビルトインオブジェクトとMDN

今まで普通に変数として扱っていた文字列が実はオブジェクトだった、という話から始めましょう。

ポイントはこれ！

- ✓ JavaScriptの文字列変数もひとつのオブジェクト
- ✓ 文字列変数にメソッドを実行できる
- ✓ JavaScriptには便利なオブジェクトが多々用意されている
- ✓ MDNを活用しよう

10-1-1 文字列はオブジェクト

ワトソン先生が何か問題を用意しているみたいです。見てみましょう。

ナオキくん、ひとつ問題を出してもいいかな。

はい。どういった問題ですか？

これ。

> 以下の文字列があります。
> "JavaScript,PHP,Ruby,Java,Python"
> これを、カンマでバラバラにした文字列配列を作成し、表示するプログラムを作りなさい。

どう？できそう？

いわゆる、CSV*の分割ですね!…（考え中）…。え～!!これ、簡単そうに思えるのですけど、全然思いつかないです。1文字ずつループで取り出してカンマを見つけたら…、とも考えたのですけど、そもそも1文字ずつ取り出す方法なんて知らないですし…。え～??どうしたらいいんだろう??

ふふふ。

先生、相変わらず意地悪ですね（笑）。

意地悪なんて、失礼な。これは、かわいい弟子を鍛えるための愛だよ。

はいはい（笑）。ナオキくん、これ、実は1行で書けるのよ。

え!1行ですか!

そう。こんなプログラムになるね。

ワトソン先生が示したプログラムを一緒に見てみましょう。

まず、Chapterが新しくなりましたので、このChapter用のフォルダ「chap10」をjssamplesフォルダ内に作成し、リスト10-1のstringMethod.jsを作成してください。

*）Comma-Separated Valuesの略。各種データをカンマで区切って並べたテキストデータのこと。

リスト10-1：stringMethod.js IE

```
let csvStr = "JavaScript,PHP,Ruby,Java,Python"; ←❶
let csvArray = csvStr.split(","); ←❷
for(let element of csvArray) {
    console.log(element);        ←❸
}
```

実行結果は以下の通りです。

```
JavaScript
PHP
Ruby
Java
Python
```

▶▶▶ 文字列がオブジェクトということは…

会話の中でユーコさんが話していた「1行」というのはリスト10-1の❷のことです。

リスト10-1では、❶で問題として与えられたCSV文字列変数を用意しています。その文字列変数csvStrに対して❷では

.split(",")

というものが付け加えられています。これは、明らかにメソッドです。

JavaScriptには、文字列変数を用意したら、それをオブジェクトとして扱える仕組みがあります。文字列は、**String**オブジェクトとして扱われ、このStringオブジェクトはJavaScriptにもともと備わっているオブジェクトとして、さまざまなメソッドが用意されています。リスト10-1で使った**split()**はそのひとつで、引数で渡した文字列によって区切った配列を生成するメソッドです（図10-1）。

図10-1：文字列にsplit()メソッドを適用する

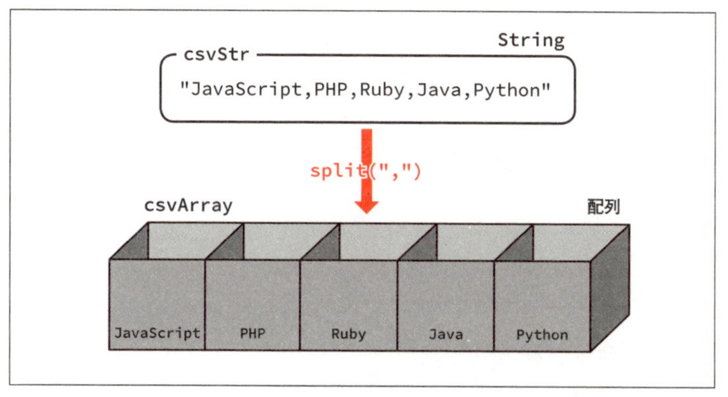

❷では引数でカンマ「,」を渡しているので、戻り値を格納したcsvArrayはカンマでバラバラにされた文字列配列となります。実際、この配列を❸でループさせながら内容を表示していますが、実行結果からみごとにバラバラにされているのがわかります。

▶▶▶ ビルトインオブジェクト

このように、JavaScriptの言語仕様としてもともと備わっているオブジェクトのことを、**ビルトインオブジェクト**といいます。ビルトインオブジェクトには便利なものが多々あります。また、上で紹介したsplit()のように自力ではプログラミングが難しい機能もあります。ですので、これからは、何か処理をしたい場合は、まずビルトインオブジェクトで使えそうなものはないかを調べることになります。

[10-1-2 MDN]

こういったビルトインオブジェクトをはじめ、JavaScriptの言語仕様、さらにはHTMLやCSSも含めたWeb技術全般の資料を集約したサイトとして**MDN***という場所があります（図10-2）。

*）https://developer.mozilla.org/

図10-2：MDNのトップページ

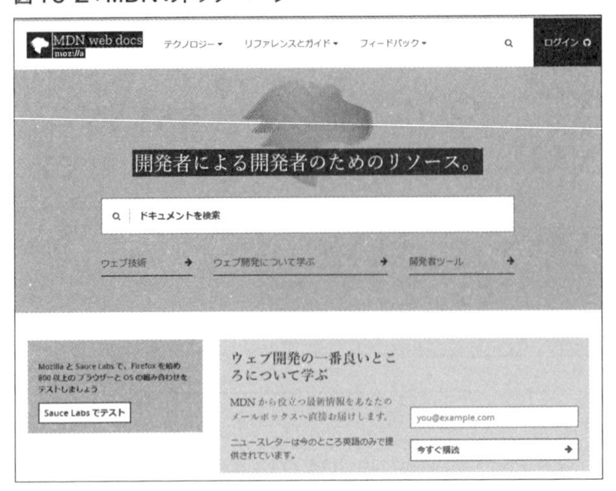

ビルトインオブジェクトを調べたい場合には、このサイトのJavaScriptのページ（図10-3）を参照するのが、一番確実です。これは、上記トップページの［テクノロジー］メニューから［JavaScript］を選択すると表示されます*。あるいは、「JavaScript MDN」とGoogleで検索しても表示されます。なお、英語で表示される場合は言語設定を日本語にすれば日本語で表示されます。

図10-3：MDNのJavaScriptのページ

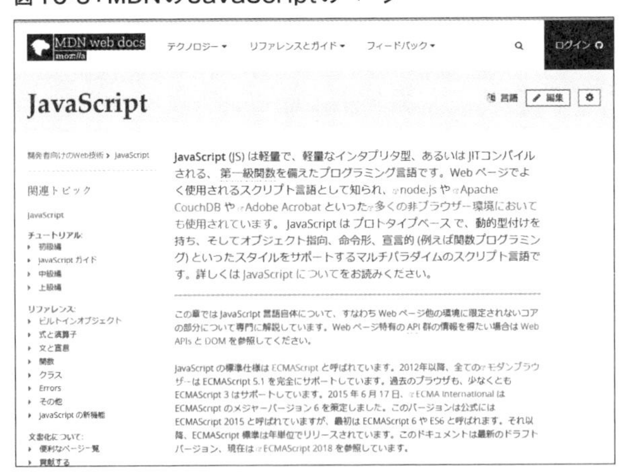

*）https://developer.mozilla.org/docs/Web/JavaScript

ページ左部分にナビがあり、そこに［リファレンス］とあります。その直下に［ビルトインオブジェクト］という項目があります。それを展開すると、ずらっと出てきます。これがビルトインオブジェクトの一覧です。アルファベット順に並んでいるので、Stringは下の方にあります。それをクリックすると、Stringオブジェクトの解説ページが表示されます（図10-4）。

図10-4：MDNのStringオブジェクトのページ

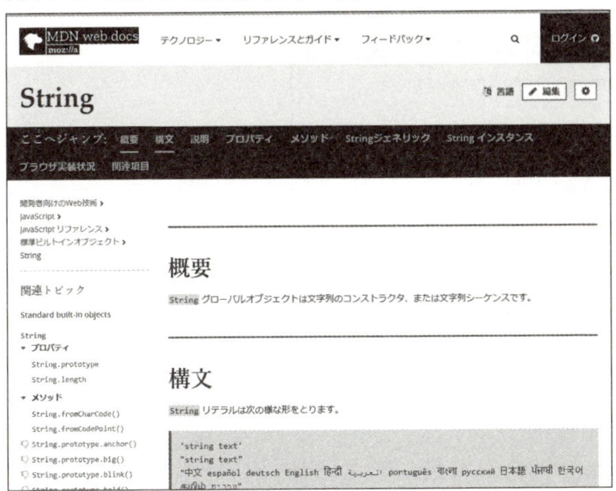

スクロールすると、下の方にメソッドがリスト表示された部分が出てきます。その中にリスト10-1で使用したsplitが掲載されています（図10-5）。

図10-5：メソッド一覧のsplit()メソッド

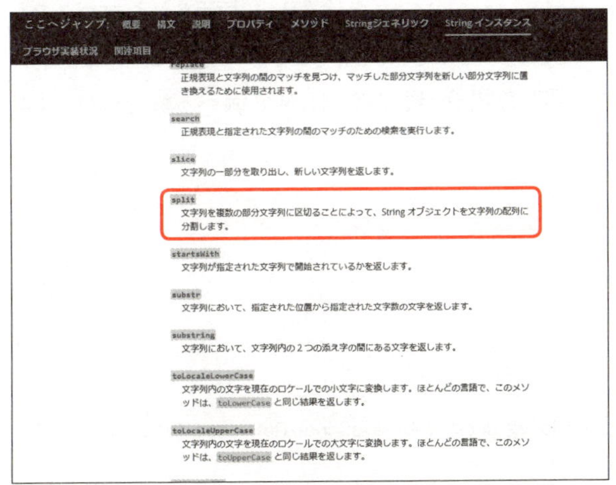

このメソッド名はリンクになっているので、そのリンク*をクリックすると、split()メソッドの詳細解説ページが表示されます（図10-6）。

図10-6：split()メソッドの詳細解説ページ

このページを見ると、引数がどういったもので、戻り値としてどういった値が返ってくるのかがわかります。

もちろん、技術文書ですので、ある程度慣れていないと読みにくい部分もありますが、一番信頼できる情報源です。したがって、このサイト内で、使えるビルトインオブジェクトがあるかどうかをチェックするのが一番確実といえます。もちろん、「JavaScript 文字列 分割」といったキーワードで検索し、表示されたブログなどのページを参照するのもいいでしょう。しかし、もし、そこで、未知のビルトインオブジェクト、未知のメソッドに遭遇した場合は、このMDNで調べる癖をつけてください。

*）https://developer.mozilla.org/docs/Web/JavaScript/Reference/Global_Objects/String/split

こんなサイトがあるんですね！でも、なんだか記述が難しそうです。

そうね。確かに、それなりにJavaScriptの知識がないと、このMDNは読めないわね。でも、一番確実な情報源なので、ある意味、このサイトが読めるために勉強しておく必要があるわ。もちろん、他の人が書いたブログとかを参考にするのもいいけどね。

はい。少しでも早く読めるように精進します。ところで、リファレンスを展開して真っ先に目に飛び込んできたのが「Array」なのですが、これって、ひょっとして、配列のことですか？

鋭い！その通りよ。JavaScriptでは、配列もひとつのオブジェクトなの。

ということは、いろいろメソッドが使えるのですね。

じゃあ、せっかくだから、次にArrayオブジェクトを見ていくことにしようか。

10-2 データをまとめて扱えるオブジェクト

Chapter 7以降さまざまなところで扱ってきた配列は、実は、Arrayというオブジェクトです。ここでは、配列のオブジェクトとしての働きを学習しましょう。さらに、その配列の仲間であるMapとSetも学びます。これらを使うことでデータをまとめて扱える幅がぐっと広がります。

ポイントはこれ!

- ✓ 配列はArrayオブジェクト
- ✓ 配列変数に対してメソッドを実行することで、便利な機能が利用できる
- ✓ データをキーと値のペアで管理するのが連想配列
- ✓ JavaScriptの連想配列はMapオブジェクト
- ✓ JavaScriptで旧来からある連想配列は、オブジェクトリテラル
- ✓ 重複を排除した要素の集合がSetオブジェクト

10-2-1 Arrayのメソッド

配列のメソッドをいくつか見ていくことにしましょう。リスト10-2のarrayMethod.jsを作成してください。

リスト10-2：arrayMethod.js ~~IE~~

```
let nameList = ["松田", "田中", "中山", "山本", "本田"];
let nameListStr = nameList.toString(); ←❶
console.log(nameListStr);
let nameIdx = nameList.indexOf("中山"); ←❷
console.log("中山さんのインデックス: " + nameIdx);
nameIdx = nameList.indexOf("江口"); ←❸
console.log("江口さんのインデックス: " + nameIdx);
let includeResult = nameList.includes("江口"); ←❹
console.log("江口んさんは含まれているか:" + includeResult);
```

実行結果は以下の通りです。

```
松田,田中,中山,山本,本田
中山さんのインデックス: 2
江口さんのインデックス: -1
江口んさんは含まれているか:false
```

▶▶▶ 要素を一挙に表示するtoString()

リスト10-2は、Chapter 7のリスト7-3で登場した名前の配列nameListに対してtoString()、indexOf()、includes()の3種類のメソッドを実行しています。可能ならば、それぞれのメソッドのMDNのページを参照しながら以下の解説を読んでみてください。

まず、❶で実行しているのが**toString()**です。これは、配列内の各要素のカンマ区切り文字列（CSV文字列）を生成するメソッドです（実行結果の1行目）。このメソッドを使えば、配列内のデータをとりあえず見たい場合にいちいちループする必要がなくなります。

▶▶▶ 指定要素のインデックスが分かるindexOf()

次に、❷と❸で**indexOf()**を実行しています。これは、引数に指定した要素の配列内でのインデックスを調べるメソッドです（図10-7）。例えば、❷では引数に「中山」と渡しています。戻り値は「2」です（実行結果の2行目）。確かに、配列内でインデックス2の位置に「中山」があります。もし、同じ要素が複数ある場合は、一番小さい（若い）インデックスを返します。

では、要素が存在しない場合はどうなるかを試しているのが、リスト10-2の❸です。引数で渡した「江口」は配列内にありません。その場合は「-1」が戻り値となります（実行結果の3行目）。

図10-7：indexOf() メソッドの挙動

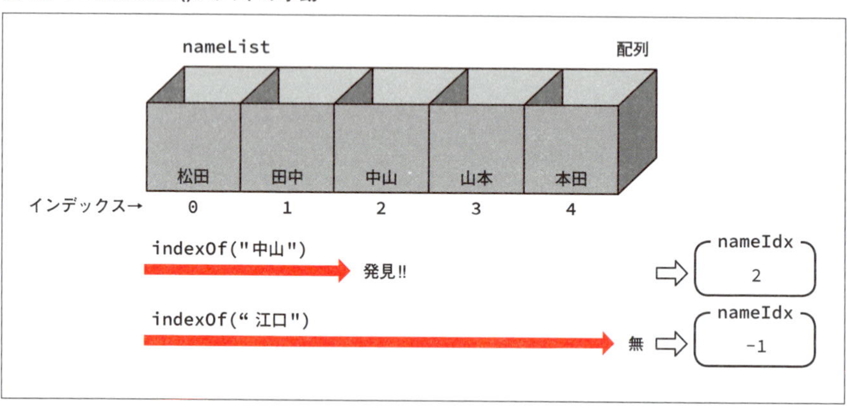

▶▶▶ 指定要素が配列に含まれるかどうかを調べるincludes() IE

リスト10-2の❸のように、indexOf()の戻り値が-1かどうかで、その要素が配列に含まれるかどうかを判定することもできます。ただ、単に含まれるかどうかだけ調べるならそれ専用のメソッドがあります。それが、❹で実行している**includes()**です。戻り値は、その要素が含まれていればtrue、含まれていなければfalseが返ってきます。戻り値がtrue/falseなので、これを以下のようにそのまま条件分岐として使えます。

```
if(nameList.includes("江口")) {
```

こうやって、MDNのページを見ながらサンプルを動かすと、確かにわかりやすいです。読みにくかったMDNのページが少しは読めるようになります。

そうね。ビルトインオブジェクトで初めてのものが出てきたら、とりあえず、MDNのページを見てみるのもありね。

このMDNのArrayのページ[*1]を見たら、プロパティにlengthってあります。7-2-2項で、配列の長さを表すには「.length」を記述すると教わりましたけど、あれって、プロパティだったのですね。確かに「.」でつながってますね。

そうそう。MDN読んでいると、いろいろ見えてくるものもあるでしょ。

はい。もうひとつ見つけたのは、forEach()です[*2]。8-3-2項でコールバック無名関数と一緒に教わりましたけど、これもメソッドとして載っていました。

じゃあ、ついでだから、forEach()のように、コールバック関数と組み合わせて利用する他のArrayメソッドを見ていこうか。

10-2-2 Arrayでコールバック関数の利用

コールバック関数と組み合わせて使う配列のメソッドとして、some()とmap()を取り上げます。リスト10-3のarrayCallbacks.jsを作成してください。

＊1）https://developer.mozilla.org/docs/Web/JavaScript/Reference/Global_Objects/Array

＊2）https://developer.mozilla.org/docs/Web/JavaScript/Reference/Global_Objects/Array/forEach

リスト10-3：arrayCallbacks.js

```
//13の倍数かどうかを調べる関数。
function isMultiplesOf13(currentValue, index, array) {
                                                    ←1-1
    return currentValue % 13 === 0;  ←1-2
}

//空の配列を用意。
let list = [];  ←2-1
//0〜100乱数が10個格納された配列を生成。
for(let i = 0; i < 10; i++) {  ←2-2
    list[i] = Math.round(Math.random() * 100);  ←2-3
}
//配列の内容を表示。
console.log(list.toString());  ←2-4

//配列内に13の倍数が含まれるかどうか調べ、結果を表示。
let result = list.some(isMultiplesOf13);  ←3-1
console.log("配列内に13の倍数は含まれるか: " + result);  ←3-2

//list内の各要素を1/100した新しい配列を生成し、表示。
let newList = list.map(function(current ⇒
Value, index, array) {
    return currentValue / 100;                ←4-1
});
console.log(newList.toString());  ←4-2
```

今回は乱数を使用するので、実行結果は毎回変わります。以下に一例を記載します。

```
22,61,10,49,88,78,86,94,91,95
配列内に13の倍数は含まれるか: true
0.22,0.61,0.1,0.49,0.88,0.78,0.86,0.94,0.91,0.95
```

▶▶▶ 復習部分の解説から

全体の処理としては、1〜100までの乱数が10個格納された配列を用意し、その中に13の倍数が含まれているかどうかを調べています。このときに活躍するのがsome()メソッドです。さらに、各要素を1/100した新しい配列を生成しています。このときに活躍するのがmap()メソッドです。

リスト10-3のソースコードを順に見ていきましょう。❶は関数isMultiplesOf13()を定義しています。この関数については後述します。実際の実行部分はその次の❷からです。ここは復習になります。2-1で用意した空の配列に対して、2-2のループ内で0〜100の乱数を発生させています。ループ回数が10回ですので、配列内には10個の乱数が格納されます。この方式は、7-3-2項で使いました。

そのようにして生成された配列内の要素を一挙に表示しているのが2-4です。ここでは10-2-1項で学んだtoString()を使っています。

▶▶▶ 配列内に条件に合致した要素があるか調べるsome()

リスト10-3の❸で**some()**メソッドを使っています。これは、配列内に条件に合致した要素があるかを調べるメソッドです。引数としてコールバック関数をとります。そのコールバック関数を定義しているのが❶のisMultiplesOf13()です。コールバック関数にはforEachと同じ3個の引数を定義します（8-3-2項参照）。

関数内では、引数を使って調べたい条件に合致する処理を記述し、最終的にtrue/falseを戻り値とします。リスト10-3では、1-1の引数currentValueが各要素ですので、それが13の倍数かどうか調べます。その処理が1-2です。これは、13で割った余りが0と同じかどうかでわかります（5-5-1項参照）。なお、比較演算子である「==」や「===」はその演算結果そのものがtrue/falseですので、そのままreturnします。

some()メソッド自体は、コールバック関数が1回でもtrueを返せばtrueを戻り値として戻してくれます。3-2ではその結果を表示しています。

このようにして、some()ではコールバック関数と組み合わせて配列内の各要素を調べることができます。この方法だと、いちいちループ処理を記述する必要がありません。

▶▶▶ 配列の各要素を加工した新しい配列を生成するmap()

同様に、いちいちループする必要がなくなるメソッドが**map()**です。このメソッドは、各要素を加工した新しい配列を生成します。その加工処理をコールバック関数に記述します。コールバック関数の引数はforEach()、some()と同じ3個です。これらの引数を利用して関数内では各要素の加工処理を行い、その結果をreturnします。

リスト10-3では、4-1が該当します。3のsome()のときは、別に関数を用意して、その関数名を引数として渡しました。ここでは8-3-3項で学習した無名関数を使っています。関数内では単に配列内の各要素を1/100しています。4-2では新たに生成された配列をtoString()を使って表示しています。

リスト10-3のmap()ではlistの各要素を1/00しているけど、これは例えばlistの値が何かのパーセントの値を格納したリストだと想定しているんだ。そのパーセント値を小数に直すには1/100するよね。その処理をmap()を使って行っているんだ。

なるほど。いちいちループする必要がないのはいいですね。

そうね。

ところで、ふと思ったのですが、リスト10-3の2-3で乱数を使っています。この記述、おまじないのようにずっと思ってきたのですけど、ひょっとして、これってMathオブジェクトのメソッドrandom()やround()なのですか？

素晴らしい。その通りよ。

これに関しては10-4節で扱うので、楽しみにしておいてね。

はーい。

10-2-3 連想配列オブジェクトであるMap

これまで同種のデータをまとめて扱いたいときには、配列、つまり、Arrayオブジェクトを使ってきました。しかし、この配列は各要素の管理にインデックスという連番を使うため、いまひとつ使いにくい面もありました。

▶▶▶ 配列が使いにくい例

例えば、A組〜E組の各クラスの生徒数を扱うとします。配列ならば、以下のような定義になります。

```
let studentNumList = [30, 31, 29, 30, 32];
```

この場合、インデックス0がA組、インデックス1がB組、…、インデックス4がE組となります。この対応関係を覚えておかないといけません。例えば、C組の人数を取得したい場合、ソースコードを書く際に、頭の中で

C組→インデックス2

の変換を行った上で、

studentNumList[2]

と記述しなければなりません。これは、面倒です。

▶▶▶ 配列を使いやすくした連想配列

どうせならば、「C」という文字を渡すとその人数を返してくれるようにしたいです。配列のインデックスの代わりに、管理したい値に好きなラベルを付与し、そのペアでデータを管理できるようになれば便利です（図10-8）。

図10-8：値にラベルを付けて管理

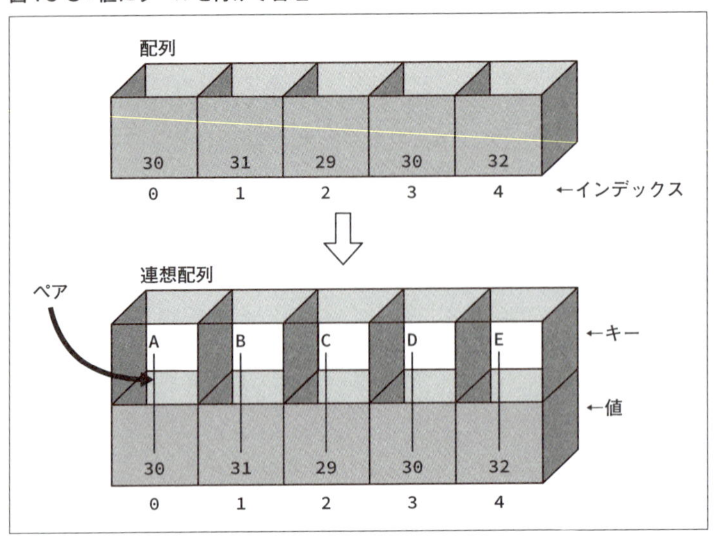

このような仕組みを**連想配列**、あるいは、**マップ**、**ハッシュ**などといいます。プログラミング言語によっては**ディクショナリ**という場合もあります。そして、この値を管理するラベルの部分を**キー**といいます。

▶▶▶ JavaScriptの連想配列はMapオブジェクト

その連想配列がJavaScriptにはオブジェクトとして用意されています。それが、**Map**です。早速Mapを使ったサンプルを見ていくことにしましょう。

リスト10-4のmapObject.jsを作成してください。

リスト10-4：mapObject.js IE

```
//Mapオブジェクトを生成。
let studentNumList = new Map();  ←❶
//各クラスの人数を登録。
studentNumList.set("A", 30);
studentNumList.set("B", 31);
studentNumList.set("C", 29);  ←❷
studentNumList.set("D", 30);
studentNumList.set("E", 32);

//Mapの要素数を取得。
let count = studentNumList.size;  ←❸
console.log("要素数: " + count);
//C組の人数を取得。
let studentNumC = studentNumList.get("C");  ←❹
console.log("C組の人数: " + studentNumC);

//Mapのループ。
for(let [key, value] of studentNumList) {  ←❺
    console.log("キーは" + key + "で値は" + value);
}
```

実行結果は以下の通りです。

```
要素数: 5
C組の人数: 29
キーはAで値は30
キーはBで値は31
キーはCで値は29
キーはDで値は30
キーはEで値は32
```

▶▶▶ Mapオブジェクトの使い方

Mapオブジェクトを使うには、まずnewしてオブジェクトを生成する必要があります。それがリスト10-4の❶です。ここでは、変数studentNumListに代入しています。この変数studentNumListに対して、プロパティを取得したり、メソッドを実行することで、Mapのさまざまな機能が利用できます。リスト10-4ではいくつか紹介していますが、是非、MDNのMapのページ*を参照してください。

▶▶▶ 要素の登録はset()

Mapオブジェクトに要素を登録するには、**set()**メソッドを使います。引数は2個あり、第1引数がキー、第2引数が値です。リスト10-4の❷ではこのメソッドを使って、A組からE組までの人数を登録しています。

▶▶▶ 要素数のsizeプロパティ

Mapの要素数を取得するのは**size**プロパティです。そのプロパティにアクセスしているのがリスト10-4の❸です。実行結果からわかるように、ちゃんと5件登録されているのが確認できます。

▶▶▶ 要素ひとつを取得するのはget()

Map内の要素ひとつだけを取得するには**get()**メソッドを使います。引数はキーです。リスト10-4では❹でC組の人数を取得しています。配列ではこのような便利な使い方はできません。

▶▶▶ その他のメソッド

その他、要素ひとつだけを削除する**delete()**メソッド、全要素を削除する**clear()**メソッドなどがあります。詳細はMDNのMapのページを参照してください。

*）https://developer.mozilla.org/ja/docs/Web/JavaScript/Reference/Global_Objects/Map

▶▶▶ Mapのループ

最後にMapのループを紹介します。リスト10-4の❺が該当します。Mapも配列同様にfor…ofが使えます（7-2-3項参照）。ただし、ofの前の各要素を格納する変数宣言部分が変わります。Mapはキーと値がペアで扱われるので、for…ofループで要素をひとつずつ取り出す際、このペアで取り出されます（図10-9）。したがって、それを格納する変数も、以下の形で用意してあげる必要があります。

［キー用変数, 値用変数］

図10-9：ループではキーと値のペアが各要素となる

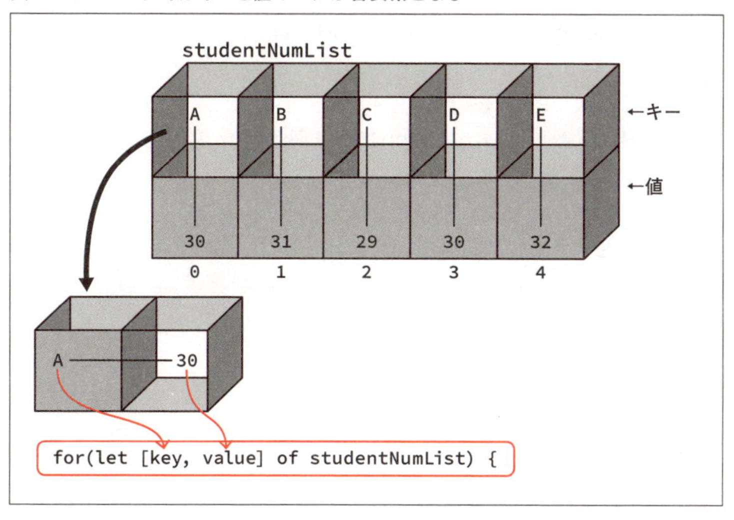

リスト10-4の❺では、それぞれkey、valueとそのままの名称の変数を用意して、ループ内で利用しています。

この連想配列はすごく便利なものだから、早く慣れてね。

少し補足すると、このMapはES2015から導入されたものなんだ。旧来のJavaScriptでは、値にキーを付けたい場合は、オブジェクトリテラルというのを利用していたんだよ。次に、それを見てみようか。

10-2-4 オブジェクトリテラル

オブジェクトリテラルを利用したサンプルを作成しましょう。リスト10-5のobjectLiteral.jsを作成してください。

リスト10-5：objectLiteral.js

```
let studentNumList = {A:30, B:31, C:29, D:30, E:32}  ←❶
console.log("C組の人数: " + studentNumList["C"]);  ←❷
console.log("E組の人数: " + studentNumList.E);  ←❸

studentNumList.F = 28;  ←❹
console.log("F組の人数: " + studentNumList.F);
```

実行結果は以下の通りです。

```
C組の人数: 29
E組の人数: 32
F組の人数: 28
```

▶▶▶ オブジェクトリテラルの定義は{}

リスト10-5の❶が**オブジェクトリテラル**を定義しているコードです。{}内に

キー:値

をカンマで区切り並べます。配列は[]でしたが、オブジェクトリテラルは{}であることに注意してください。

このオブジェクトリテラルから値を取り出しているのが❷です。配列と同じように変数名に[]をつけて、その中にキーを記述します。配列の場合はインデックスを表す数字でしたが、オブジェクトリテラルはキーを指定します。

リスト10-5の❸もオブジェクトリテラルから値を取り出す方法なんだ。

え？ドットですか？

そう。気づいたかな？

ひょっとして、プロパティですか？

▶▶▶ オブジェクトリテラルはオブジェクトそのもの

リスト10-5の❶で定義した**オブジェクトリテラル**は、実は、**Object**オブジェクトが生成され、それを変数studentNumListとする処理なのです。生成したそのオブジェクトに、A、B、…、Eとプロパティを定義して、そこに値を格納しているのと同じ動きです。先の説明では、「キー:値」と記述しましたが、より正確には、これは「プロパティ:値」といえます。それを踏まえて、構文としてまとめると以下のようになります。

構文 オブジェクトリテラル

```
let 変数名 = {プロパティ名:値, プロパティ名:値, …}
```

なお、9-4-2項で解説した通り、JavaScriptのオブジェクトはプロパティを後から追加できます。リスト10-5の❹でF組の人数を設定していますが、これは、プロパティFを追加し、その値として28を格納しているという処理なのです。

ES2015までは、JavaScriptで連想配列を作ろうとすると、このオブジェクトリテラルを使わないといけなかったから、古くはJavaScriptでは連想配列のことを「オブジェクト」と表現していたのよ。

そうなんですね。

そうよ。ただ、実際のオブジェクトはメソッドも含まれているから、オブジェクトという用語は連想配列より広いと思うのよね。だから、私は、この連想配列をオブジェクトというのは好きになれないの。

まあ、実際、JavaScriptでは、変数であるプロパティだけでなく、処理であるメソッドも連想配列の値のように扱われて、すべてが連想配列のように格納されているから、連想配列をオブジェクトというのはあながち間違ってはいないのだけどね。とはいえ、ES2015でクラスが導入されたり、ちゃんと連想配列らしいMapオブジェクトが導入されたから、少しずつ変わっていくと思うよ。

▶▶▶ オブジェクトリテラルとMapの違い

会話にもあるように、JavaScriptで連想配列を表すものとして、旧来のオブジェクトリテラルと後発のMapの2種類が現在あります。これらの違いはどこにあるのでしょうか。

まず、オブジェクトリテラルは、Objectオブジェクトをベースにして、連想配列のキーをオブジェクトのプロパティとして表現するため、オブジェクトを生成した時点でObjectにもともと備わっている他のプロパティが存在します。いわばキーと値のペアに不純物が含まれている状態です。それに対して、Mapはオブジェクトを生成した時点でキーと値のペアは全く存在しません。クリーンな状態といえます。

さらに、オブジェクトリテラルはキーをプロパティとして表現しているので、文字列しか使えません。一方、Mapはキーに任意の値を使えます。もちろん数値も使えます。

さらに、リスト10-4の❸にあるように、Mapは要素数を取得できますが、オブジェクトリテラルは取得できません。

このような違いから、今後、ちゃんとした連想配列を利用する場合はMapを利用した方がいいでしょう。とはいえ、旧来のオブジェクトリテラルもまだまだ使われています。適材適所で使い分けるようにしましょう。

10-2-5 重複がない集合を表すオブジェクトSet

配列であるArray、連想配列であるMapと紹介してきました。その仲間をもうひとつ紹介しておきましょう。それは、**Set**です。**Set**は集合を扱うオブジェクトです。実際にサンプルで見てみましょう。リスト10-4で使用した以下の点数リストをSetを使って管理してみます。

[30, 31, 29, 30, 32]

リスト10-6のsetObject.jsを作成してください。

リスト10-6：setObject.js IE

```
//Setオブジェクトを生成。
let scoreList = new Set();   ←❶
//データ登録。
scoreList.add(30);
scoreList.add(31);
scoreList.add(29);   ←❷
scoreList.add(30);
scoreList.add(32);

//Setの要素数を取得して表示。
let count = scoreList.size;   ←❸
console.log("要素数: " + count);
//Setのループ。
for(let element of scoreList) {   ←❹
    console.log(element);
}
```

実行結果は以下の通りです。

```
要素数: 4
30
31
29
32
```

▶▶▶ Setの要素登録はadd()

Setオブジェクトの基本的な使い方はMapと同じで、まずnewしてオブジェクトを生成します。それが、リスト10-6の❶です。その後、❷で要素登録を行っています。Mapではset()メソッドでしたが、Setは**add()**メソッドです。Setは配列と同じように値のみを管理しますので、引数は1個です。ここでは、5個の要素を登録しています。

▶▶▶ Setは重複がない状態

次に、❸で要素数を取得して、表示しています。実行結果を見てください。おかしなことになっています。❷では5個の要素を確かに登録したはずなのに、要素数は4となっています。この原因を探るために、❹でscoreListをループさせて各要素を表示させています。SetはMapと違って、配列と同じようにfor…ofでループできます。実行結果を見ると何かに気づくと思います。

この項のはじめに、Setは集合、と紹介しました。これは、つまり、Setの各要素には重複した値がない状態を指します（図10-10）。実際、❷では30を2回登録していますが、値が重複しているので、内部的には1個のみ保持するようになっています。

図10-10：Setは重複を排除した集合

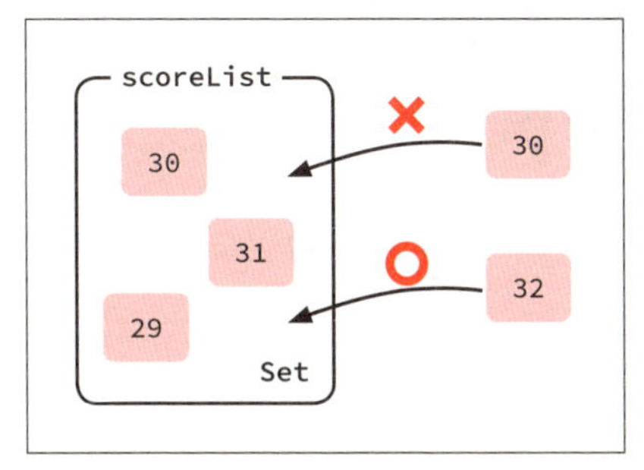

配列では、登録した順序をインデックスによって保持し、保証します。一方、Setは順序は保証しませんが、Set内の各要素の重複を排除できます。このように、重複を排除した状態でデータ管理を行いたい場合、Setは非常に有効です。

▶▶▶ Setにも便利なメソッドがある

SetもMap同様に便利なメソッドがあります。詳細は、MDNのSetのページ*を参照してください。

*）https://developer.mozilla.org/docs/Web/JavaScript/Reference/Global_Objects/Set

10-3 日付と時刻のオブジェクト

この節ではJavaScriptのビルトインオブジェクトを使って日付や時刻を扱う方法を解説します。

ポイントはこれ！

- ✓ JavaScriptで日時を扱うにはDateオブジェクトを使う
- ✓ Dateオブジェクトのメソッドを使うと、年月日時分秒ミリ秒それぞれを操作できる
- ✓ UTC日時とローカル日時を区別しよう
- ✓ Dateオブジェクトの実体はエポックミリ秒
- ✓ 日時の差分はエポックミリ秒の差から計算する

10-3-1 日時を扱うにはDateオブジェクト

JavaScriptで日付や時刻を扱おうとすると、これまでの知識ではかなり難しいです。

ナオキくん、少し問題。

はい。ちょっとドキドキしますが。

そんなに身構えなくていいよ。今度は難しくないから。Appleの創始者スティーブ・ジョブズの命日って知ってる？

え?あ、知らないです(プログラムの問題かと思った)。

検索したら、2011年10月5日って出てきたわ。

じゃあ、それをJavaScriptではどのように表現する?

(やっぱり、プログラムの問題なんだ)…。そういえば、今までのサンプルに日付は出てきてないです。

そう。実は、JavaScritpで日付を扱うための明確なデータ型はないんだ。だから、例えば、"2011/10/05"のように文字列で扱うか、20111005のように数値で扱うかしかない。ところが、文字列型でも数値型でも、例えば、日付から年だけを取り出そうとすると、変数の中身を年月日でバラバラにしないといけないから手間でしょ。さらに、1ヶ月日付を進めるとかも、なかなか大変。さらに、例えば、この日付だと、6日日付を戻すと月も変わってしまうよね。

わあ!実は日付処理ってなかなか難しいんですね。

それを簡単にしてくれるのがDateオブジェクトなんだ。サンプルを見ていこうか。

リスト10-7のdateObject.jsを作成してください。このサンプルは、上の会話でワトソン先生が例に挙げたスティーブ・ジョブズの命日のDateオブジェクトを作成し、実際に1ヶ月進めたり、6日戻したりします。

リスト10-7：dateObject.js

```
//2011年10月5日のDateオブジェクトを生成。
let jobs = new Date(2011, 9, 5); ←❶
//jobsを文字列に整形して表示。
console.log("ジョブズの命日: " + jobs.toDateString()); ←❷
//jobsを現在のロケールにあった文字列に整形して表示。
console.log("ジョブズの命日: " + jobs.toLocaleDateString());
                                                        ←❸

//jobsの月だけ取得。
let month = jobs.getMonth(); ←❹
//jobsの月を1ヶ月進める。
jobs.setMonth(month + 1); ←❺
console.log("1ヶ月後: " + jobs.toLocaleDateString());

//jobsの日だけ取得。
let date = jobs.getDate(); ←❻
//jobsの日を6日戻す。
jobs.setDate(date - 6); ←❼
console.log("6日前: " + jobs.toLocaleDateString());
```

実行結果は以下の通りです。

```
ジョブズの命日: Wed Oct 05 2011
ジョブズの命日: 2011/10/5
1ヶ月後: 2011/11/5
6日前: 2011/10/30
```

▶▶▶ Dateオブジェクトの生成方法

Dateオブジェクトを生成するには、他のオブジェクト同様にnewします。その際、引数を記述しなければ、それはそのソースコードを実行した日時のDateオブジェクトとなります。一方、引数を指定することで指定した日付や日時のDateオブジェクトを生成します。引数の指定方法はいくつかありますが、よく使われるのは以下の2種類です。

[A] 数値で指定する。

年月日時分秒ミリ秒それぞれの数値をカンマ区切りで記述します。例えば、以下のような記述です。

```
new Date(2018, 1, 3, 18, 35, 51, 443)
```

この場合、2018年2月3日18時35分51秒443のDateオブジェクトを作成します（月の数値指定についてはこの後で説明します）。これらの引数はすべて記述する必要はなく、必須なのは年月の2個です。省略した場合は、日は1が、それ以外は0が自動的にセットされます。例えば、リスト10-7の❶では年月日のみの指定ですので、他にはすべて0がセットされています。

ただし、1点注意が必要です。それは、月が0で始まるということです。1月が0、2月が1、3月が2、…とひとつずつずれていきます。

[B] 文字列で指定する。

日時を記述した文字列を引数として渡します。例えば、以下のような記述です。

```
new Date("2018/02/03 18:35:51")
```

ただし、日時文字列の記述方法によっては、日時解析エラーが起きてちゃんとDateオブジェクトが生成されないこともあります。可能な限り、**[A]** の数値で指定する方法をとりましょう。

▶▶▶ Dateオブジェクトの表示は文字列取得メソッドで

リスト10-7では❶で生成したスティーブ・ジョブズの命日のDateオブジェクトを❷と❸で表示しています。Dateオブジェクトはそのままでも表示できますが、より人間に見やすい形の文字列を取得できるメソッドが用意されています。それが❷の **toDateString()** メソッドです。ただし、これは、実行結果の1行目を見てもわかるように、英語圏の人にはわかりやすい表記です。そこで、各地域に合わせた表記の文字列に変換してくれるのが❸の**toLocaleDateString()**メソッドです。実行結果を見ると、こちらの方がわかりやすいですね。

なお、toDateString()もtoLocaleDateString()も日付部分の文字列しか生成しません。時刻部分の文字列を取得したい場合は**toTimeString()**か**toLocaleTimeString()**を、日時全部の文字列を取得したい場合は**toString()**か**toLocaleString()**を使います。

▶▶▶ 個別にデータの取得と設定

先の会話の中でワトソン先生が例に挙げていた日付操作を行っているのがリスト10-7の❹〜❼です。Dateオブジェクトには年月日時分秒ミリ秒のそれぞれの値を取得できるメソッドが用意されています。例えば、リスト10-7では❹で月を取得する**getMonth()**を、❻で日を取得する**getDate()**を使っています。

同様に、年月日時分秒ミリ秒それぞれの値を設定できるメソッドも用意されています。❺では月を設定する**setMonth()**を、❼では日を設定する**setDate()**を使っています。その際、❺では❹で取得した月に1プラスした値を設定しています。これで月が1ヶ月進みます。同様に、❼では❻で取得した日に6マイナスした値を設定しています。これで日が6日戻ります。ここで注目に値するのは、❼で取得した日、つまり5から6マイナスしても負の数にはならず、10月30日となることです。このように、Dateオブジェクトを使用した日時操作では、正しい日時に自動的に繰り上げたり繰り下げたりしてくれるのです。

なお、年月日時分秒ミリ秒の他の値の取得、設定に関してはMDNのDateオブジェクトのページ*を参照してください。

Dateオブジェクト、便利ですね！本当に自由自在に日時操作ができます。ところで、MDNのページを見ていると、例えば、同じ月の値の取得でもgetMonth()と**getUTCMonth()**の2種類あるみたいですけど、この**UTC**って何ですか？

*）https://developer.mozilla.org/docs/Web/JavaScript/Reference/Global_Objects/Date

UTCは、**協定世界時**（Coordinated Universal Time）のことで、かつての**グリニッジ標準時**（**GMT**：Greenwich Mean Time）に代わって世界の**標準時**として使われている時間のことだよ。日本はそこから9時間ずれているね。JavaScriptのDateオブジェクトは、通常の処理で取得した日時、つまりローカル日時はそのPCの日時となるんだ。でも、UTCで処理した方が整合性が取れる場合がある。例えば、世界中で使われるようなシステムだと、どうしてもどこかを基準にしないといけないからね。そういったことにも対応できるようにUTC時間を扱えるようになっているんだ。

1
2
3
4
5
6
7
8
9
10
11
12
13

10-3-2 Dateの中身はUNIXエポックからのミリ秒

最後に、Dateオブジェクトの中身について解説しておきましょう。リスト10-8のdateDiff.jsを作成してください。このサンプルでは、ジョブズの命日と現在の日時の差分を求めています。

リスト10-8：dateDiff.js

```
//2011年10月5日のDateオブジェクトを生成。
let jobs = new Date(2011, 9, 5);  ←❶
//jobsのUNIXエポックからのミリ秒を取得。
let jobsMills = jobs.getTime();  ←❷

//現在の日時を取得し、表示。
let now = new Date();  ←❸
console.log("現在の日時: " + now.toLocaleString());
//nowのUNIXエポックからのミリ秒を取得。
let nowMills = now.getTime();  ←❹
//jobsとnowのミリ秒の差分を計算。
let diffMills = nowMills - jobsMills;  ←❺
//差分のミリ秒を日に換算し、表示。
let diffDate = diffMills / (1000 * 60 * 60 * 24);  ←❻
console.log("ジョブズの命日からの経過日: " + Math.floor( ⇒
diffDate) + "日");  ←❼
```

実行結果は以下の通りです。なお、現在の日時を取得する部分があるため、実行結果はその都度変化します。

```
現在の日時: 2018/2/3 1:35:55
ジョブズの命日からの経過日: 2282日
```

▶▶▶ エポックからのミリ秒

ここでは、ジョブズの命日から何日経過したかを計算しています。これは、ジョブズの命日と現在の日付との差分計算です。その際、理解しておかなければならないのは、JavaScriptのDateオブジェクトの本来の姿です。JavaScriptのDateオブジェクトは、UTCの1970年1月1日 00:00:00 000を起点として、指定された日時までのミリ秒を内部データとして保持しています。この1970年1月1日00:00:00 000を**UNIXエポック**、あるいは、単に**エポック**といい、そこから指定日時までのミリ秒を**エポックミリ秒**といいます（図10-11）。

図10-11：エポックミリ秒

例えば、ジョブズの命日である❶のjobsオブジェクトは、内部としては2011年10月5日0時0分0秒000と設定されています。エポックからこの2011年10月5日0時0分0秒000までのミリ秒数である「1320418800000」がエポックミリ秒です。そして、この数値がjobsオブジェクトの実体です。

リスト10-7の❷や❸での表示文字列の生成は、このミリ秒値を換算した結果であり、❹から❼で行った日時の操作もこのミリ秒値に対して、加算したり減算したりしているのです。

ミリ秒をそのまま取得

さて、日時の差分計算について、それ用の便利なメソッドは残念ながらありません。そこで、エポックミリ秒を使って差分計算します（図10-12）。

図10-12：日時の差分はミリ秒の差

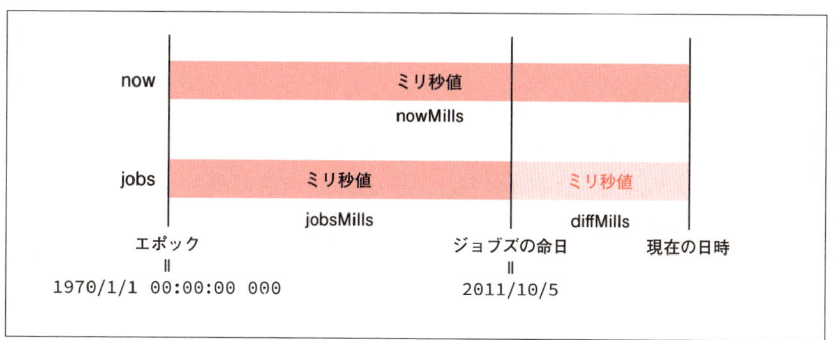

そこで、まず、❶でジョブズの命日であるjobsを生成し、そのjobsと現在の日時であるnowのエポックミリ秒をそれぞれ取得します。これは、Dateオブジェクトの**getTime()**メソッドを使います。それが、リスト10-8の❷と❹です。そうやって取得したエポックミリ秒の差を計算しているのが❺です。これは単なる引き算です。この計算結果であるdiffMillsは当然ミリ秒ですので、それを日に換算しているのが❻です。❻の分母にあたる

1000*60*60*24

について補足しておきます。最初の1000でミリ秒が秒に変換されます。次の60で秒が分に変換されます。次の60で分が時に変換されます。最後の24で時が日に変換されます。

このようにして日に変換されたdiffDateは小数のことが多いです。それを切り下げることで、整数の日数を得ることができます。その切り下げ処理が、❼の表示の際に使用しているMath.floor()メソッドです。このfloor()については次節でも紹介します。

10/4 Mathオブジェクトと静的メソッド

ビルトインオブジェクトの最後にMathオブジェクトを紹介します。

ポイントはこれ!

- ✓ 数学的計算にはMathオブジェクトを使う
- ✓ Mathオブジェクトのメソッドはすべて静的メソッド
- ✓ 静的メソッドは、そのオブジェクトをnewせずに直接オブジェクトから呼び出す

[10-4-1 Mathは数学的演算用のオブジェクト]

Mathオブジェクトは、数値に対して数学的演算を行ってくれるメソッドを含むオブジェクトです。

例えば、先のリスト10-8の❼にも登場しています。そこでは、**floor()**メソッドを使っています。これは、切り捨て処理のメソッドです。引数で渡された数値を切り捨てます。逆に切り上げを行うには、**ceil()**を使います。

さらに、10-2-2項の会話中でナオキくんが指摘したように、乱数発生で使ってきた**round()**メソッドが四捨五入です。乱数を発生させる本体である**random()**もMathオブジェクトのメソッドです。

他にも、累乗計算や平方根計算などもあります。詳細はMDNのMathオブジェクトのページ*を参照してください。

*) https://developer.mozilla.org/docs/Web/JavaScript/Reference/Global_Objects/Math

やはり、Mathはひとつのビルトインオブジェクトだったのですね。となると、疑問があります。

なに？

今までのビルトインオブジェクト、例えば、先にやったDateなんかも一度newしてそのオブジェクトを作成して、例えば、jobsみたいな変数に対してjobs.getTime()ってメソッドを実行していましたよね。でも、Mathはnewしていません。いきなり、Math.random()ってメソッドを実行しています。これって、どういうことなのですか？

いいところに気づいたわね。Mathのメソッドは全部staticなのよ。

static?

10-4-2 Mathのメソッドはすべて静的メソッド

9-1-5項のクラスとオブジェクトの関係を思い出してください。プロパティやメソッドというのは、newされたオブジェクト内に所属します。メソッドの処理もオブジェクト内で行われます。ですので、先の会話にもあるように、newしたオブジェクトを表す変数に対してメソッドを実行していました。

ところが、これらnewしたオブジェクトとは別のところで処理されるメソッドを作ることができます。これらのメソッドは、イメージ的にはクラス直属のメソッドといえます。こういったメソッドのことを、**静的メソッド**、あるいは、**staticメソッド**といいます（図10-13）*。

*）9-4-3項で説明したように、JavaScriptのクラスはシンタックスシュガーであり、疑似的なものです。したがって、本来ならクラス直属のメソッドというものは存在しえません。ここは、イメージをつかんでもらうことを優先しています。

図10-13：静的メソッド

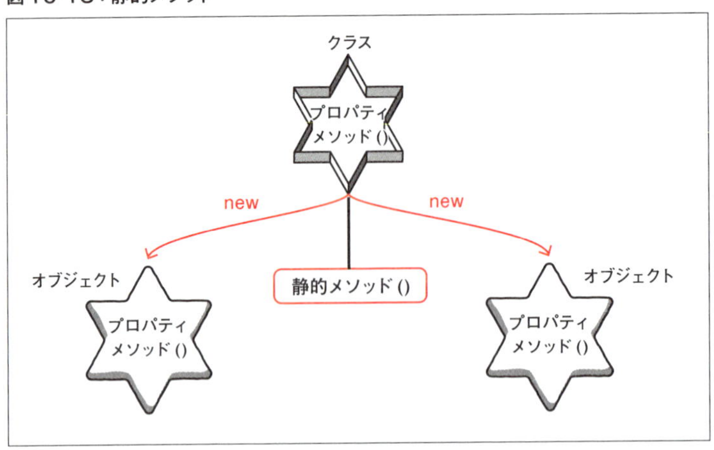

そして、この、静的メソッドを利用する場合は、Mathがそうであるように、オブジェクトをnewせずに、直接オブジェクト名からメソッドを呼び出します。

これら、静的メソッドは、その使い方として関数とほぼ同じと思っていて問題ありません。

なお、静的メソッドと同じく、**静的プロパティ**（**staticプロパティ**）というのも存在します。これら、静的メソッドや静的プロパティの作り方や詳細は本書の範囲を超えますので、別の機会に譲ることにします。

CHAPTER

11

HTMLの操作

Chapter 10では、JavaScriptのビルトインオブジェクトを学びました。これで、ひと通りJavaScriptの書き方を学んだことになります。ところで、Chapter 10までのサンプルは、動作の結果がすべてコンソール表示でした。しかし、JavaScriptは、本来HTMLと組み合わせて使われるものです。このChapterでは、その方法を学びます。

11-1 DOMとWindow

Chapter 10までさまざまなサンプルを作成してきました。それらのサンプルは、コンソールに結果を表示させることでプログラムの動作を確認していました。しかし、1-2-3項で説明したように、JavaScriptは本来ブラウザに表示されたものに動きをつけるための言語です。これは、JavaScriptでHTMLを操作することを意味します。HTMLを操作する方法を学ぶ前に、事前に必要な知識としてDOMを学びましょう。

ポイントはこれ！

- ✓ DOMはHTML文書をプログラムから操作するための仕組み
- ✓ DOMでは、開始タグから終了タグまでのカタマリや属性、タグに挟まれたテキストをノードという
- ✓ ブラウザが読み込んだHTMLはDOMとして扱えるようにdocument内に格納されている
- ✓ documentはwindowオブジェクトのプロパティのひとつ
- ✓ windowオブジェクトにはブラウザを操作できるさまざまなプロパティやメソッドが用意されている
- ✓ windowオブジェクトはnewできないグローバルオブジェクト

11-1-1 DOMとは

DOMは、**Document Object Model**の略で、HTML文書をプログラムから利用するための仕組みです*。まずは、リスト11-1のHTMLを見てください。

*）DOMは、本来、HTML文書だけでなく、XMLなどマークアップされた文書すべてに適用できる仕組みです。

リスト11-1：domSample.html

```
<!DOCTYPE html>
<html lang="ja">  ←❶
    <head>  ←❷
        <meta charset="utf-8">  ←❸
        <title>DOM確認サンプル</title>  ←❹
    </head>
    <body>  ←❺
        <h1>DOM</h1>
        <p>
            <abbr title="Document Object Model">DOM</abbr>⇒
は、HTML文書をプログラムから利用するための仕組みです。
        </p>
    </body>
</html>
```

このファイルを作成する場合は、Chapterが新しくなりましたので、このChapter用のフォルダ「chap11」をjssamplesフォルダ内に作成し、その中に作成してください。このhtmlファイルをブラウザで表示させると、図11-1のようになります。

図11-1：リスト11-1をブラウザで表示

DOM

DOMは、HTML文書をプログラムから利用するための仕組みです。

▶▶▶ タグの階層構造を確認

リスト11-1は、シンプルなHTML文書ですが、ここで登場したタグ類を分析すると図11-2のような階層構造になり、それぞれがJavaScriptのオブジェクトとして扱えます*。

*）ここでは、「JavaScriptのオブジェクト」と記述しましたが、DOMはJavaScriptのためだけの仕組みではありません。したがって、他の言語でDOMを利用する場合は、タグや属性、テキストがその言語のオブジェクトとして扱えるようになっています。

図11-2：リスト11-1の階層構造

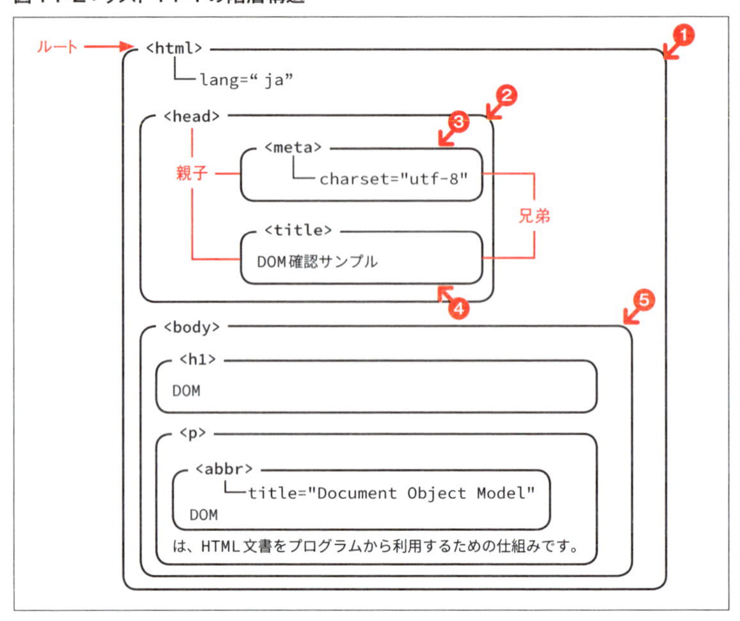

▶▶▶ ノード

DOMでは、開始タグから終了タグまでのカタマリ、属性、テキストをすべて**ノード**と呼び、それぞれ**要素ノード**、**属性ノード**、**テキストノード**といいます。

また、例えば、headタグとmetaタグは入れ子の関係にあるので、これを親子関係にあるとみなし、metaタグからはheadタグが**親ノード**、同様に、titleタグからheadタグも**親ノード**といいます。逆に、headタグからすると、metaタグやtitleタグは**子ノード**といいます。ここから簡単にわかるように、metaタグとtitleタグは**兄弟ノード**といえます。

これら親子関係をさかのぼっていくと、一番の親元にたどり着きます。リスト11-1では当然htmlタグとなるのですが、この一番元となるノードのことを**ルートノード**といいます。

11-1-2 Documentオブジェクト

DOMは各ノードをJavaScriptのオブジェクトとして扱える仕組みとなっているので、ブラウザがHTML文書を読み込んだ時点で、DOMとして解析され、**document**という変数内に格納されます。この**document**変数は、**Document**オブジェクトであり、この変数に対してプロパティの値を操作したり、適切なメソッドを実行することで、ブラウザに表示されたHTMLをJavaScriptで操作できます。

HTMLの操作と聞いて身構えていたのですけど、基本的に今までのJavaScriptのコーディングと同じで、プロパティの値をいじったり、メソッドを実行することなんですね。

そうよ。ただ、操作対象のHTMLの構造を意識しながらのコーディングになるから、そこは注意が必要よ。

ところで、この変数documentって突然出てきたように思えるのですが…。変数名も固定ですか？

じゃあ、そのあたりをもう少し説明しようか。

11-1-3 Windowオブジェクト

ブラウザ上に画面が表示された時点で、JavaScriptから見ると、そこには**Window**オブジェクトの変数**window**が存在することになります。上で紹介した**document**はこのWindowオブジェクトのプロパティです。ですので、正確に記述するならば、

window.document

となります。このようにwindowを記述してもいいですが、省略することもできます。

▶▶▶ windowオブジェクトの主なプロパティ

Windowオブジェクトにはdocument以外に、ブラウザの現在のURLを管理する**location**、表示履歴を管理する**history**、ブラウザ内のデータベースである**localStorage**や**sessionStorage**、コンソールを表す**console**といったプロパティが存在します。

あ!console!

気づいたかしら。

はい。今までコンソールへの出力に使っていたconsoleって、windowオブジェクトのプロパティだったのですね!

そうよ。

```
console.log()
```

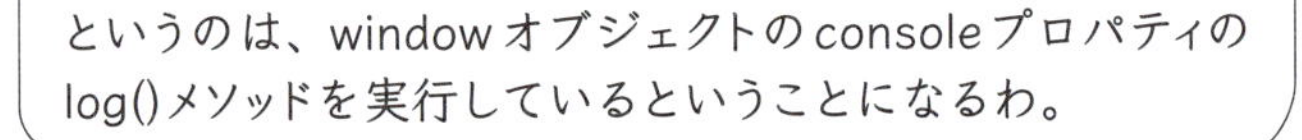

というのは、windowオブジェクトのconsoleプロパティのlog()メソッドを実行しているということになるわ。

だから、正確に記述するなら、

```
window.console.log()
```

となるね。ただ、このwindowは省略してもいいから記述してこなかったのだよ。

▶▶▶ windowオブジェクトの主なメソッド～ alert()とconfirm() ～

windowオブジェクトには、もちろんメソッドもあります。ここでは主なものをいくつか紹介しておきましょう。

まず、Chapter 2リスト2-1で登場した警告ダイアログを表示する**alert()**があります。これに似たもので「OK」「キャンセル」の選択ができるダイアログを表示する**confirm()**があります。引数としては、ダイアログに表示させたい文字列を記述します。例えば、以下のように記述します。

```
window.confirm("よろしいですか?");
```

すると、図11-3のようなダイアログが表示されます。

図11-3：confirm()で表示させたダイアログ

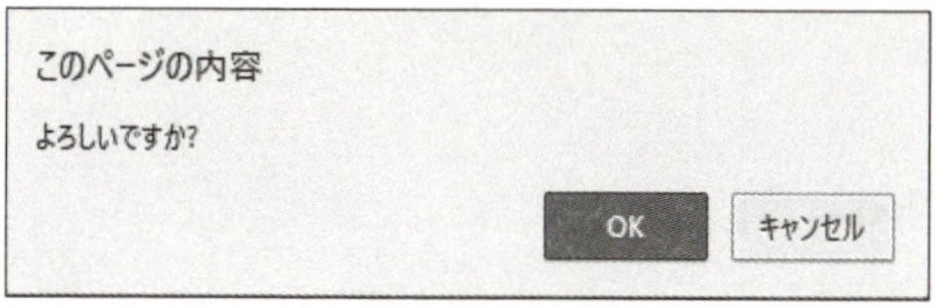

このページの内容
よろしいですか?
OK　キャンセル

このメソッドは、表示されたダイアログの「OK」と「キャンセル」ボタンに対応した戻り値が返され、それぞれtrueとfalseです。

▶▶▶ windowオブジェクトの主なメソッド～ open()とclose() ～

現在のウィンドウから別のウィンドウを開くメソッドとして、**open()**があります。引数としてURLを渡すと、別ウィンドウでそのURLのページを表示してくれます。例えば、以下のように記述します。

```
window.open("https://www.google.co.jp/");
```

ただし、最近のブラウザは、セキュリティのためデフォルトでポップアップブロックが施されていますので、そのブロックを解除しないと開かないことが多いです。

逆に、ウィンドウを閉じるのが**close()**です。単に

```
window.close();
```

と記述することで現在のウィンドウを閉じます。

▶▶▶ windowオブジェクトの主なメソッド～ scroll() ～

ウィンドウ内を特定の位置にスクロールさせるには**scroll()**を使います。引数は2個必要で、第1引数として横方向にスクロールさせるピクセル数、第2引数として縦方向にスクロールさせるピクセル数を指定します。例えば以下のように記述します。

```
window.scroll(0, 100);
```

これで、縦方向に100ピクセルスクロールします。

そういえば、一番最初のサンプルで、

```
window.alert()
```

というのを書いた覚えがあります。あのときはさっぱり意味がわかりませんでしたけど、windowオブジェクトのメソッドだったのですね。でも、ここでは、windowを記述しています。これって省略可能なんですよね？

可能よ。単にalert()を記述してもちゃんと表示されるわよ。

なるほど。そもそも、なぜ、windowって省略できるのですか？

▶▶▶ グローバルオブジェクト

Windowオブジェクトというのは、ブラウザの画面そのものを表しますので、そもそもこちら側で、次のようにオブジェクトを生成することはできません。

```
let win = new Window();
```

また、各メンバはstaticメンバでもないので、Mathのように以下のような呼び出し方もできません（10-4-2項参照）。

```
Window.メソッド名();
```

このWindowオブジェクトは、そのオブジェクト単体で何か機能を提供するのではなく、いわば、ブラウザ画面に関係するプロパティやメソッドを束ねておく入れ物のためだけに存在するようなオブジェクトです。このようなオブジェクトのことを**グローバルオブジェクト**といいます。そして、グローバルオブジェクトを表す変数は、それ自身を省略してプロパティやメソッドにアクセスできる、という性質があります。そのため、windowを記述する必要がないのです。

COLUMN

windowプロパティ

Windowオブジェクトにはプロパティとしてwindowというプロパティがあります。これは、自分自身を指します。したがって、

```
window.window
```

という表記は自分自身を指し、単にwindowと同じ意味です。

さらに、

```
window.window.window
```

も

```
window.window.window.window
```

もwindowと同じです。ややこしいですね。

11/2 ノード操作の基本

いよいよ、実際にDOMを使って、HTMLをJavaScriptから操作していきます。その際、何はともあれノードを取得する必要があります。特に、HTMLはタグで構成されているので、タグを表す要素ノードを取得し、それに対して何らかの操作を行っていくのが基本です。本節では、まず要素ノードを取得し、その属性、およびテキストを操作する方法を学びましょう。

ポイントはこれ!

- ✓ 要素ノードの取得は、documentに対して専用のメソッドを実行
- ✓ id属性値での要素ノード取得が一番簡単で、getElementById()メソッドを使う
- ✓ テキストノードは、取得した要素ノードのtextContentプロパティを利用する
- ✓ 属性値へのアクセスは同名のプロパティを使う。ただし、属性名と違う名称のプロパティがあるので注意が必要
- ✓ 属性値の取得、追加・変更、削除はメソッド経由でも可能

11-2-1 要素ノードの取得メソッド

要素ノードの取得は、documentに対して専用のメソッドを実行します。具体的な要素ノード取得のサンプルに入る前に、これらのメソッドを概観しておくために、各メソッドを表11-1にまとめておきます。

表11-1：要素ノード取得メソッド

メソッド名	内容
getElementById()	id属性値で取得。
getElementsByTagName()	タグ名で取得。
getElementsByClassName()	class属性値で取得。
getElementsByName()	name属性値で取得。
querySelector()	セレクタ式に合致する要素の最初のひとつを取得。
querySelectorAll()	セレクタ式に合致するすべての要素を取得。

11-2-2 ボタンクリックでJavaScriptプログラムを実行させるには

表11-1のうち、一番扱いやすいのがgetElementById()です。サンプルで見ていきましょう。

このChapterでは、HTMLを操作するサンプルとなるので、htmlファイルが必要です。まず、そちらを作成します。リスト11-2のgetByIdHTML.htmlを作成して表示してください。

リスト11-2：getByIdHTML.html

```
<!DOCTYPE html>
<html lang="ja">
    <head>
        <meta charset="utf-8">
        <title>idによる要素取得サンプル</title>
    </head>
    <body>
        <h1 id="headTitle">idによる要素取得</h1>   ←❶
        <button type="button" onclick="onH1ButtonClick()⇒
">h1要素の取得</button><br>   ←❷
        <button type="button" onclick="onH1TextButtonClick⇒
```

```
()">h1のテキスト取得</button><br>    ←❸
        <button type="button" onclick="onH1TextAltButton⇒
Click()">h1のテキスト書換</button><br>    ←❹
        <script type="text/javascript" src="getById.js"></⇒
script>
    </body>
</html>
```

表示させると図11-4のようになります。

図11-4：リスト11-2をブラウザで表示

idによる要素取得

h1要素の取得
h1のテキスト取得
h1のテキスト書換

▶▶▶ onclick属性

図11-4を見てもわかるように、ボタンが3個配置されています。リスト11-2中でいえば、❷〜❹のbuttonタグが該当します。このbuttonタグのすべてに**onclick**属性が記述されています。この属性には、その属性値としてJavaScriptの関数名を記述すると、ボタンがクリックされたときにその関数を実行してくれる仕組みがあります。例えば、リスト11-2の❷ではonH1ButtonClick()という関数名が記述されています。このボタンをクリックすると、onH1ButtonClick()関数内の処理が実行されます。

現段階では、getById.jsファイルが存在しませんので、このボタンに限らず、すべてのボタンで、クリックするとエラーとなります。これより、これらのonclick属性に記述された関数をgetById.jsファイルに記述していきながら、HTMLの操作方法を学んでいきます。

11-2-3 idによる要素ノード取得

まず、リスト11-2❷の［h1要素の取得］ボタンがクリックされたときの処理として、onH1ButtonClick()関数を記述していきましょう。この関数では、❶のidがheadTitleであるh1タグ要素ノードを取得してコンソール表示します。

リスト11-3のgetById.jsを作成してください。

リスト11-3：getById.js

```
function onH1ButtonClick() {
    //idがheadTitleの要素を取得。
    let headTitle = document.getElementById("headTitle");
                                                     ←❶
    //取得した要素をコンソール表示。
    console.log(headTitle);  ←❷
}
```

作成し終えたら、リスト11-2のhtml画面を再表示させたうえで、［h1要素の取得］ボタンをクリックしてください。コンソールに以下の内容が表示されます。

```
<h1 id="headTitle">idによる要素取得</h1>
```

リスト11-3で注目するところは、❶の**getElementById()**です。このメソッドは、表11-1にもあるように、id属性値で要素を取得するメソッドです。HTMLタグのid属性値は、idとあるように、そのページ内では一意（ユニーク）となるように付ける必要があります。ということは、このメソッドで取得できる要素はひとつだけです。指定した要素を取得するのには非常に便利なメソッドです。

引数としては、id属性値を文字列として指定します。リスト11-3❶ではheadTitleと指定しているので、リスト11-2❶のh1タグを取得できます（図11-5）。

図11-5：リスト11-3❶の動作

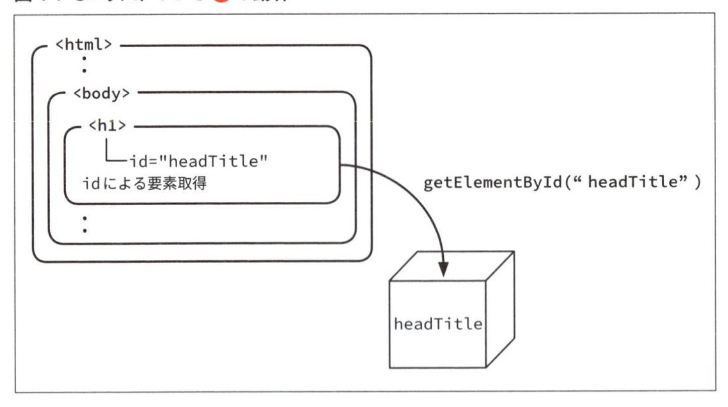

❷では取得したheadTitleをコンソール表示させています。実行結果から、無事、リスト11-2❶のタグが取得できているのがわかります。

11-2-4 テキストの取得

リスト11-3では、要素ノード取得の基本であるgetElementById()を使ってh1タグを取得しました。しかし、実際には、取得したタグそのものよりも、そのテキストであったり、属性値を操作することの方が多いです。ここでは、まずテキストの取得方法を学びましょう。

リスト11-2の❸の［h1のテキスト取得］ボタンをクリックすると、前項で取得したh1タグのテキスト部分だけを取得してコンソール表示させるようにします。そのような処理が記述された関数onH1TextButtonClick()を作成します。リスト11-4の内容をgetById.jsに追記してください。

リスト11-4：getById.js（追加コード）

```
function onH1TextButtonClick() {
    //idがheadTitleの要素を取得。
    let headTitle = document.getElementById("headTitle");
                                                        ←❶
```

```
    //取得した要素のテキスト部分を取得。
    let headTitleText = headTitle.textContent;  ←❷
    //取得したテキスト部分をコンソール表示。
    console.log(headTitleText);  ←❸
}
```

作成し終えたら、getByIdHTML.htmlを再表示させたうえで、[h1のテキスト取得] ボタンをクリックしてください。コンソールに以下の内容が表示されます。

```
idによる要素取得
```

リスト11-4の❶は復習です。idがheadTitleの要素ノードを取得しています。❷では、その変数headTitleに対して、textContentプロパティの値を変数に格納しています。この**textContent**プロパティがテキストノードを表します。つまり、テキストを取得したい場合は、

要素ノードの取得→textContentプロパティで取得

という手順です（図11-6）。

図11-6：リスト11-4の動作

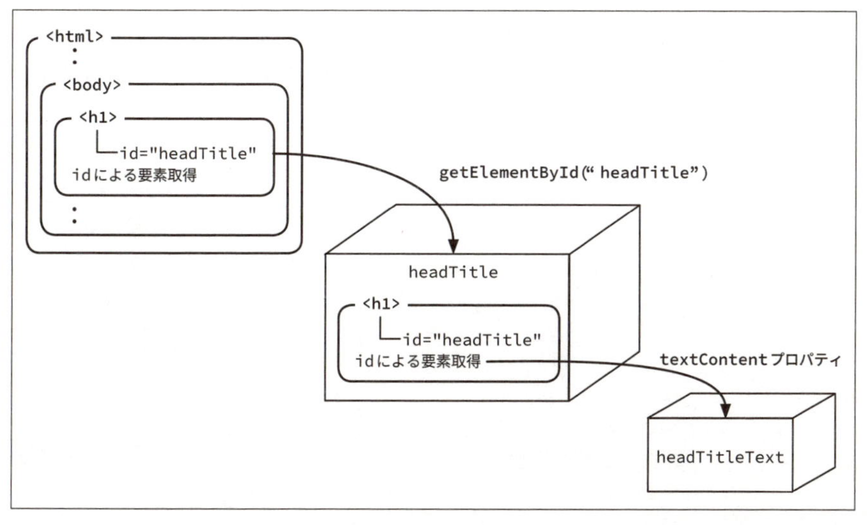

❸では取得したテキストノードを表示しています。実行結果から無事テキスト部分だけ取得できていることがわかります。

11-2-5 テキストの置換

次に、リスト11-2の❹の［h1のテキスト書換］ボタンをクリックすると、h1タグのテキスト部分を「idによる取得サンプル」という表示に変更するようにします。そのような処理が記述された関数onH1TextAltButtonClick()を作成します。リスト11-5の内容をgetById.jsに追記してください。

リスト11-5：getById.js（追加コード）

```
function onH1TextAltButtonClick() {
    //idがheadTitleの要素を取得。
    let headTitle = document.getElementById("headTitle");
                                                         ←❶
    //取得した要素のテキスト部分を変更。
    headTitle.textContent = "idによる取得サンプル";  ←❷
}
```

作成し終えたら、getByIdHTML.htmlを再表示させたうえで、［h1のテキスト書換］ボタンをクリックしてください。ブラウザの画面が図11-7のように変化します。

図 11-7：h1 タグのテキストが変化

idによる取得サンプル

h1要素の取得

h1のテキスト取得

h1のテキスト書換

前項で、テキストノードはtextContentプロパティを使うことを解説しました。このtextContentはプロパティですので、値を代入できます。値を代入することでテキストノードが書き変わります。それがリスト11-5の❷です。もちろん、その前に一度要素ノードを取得しておく必要があります。それが❶です。

わあ！表示内容が変わった！今までコンソールばっかりだったので、こんなふうにブラウザ上の表示に変化が出てくると、感動します。

でしょ？JavaScriptは本来、こういうためにあるからね。

じゃあ、次は入力値の取得をしてみようか。

11-2-6 属性の取得

リスト11-5では、表示内容を固定の文字列に変更する処理でした。次は、入力値を取得して表示する処理を扱います。まず、画面のhtmlファイルから作成します。リスト11-6のgetAttributeHTML.htmlを作成して表示してください。

リスト11-6：getAttributeHTML.html

```
<!DOCTYPE html>
<html lang="ja">
    <head>
        <meta charset="utf-8">
        <title>属性取得サンプル</title>
    </head>
    <body>
        <p>
            <input type="text" id="freewordInput" name="⇒
freeword"> ←❶
            <button type="button" onclick="onFreewordButton⇒
Click()">入力値の表示</button> ←❷
        </p>
        <p id="showInput">未入力</p> ←❸
        <script type="text/javascript" src="getAttribute.⇒
js"></script>
    </body>
</html>
```

表示させると図11-8のようになります。

図11-8：リスト11-6をブラウザで表示

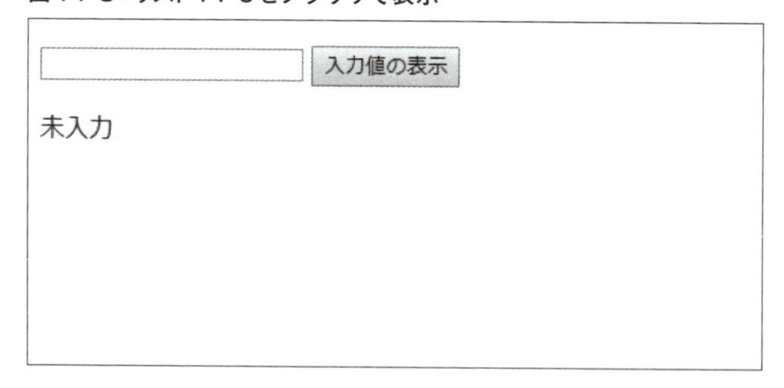

リスト11-6の❷の［入力値の表示］ボタンをクリックすると、❶の入力欄に入力した文字列を取得し、❸のpタグ内のテキスト部分に「入力された値:○○」と表示するようにします。そのような処理が記述されたリスト11-7をgetAttribute.

jsに作成してください。

リスト11-7：getAttribute.js

```
function onFreewordButtonClick() {
    //idがfreewordInputのinput要素を取得。
    let freewordInput = document.getElementById("freeword⇒
Input");  ←❶
    //取得したinput要素の入力値を取得。
    let freewordInputValue = freewordInput.value;  ←❷
    //取得したinput要素のname属性値を取得。
    let freewordInputName = freewordInput.getAttribute("⇒
name");  ←❸
    //idがshowInputのp要素を取得。
    let showInput = document.getElementById("showInput");
                                                      ←❹
    //取得したp要素のテキストにinput要素の入力値とname属性を表示。
    showInput.textContent = "name属性が" + freeword ⇒
InputName + "の入力された値: " + freewordInputValue;  ←❺
}
```

作成し終えたら、getAttributeHTML.htmlを再表示させたうえで、入力欄に何か文字列を入力し、［入力値の表示］ボタンをクリックしてください。ブラウザの画面が図11-9のように変化します。

図11-9：入力した文字列を表示

こんにちは	入力値の表示

name属性がfreewordの入力された値: こんにちは

▶▶▶ 属性は同名のプロパティを利用

ここでのポイントは、リスト11-7の❷です。❶では入力欄であるリスト11-6❶のinput要素を取得し、変数freewordInputとしています。このfreewordInputから入力値を取得します。inputタグの入力値は属性**value**の値として表されます。となると属性値の取得方法を知っておく必要がありますが、多くの属性値は同名のプロパティが用意されているので、そのプロパティを利用します。それが、❷です。ここでは、プロパティ**value**を使い入力値を取得して、変数freewordInputValueに格納しています（図11-10）。

図11-10：属性は同名のプロパティが利用できる

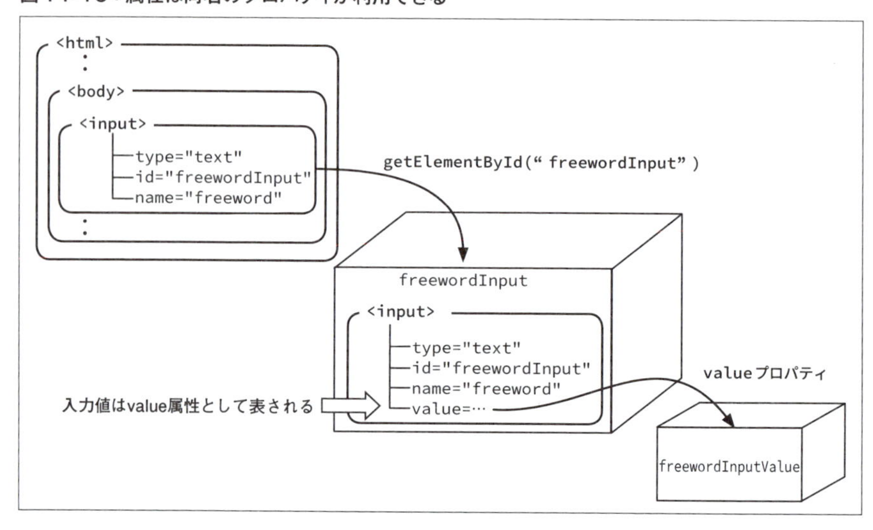

▶▶▶ 属性を取得できるメソッドもある

属性値の取得は、プロパティを使わずにメソッドを利用する方法もあります。それが、リスト11-7の❸で使われている、属性値を取得するメソッド**getAttribute()**です。引数としては属性名を渡します。リスト11-7の❸ではname属性の値を取得しています。

もちろん、❸は次のように記述しても同じ動作になります。

```
freewordInput.name
```

この記述と比べれば、❸の方が少し複雑に見えます。しかし、このgetAttribute()を使うメリットとしては、属性名をそのまま利用できる点です。というのは、属性によっては、属性名とプロパティ名が違うこともあるからです。例えば、クラス属性の属性名はclassですが、プロパティは**className**と違ってきます。getAttribute()を使えば、その違いを意識する必要がなくなります。

一方、デメリットもあります。❷のような入力値はこのgetAttribute()では取得できません。試しに、❷を次のように記述すると、null（12-2-3項COLUMN参照）となります。この点は注意しておいてください。

```
freewordInput.getAttribute("value")
```

▶▶▶ 取得した属性値の表示

このようにして取得した入力値と属性値をリスト11-6❸のpタグのテキスト部分に表示させますが、そのためには、まず、このp要素を取得する必要があります。それがリスト11-7の❹です。表示用のpタグにはあらかじめidとしてshowInputを設定しているので、これを利用します。そうやって取得したp要素のテキスト部分を入力文字列freewordInputValueとname属性値freewordInputNameを使って書き換えているのが❺です。これは前項の復習となります。

[11-2-7 属性の追加・更新・削除]

最後に、属性を追加、更新、削除する処理を扱います。まず、画面のhtmlファイルから作成します。リスト11-8のeditAttributeHTML.htmlを作成して表示してください。

リスト11-8：editAttributeHTML.html

```
<!DOCTYPE html>
<html lang="ja">
    <head>
        <meta charset="utf-8">
        <title>属性値の更新サンプル</title>
        <style type="text/css">
            .redText {
                color: red;
            }
        </style>
    </head>
    <body>
        <p id="showText">こんにちは</p>  ←❶
        <button type="button" onclick="onP2RedButton⇒
Click()">上の文字を赤に</button><br>  ←❷
        <button type="button" onclick="onP2DefaultButton⇒
Click()">赤文字を元通りに</button><br>  ←❸
        <script type="text/javascript" src="editAttribute.⇒
js"></script>
    </body>
</html>
```

表示させると図11-11のようになります。

図11-11：リスト11-8をブラウザで表示

こんにちは

上の文字を赤に

赤文字を元通りに

リスト11-8の❷の［上の文字を赤に］ボタンをクリックすると、「こんにちは」と表示されている❶のpタグの文字色を赤色に変化させるように、また、❸の［赤文字を元通りに］をクリックすると、元の色に戻るようにします。前者の処理が記述された関数onP2RedButtonClick()、および、後者の処理が記述されたonP2DefaultButtonClick()関数を作成します。この2個の関数が記述されたリスト11-9のeditAttribute.jsを作成してください。

リスト11-9：editAttribute.js

```
//［上の文字を赤に］ボタンクリック時の処理。
function onP2RedButtonClick() {
    //idがshowTextのp要素を取得。
    let showText = document.getElementById("showText");
    //取得したp要素のclass属性にredTextクラスを設定。
    showText.setAttribute("class", "redText");  ←❶
}

//［赤文字を元通りに］ボタンクリック時の処理。
function onP2DefaultButtonClick() {
    //idがshowTextのp要素を取得。
    let showText = document.getElementById("showText");
    //取得したp要素のclass属性を削除。
    showText.removeAttribute("class");  ←❷
}
```

作成し終えたら、editAttributeHTML.htmlを再表示させたうえで、［上の文字を赤に］ボタンをクリックして「こんにちは」の表示が赤色に変化することを確認してください（図11-12）。また、［赤文字を元通りに］をクリックすると、元の色に戻ることも確認してください（図11-11）。

図11-12：「こんにちは」が赤文字に変化した画面

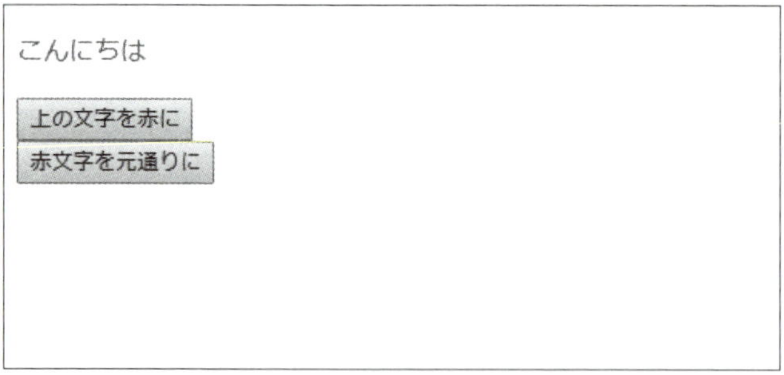

こんにちは

上の文字を赤に

赤文字を元通りに

▶▶▶ 属性値の編集はsetAttribute()

リスト11-9で記述した処理というのは、リスト11-8❶のpタグに対してheadタグ内に記述したredTextスタイルを適用する処理です。これは、以下の属性を追加するのと同じことです。

```
class="redText"
```

つまり、リスト11-8の❷の［上の文字を赤に］ボタンをクリックすると、pタグに上の属性が追加され、❸の［赤文字を元通りに］をクリックするとこの属性が削除される処理です。このような属性の追加や削除は、属性の更新も含めて同じ処理で、リスト11-9の❶が該当します。これは、メソッド**setAttribute()**を使います。引数は2個あり、第1引数は属性名、第2引数はその値です。❶ではclass属性にredTextを適用しています。このとき、もしこの属性がすでにあれば値を上書きし、なければ追加します。

さらに、属性値として空文字（""）を指定すると、属性は残りますが値がないため、属性の削除と同じ効果になる場合があります。ただし、この方法は万能ではないので、もし完全に属性そのものを削除したい場合は、リスト11-9❷のように**removeAttribute()**メソッドを使います。

▶▶▶ 属性値の編集はプロパティも使える

前項で属性値を取得するのにプロパティを使いました。属性値の編集も同じようにプロパティを使って行えます。例えば、リスト11-9の❶は以下のような記述も可能です。

```
showText.className = "redText";
```

なお、11-2-6項で解説した通り、属性classのプロパティは**className**であり、属性名と違います。

COLUMN

setAttribute()やclassNameプロパティは複数クラスに対応できない

class属性には、例えば以下のように複数のクラスを記述することが可能です。

```
class="redText font16"
```

この状態で、setAttribute()やclassNameプロパティを使ってclass属性を更新した場合、丸々書き換わってしまいます。例えば、redTextのみをblueTextに置き換えるつもりで、

```
className = "blueText"
```

とすると、書き換え後は

```
class="blueText"
```

のような属性となり、font16が消えてしまいます。ですので、複数クラスに対応するために、class属性の更新には他のプロパティを利用します。これに関しては、11-4-1項で扱います。

11-3 その他の要素ノード取得方法

前節ではidで取得した要素に対してさまざまな操作を行ってきました。一方、表11-1にもあるように、要素の取得はidのみではありません。本節では、他のメソッドを扱います。

ポイントはこれ！

- ✓ タグ名、class属性、name属性で要素を取得するには、それぞれ専用のメソッドがある
- ✓ これらのメソッドの戻り値は複数要素を前提としているので、ループ処理する
- ✓ これらのメソッドはdocumentに対してだけでなく、特定のタグに対しても実行できる
- ✓ より細かい条件で要素を取得するにはセレクタ式を利用する

11-3-1 タグ名での要素取得

初めに、タグ名で要素を取得するメソッドを扱います。JavaScriptのサンプル作成の前に、この節で使用するhtmlファイルを作成します。リスト11-10のgetElementsHTML.htmlを作成して表示してください。

リスト11-10：getElementsHTML.html

```
<!DOCTYPE html>
<html lang="ja">
   <head>
      <meta charset="utf-8">
      <title>さまざまな要素取得サンプル</title>
      <style type="text/css">
         .redText {
            color: red;
         }
      </style>
   </head>
   <body>
      <p>以下の選択肢から<span class="redText">該当するもの</ ⇒
span>を選択してください。</p>  ←❶
      <form action="#">
         <label><input type="checkbox" name="skill ⇒
" value="1">HTML</label>
         <label><input type="checkbox" name="skill ⇒
" value="2">JavaScript</label>
         <label><input type="checkbox" name="skill ⇒
" value="3">PHP</label>
         <label><input type="checkbox" name="skill ⇒
" value="4">SQL</label>                            ←❷
      </form>
      <button type="button" onclick="onTagButton ⇒
Click()">タグ名で取得</button><br>  ←❸
      <button type="button" onclick="onClassButton ⇒
Click()">クラス名で取得</button><br>  ←❹
      <button type="button" onclick="onNameButtonClick() ⇒
">name属性で取得</button>  ←❺
      <p id="result">結果表示</p>  ←❻
      <script type="text/javascript" src="getElements. ⇒
js"></script>
   </body>
</html>
```

表示させると図11-13のようになります。

図11-13：リスト11-10をブラウザで表示

以下の選択肢から該当するものを選択してください。

☐ HTML ☐ JavaScript ☐ PHP ☐ SQL

[タグ名で取得]
[クラス名で取得]
[name属性で取得]

結果表示

前節と同様に、ボタンをクリックしたときの処理が書かれた関数を追加しつつ、要素の取得方法を解説します。まず追加するのは、［タグ名で取得］ボタンがクリックされたときの処理として、タグ名で要素を取得して表示するonTagButtonClick()関数です。

リスト11-11のgetElements.jsを作成してください。

リスト11-11：getElements.js

```
function onTagButtonClick() {
    //タグ名がbuttonの要素を取得。
    let buttonTags = document.getElementsByTagName("⇒
button");  ←❶
    //結果表示用の文字列変数を用意。
    let result = "";
    //取得した要素集合のループ。
    for(let i = 0; i < buttonTags.length; i++) {  ←❷
        //各要素のテキスト部分を取得して結果表示文字列変数に文字列結合。
        result += buttonTags[i].textContent + ":";
    }
    //結果表示用のp要素を取得。
    let resultP = document.getElementById("result");  ←❸
    //結果表示用のp要素のテキストに結果を表示。
    resultP.textContent = result;  ←❸
}
```

作成し終えたら、getElementsHTML.htmlを再表示させたうえで、［タグ名で取得］ボタンをクリックしてください。ブラウザの画面が図11-14のように変化します。

図11-14：［タグ名で取得］ボタンの実行結果

以下の選択肢から該当するものを選択してください。

HTML JavaScript PHP SQL

タグ名で取得

クラス名で取得

name属性で取得

タグ名で取得:クラス名で取得:name属性で取得:

▶▶▶ タグ名で要素を取得するにはgetElementsByTagName()

タグ名で要素を取得するメソッドは、**getElementsByTagName()**です。引数にはタグ名を指定します。リスト11-11ではbuttonタグを取得しています。

ここで注意してほしいのは、getElementById()を利用したidでの取得とは違い、タグ名での取得は結果が複数のことが多いということです。実際に、リスト11-10には❸、❹、❺の3個のbuttonタグがあることから、リスト11-11の❶の結果は3個あるはずです。

このように、タグ名による取得結果が複数の想定なので、メソッド名も「getElements」というように「Elements」が複数形になっています。

▶▶▶ 戻り値は集合

このメソッドの戻り値は、**HTMLCollection**オブジェクトとなっています。このHTMLCollectionは、集合（配列）の一種ですので、ループ処理が可能です。リスト11-11の❷ではforループを使って各要素をループ処理しています。ループ内では、各要素のテキスト部分を取得して、結果表示用の文字列に結合しています。リスト11-11ではbuttonタグを取得していますので、テキスト部分はボタンのラベル文字列そのものです。実際、図11-14の実行結果を見ると確かにボタンラベルが表示されています。

その表示処理がリスト11-11の❸です。こちらは前節の復習となります。

あれ?リスト11-11の❷でbuttonTagsをループさせていますけど、for...ofじゃないですね?ここで、for...ofは使えないのですか?

私もこれ、気になっていたわ。

先の説明の通り、buttonTagsはHTMLCollectionオブジェクトだよね。このHTMLCollectionオブジェクトというのは、for...ofでループできるブラウザとできないブラウザがあるんだ。具体的にはEdgeができなくて、ChromeとFireFox、Safariができる。IEはfor...ofそのものがサポートされていなかったよね。なので、IEはともかく、Edgeで動作しないのはまずいから、ここでは、for...ofを使わずにループさせているんだ。

11-3-2 class属性での要素取得

次に、[クラス名で取得]ボタンがクリックされたときの処理を記述します。これは、class属性で要素を取得して表示する処理として、onClassButtonClick()関数を追加します。

リスト11-12をgetElements.jsに追記してください。

リスト11-12：getElements.js（追加コード）

```
function onClassButtonClick() {
    //redTextクラスを含む要素を取得。
    let redElements = document.getElementsByClassName("⇒
redText");  ←❶
    //結果表示用の文字列変数を用意。
    let result = "";
    //取得した要素集合のループ。
    for(let i = 0; i < redElements.length; i++) {  ←❷
        //各要素のテキスト部分を取得して結果表示文字列変数に文字列結合。
        result += redElements[i].textContent + ":";
    }
    //結果表示用のp要素を取得。
    let resultP = document.getElementById("result");
    //結果表示用のp要素のテキストに結果を表示。
    resultP.textContent = result;
}
```

作成し終えたら、getElementsHTML.htmlを再表示させたうえで、［クラス名で取得］ボタンをクリックしてください。ブラウザの画面が図11-15のように変化します。

図11-15：［クラス名で取得］ボタンの実行結果

以下の選択肢から該当するものを選択してください。

HTML JavaScript PHP SQL

タグ名で取得

クラス名で取得

name属性で取得

該当するもの:

▶▶▶ class属性で要素を取得するにはgetElementsByClassName()

class属性で要素を取得するメソッドは、**getElementsByClassName()**です。引数には、クラス名を指定します。リスト11-12ではredTextのクラス名が記述された要素を取得しています。これは、リスト11-10の❶のspanタグが該当します。

class属性による要素取得も、タグ名による要素取得同様に結果が複数であることを前提としています。そのため、メソッド名が「Elements」と複数形になっており、戻り値もHTMLCollectionオブジェクトとなっています。取得後の処理も、同様にループ処理を行います。リスト11-12の❷が該当します。

リスト11-10ではredTextが使われているタグが1個しかありませんので、結果的にループは1回しか回りません。そのため、以下のようにインデックスを指定して取り出すことも可能です*。

```
redElements[0].textContent
```

しかし、この方法は取得し忘れが起こりやすく危険ですので、ループさせることをおすすめします。

▶▶▶ 複数クラスの指定

getElementsByClassName()の引数には、以下のように複数のクラス名を記述することも可能です。

```
getElementsByClassName("redText font16")
```

この場合、redTextクラスとfont16クラスの両方が記述されたタグを取得します。引数の記述方法としては、複数のクラス名を半角スペースで区切ったもの

*）このインデックスを指定して要素を取り出す方法は、getElementsByTagName()の戻り値に対しても可能です。

をひとつの文字列としていることに注意してください。「"redText" "font16"」のようにそれぞれを文字列にしたうえでスペースで区切ったり、「"redText, font16"」のようにカンマで区切ったりしないようにしてください。

11-3-3 name属性での要素取得

get系メソッドの最後に、［name属性で取得］ボタンクリック時の処理として、name属性で要素を取得して表示します。そのような処理が記述されたonNameButtonClick()関数を追加します。

リスト11-13をgetElements.jsに追記してください。

リスト11-13：getElements.js（追加コード）

```
function onNameButtonClick() {
    //name属性がskillの要素を取得。
    let checkboxes = document.getElementsByName("skill");
                                                          ←❶
    //結果表示用の文字列変数を用意。
    let result = "チェックされたもの:";
    //取得した要素集合のループ。
    for(let i = 0; i < checkboxes.length; i++) {  ←❷
        //各チェックボックス要素がチェックされていれば…
        if(checkboxes[i].checked) {  ←❸
            //各要素のvalue部分を取得して結果表示文字列変数に文字列結合。
            result += checkboxes[i].value + ",";  ←❹
        }
    }
    //結果表示用のp要素を取得。
    let resultP = document.getElementById("result");
    //結果表示用のp要素のテキストに結果を表示。
    resultP.textContent = result;
}
```

作成し終えたら、getElementsHTML.htmlを再表示させたうえで、チェックボックスにいくつかチェックを入れて［name属性で取得］ボタンをクリックしてください。ブラウザの画面が図11-16のように変化します。チェックされたチェックボックスの番号が表示されていれば成功です。

図11-16：［name属性で取得］ボタンの実行結果

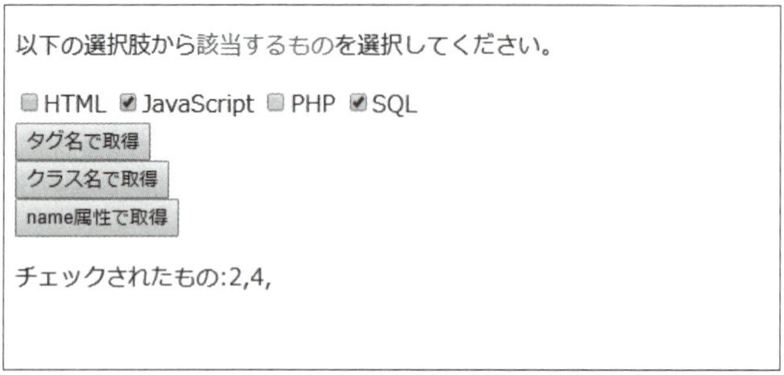

以下の選択肢から該当するものを選択してください。

☐HTML ☑JavaScript ☐PHP ☑SQL

［タグ名で取得］
［クラス名で取得］
［name属性で取得］

チェックされたもの:2,4,

▶▶▶ name属性で要素を取得するにはgetElementsByName()

name属性で要素を取得するメソッドは、**getElementsByName()**です。引数には、name属性値を指定します。name属性ですので、基本はフォーム用のタグになります。リスト11-13ではname属性がskillの要素を取得しています。これは、リスト11-10の❷のcheckboxタグ4個が該当します。

name属性による要素取得も、タグ名やclass属性による要素取得同様に結果が複数であることを前提としています。そのため、メソッド名が、同じく「Elements」と複数形になっており、戻り値もHTMLCollectionオブジェクトです。取得後の処理も、同様にループ処理を行います。リスト11-13の❷が該当します。

▶▶▶ チェックボックスがチェックされたかどうかはchecked

リスト11-13の❷のループ内では、取得した各チェックボックスに対してチェックされたかどうかを調べています。それが❸です。チェックされたかどうかは**checked**プロパティの値でわかります。このプロパティはチェックされていればtrue、チェックされていなければfalseの値が格納されていますので、それをそのままifの条件分岐で使用しています。

checkedプロパティがtrue、つまり、チェックボックスがチェックされていれば、リスト11-13の❹の処理を行います。これは、チェックボックスのvalue値を取得し、結果表示用の文字列に結合しています。

リスト11-13の❸と❹の方法は、チェックボックスだけではなく、ラジオボタンの場合でも同じ記述で処理できるわよ。

そうだね。ただし、チェックボックスが複数選択なのに対して、ラジオボタンの場合は、name属性が同じものはひとつしか選べられないから、ループ処理させたとしても結果はひとつだけになることは注意しておこう。

11-3-4 特定のタグ配下の要素取得

前項までに紹介したgetElementsByTagName()、getElementsByClassName()、getElementsByName()の3メソッドは、documentに対して実行していました。実は、この3メソッドはdocument以外に対しても実行可能です。例えば、以下のようなコードです。

```
let entryForm = document.getElementById("entryForm");
let inputList = entryForm.getElementsByTagName("input");
```

これは、idがentryFormであるformタグ配下にあるinputタグのみを取得するコードです。getElementsByTagName()メソッドを実行するオブジェクトとしてdocumentではなく、idで取得したentryFormとなっています。こうすることで、タグ名で取得する範囲を限定できます。ひとつの画面内に複数のフォームがある場合などには便利です。

11-3-5 セレクタ式による要素取得

最後に、表11-1の最後2個に記載された**querySelector()**と**querySelectorAll()**を紹介します。これらのメソッドは、引数としてセレクタ式をとります。セレクタ式というのは、CSSで利用されている要素を特定するための式です。例えば、以下のようなものです。

```
p.warning.info
```

これは、「pタグでかつclass属性にwarningとinfoが含まれているもの」となります。このようなセレクタ式を使って要素を絞り込む場合は、**querySelector()**か**querySelectorAll()**を使います。

この両メソッドの使い分けは、メソッド名から想像できるように、**querySelector()**は該当する最初の要素のみを返すメソッドです。一方、**querySelectorAll()**は該当する要素すべてを返します。したがって、こちらのメソッドを利用する場合は以下のようにループ処理を行います。

```
let list = document.querySelectorAll("p.warning.info");
for(let i = 0; i < list.length; i++) {
    :
}
```

11-4 要素の追加・削除

前節までで要素を取得してそれを変更できるようになりました。ここでは、要素を新規に追加したり、削除したりを学びます。

ポイントはこれ!

- ✓ 要素を増やすには、新規に要素を生成し、親要素に追加する
- ✓ class属性へのクラスの個別操作は、classListプロパティとそのメソッドadd()とremove()を使う
- ✓ 自分を中心として各ノードを相対的に取得するプロパティを活用しよう
- ✓ 要素の削除は、親要素に対してメソッドを実行する
- ✓ 文字列としてHTMLを生成して、それをinnerHTMLに代入してもHTML操作はできる
- ✓ 動的に変化したHTMLはデベロッパーツールのElementsパネルで確認

11-4-1 要素の追加

初めに、要素の追加を扱います。前節までと同様に、この節で使用するhtmlファイルを作成します。リスト11-14のaddAndRemoveElementsHTML.htmlを作成して表示してください。

リスト11-14：addAndRemoveElementsHTML.html

```
<!DOCTYPE html>
<html lang="ja">
    <head>
        <meta charset="utf-8">
        <title>要素の追加と削除サンプル</title>
        <style type="text/css">
            .blueText {
                color: blue;
            }
        </style>
    </head>
    <body>
        <ul id="skillList">  ←❶
            <li>HTML</li>
            <li>JavaScript</li>
            <li>PHP</li>
            <li>SQL</li>
        </ul>
        <p>
            <input type="text" id="addListItemInput ⇒
" name="addListItemInput" placeholder="追加する文字列">  ←❷
            <button type="button" onclick="onAddListItem ⇒
ButtonClick()">リスト末尾に追加</button>  ←❸
        </p>
        <p>
            <button type="button" onclick="onRemoveListItem⇒
ButtonClick()">最後のリスト要素を削除</button>  ←❹
        </p>
        <p>
            <input type="text" id="addLinkUrl" name=" ⇒
addLinkUrl" placeholder="URL"><br>  ←❺
            <input type="text" id="addLinkName" name=" ⇒
addLinkName" placeholder="リンク名"><br>  ←❻
            <button type="button" onclick="onAddLinkButton⇒
Click()">入力された情報でリンクを作成</button>  ←❼
        </p>
```

```
        <p id="addLink"></p>  ←❽
        <script type="text/javascript" src="addAndRemove ⇒
Elements.js"></script>
    </body>
</html>
```

表示させると図11-17のようになります。

図11-17：リスト11-14をブラウザで表示

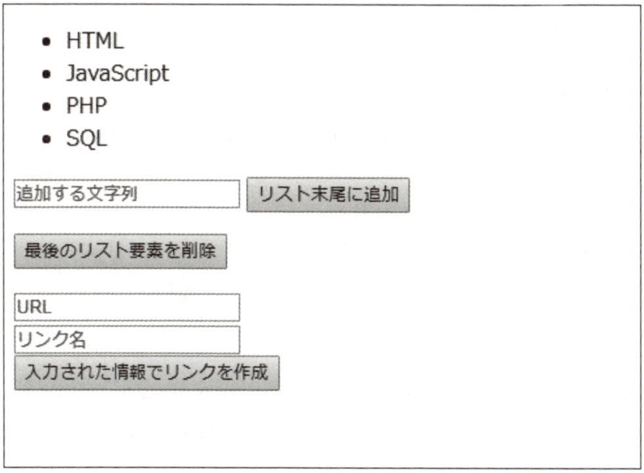

- HTML
- JavaScript
- PHP
- SQL

追加する文字列 [リスト末尾に追加]

[最後のリスト要素を削除]

URL
リンク名
[入力された情報でリンクを作成]

前節と同様に、ボタンをクリックしたときの処理が書かれた関数を追加しつつ、要素の追加方法、削除方法を解説します。まずは、[リスト末尾に追加] と表示されたボタン（リスト11-14の❸）の処理です。これは、HTML、JavaScript、PHP、SQLと表示されたリスト（リスト11-14の❶）の末尾に、「追加する文字列」と表示された入力欄（リスト11-14の❷）に入力された文字列を追加します。その関数は、onAddListItemButtonClick()です。この関数が記述されたリスト11-15のaddAndRemoveElements.jsを作成してください。

リスト11-15：addAndRemoveElements.js

```
function onAddListItemButtonClick() {
    //追加する文字列の入力欄input要素を取得。
    let addListItemInput = document.getElementById("add ⇒
ListItemInput");
    //input要素のテキスト部分から追加する文字列を取得。
    let addListItemInputText = addListItemInput.value;
    //li要素を生成。
    let listItem = document.createElement("li");  ←❶
    //li要素のテキスト部分に入力された文字列を設定。
    listItem.textContent = addListItemInputText;  ←❷
    //class属性にblueTextを設定。
    listItem.classList.add("blueText");  ←❸
    //リスト表示要素を取得。
    let skillList = document.getElementById("skillList");
                                                      ←❹
    //リスト表示の末尾に生成したli要素を追加。
    skillList.appendChild(listItem);  ←❺
}
```

作成し終えたら、addAndRemoveElementsHTML.htmlを再表示させたうえで、「追加する文字列」と表示された入力欄に適当な文字列を入力し、［リスト末尾に追加］ボタンをクリックしてください。ブラウザの画面が図11-18のように変化します。

図11-18：［リスト末尾に追加］ボタンの実行結果

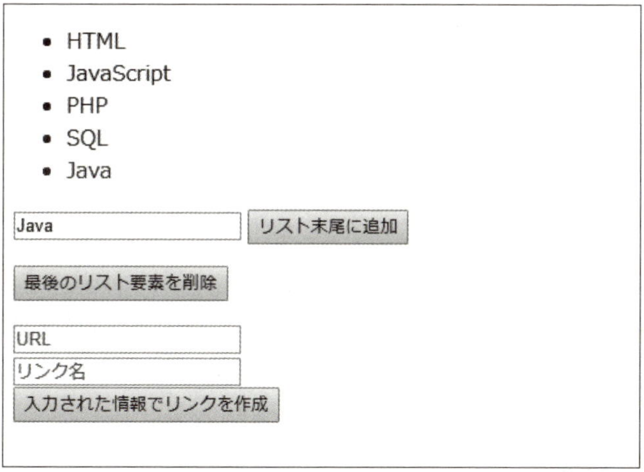

- HTML
- JavaScript
- PHP
- SQL
- Java

Java ［リスト末尾に追加］

［最後のリスト要素を削除］

URL
リンク名
［入力された情報でリンクを作成］

ここでは「Java」と入力し、ボタンをクリックした結果を表示しています。リスト末尾に、無事、青文字で「Java」と追加されています。

▶▶▶ 要素を生成するにはcreateElement()

リスト11-15での処理を大まかにいうと、

要素の生成→生成した要素の追加

となります。ここでは、まず前者の解説をします。

要素を生成しているのがリスト11-15の❶です。これは、documentの**createElement()**メソッドを使います。引数として、生成したい要素のタグ名を渡します。リストの末尾に追加するにはli要素となるので、❶では引数にliを記述しています。

一度要素を作成してしまえば、取得してきた要素と同様の方法でテキストや属性を追加できます。リスト11-15では、❷でテキストを追加しています。追加テキストは、事前に取得しておいた入力欄に入力された文字列です。

▶▶▶ class属性へのクラス個別の操作はclassListプロパティ

さらに、❸でclass属性としてblueTextクラスを追加しています。11-2-7項のCOLUMNでclassNameプロパティではクラス個別の操作ができないことを説明しました。それを解決するプロパティが**classList**プロパティです。このプロパティに続けてリスト11-15の❸のように**add()**メソッドを記述して引数としてクラス名を渡すと、そのクラスのみを追加してくれます。逆に、特定のクラスのみを削除するには**remove()**メソッドを使います。

▶▶▶ 要素の追加はappendChild()

リスト11-15の❶〜❸で生成されたli要素listItemをリストの末尾に追加します。ここで注意が必要なのは、追加先です。要素の追加先は、追加する要素の親要素となります（図11-19）。

図11-19：要素の追加先は親要素

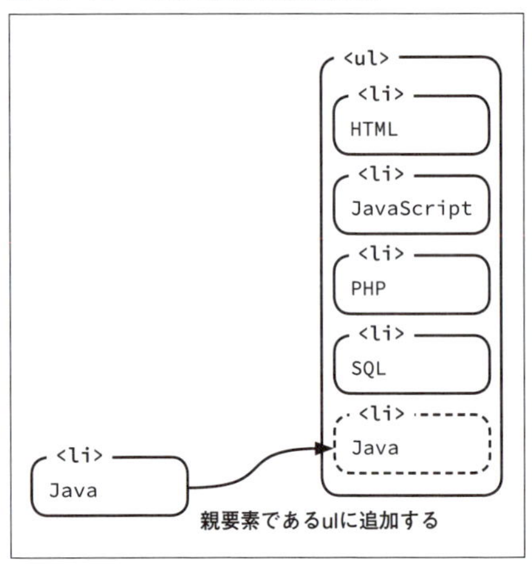

ですので、追加先である親要素を事前に取得しておく必要があります。ここではリスト11-14の❶のul要素が該当します。それを取得しているのがリスト11-15の❹です。

❹で取得したul要素であるskillListの末尾にlistItemを追加しているのが❺です。親要素に要素を追加するには、**appendChild()**メソッドを使います。引数には追加する要素を渡します。この**appendChild()**を使うことで、自動的に親要素の末尾に要素が追加されます。

▶▶▶ 末尾以外への追加

親要素の末尾以外の位置に要素を挿入する場合は、**insertBefore()**メソッドを使います。引数は2個で、第1引数が追加する要素、第2引数がどの要素の前に追加するかを指定します。例えば、以下のような記述になります。

```
skillList.insertBefore(listItem, skillList.firstElement ⇒
Child);
```

この記述でul要素内の一番上に挿入されます。第2引数に記述しているfirstElementChildに関しては、次項で詳しく扱います。ここでは、firstElementChildの名称どおり、ul要素であるskillList配下の一番最初の要素、と理解しておいてください。リスト11-14では、「HTML」と表示したli要素が該当します。その前に追加されるので、結果的にリストの一番上に追加されることになります。

図11-20：appendChild()とinsertBefore()

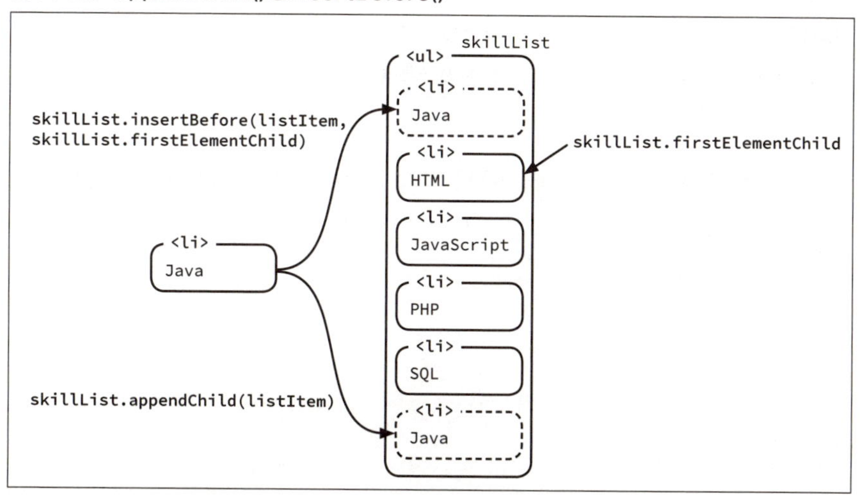

11-4-2 ノードの相対位置関係

ここで、先ほど登場したfirstElementChildを詳しく見ておきましょう。このfirstElementChildは要素オブジェクトのプロパティであり、先述の通り、「子要素の一番最初の要素」を表します。このように、要素を含めノードを表すオブジェクトには、自分を中心とした相対的な位置関係のノードを取得できるプロパティが用意されていますので、表11-2にまとめます。

表11-2：相対関係にあるノードを表すプロパティ

プロパティ	内容
parentNode	親ノード
previousSibling	前のノード
previousElementSibling	前の要素
nextSibling	次のノード
nextElementSibling	次の要素
firstChild	最初の子ノード
firstElementChild	最初の子要素
lastChild	最後の子ノード
lastElementChild	最後の子要素

表だけではわかりにくいので、図11-21にまとめています。図11-21はp要素を中心として、それぞれノードを表すプロパティを示しています。

図11-21：p要素を中心にそれぞれのプロパティが表すもの

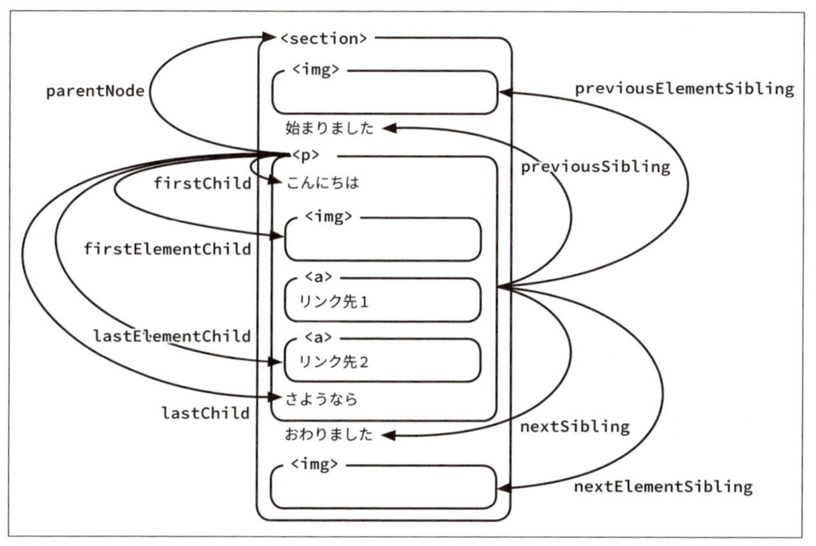

11-4-3 要素の削除

要素の削除を扱っておきましょう。これは、［最後のリスト要素を削除］ボタンをクリックしたときの処理ですので、onRemoveListItemButtonClick()関数です。　リスト11-16のonRemoveListItemButtonClick()をaddAndRemoveElements.jsに追記してください。

リスト11-16：addAndRemoveElements.js（追加コード）

```
function onRemoveListItemButtonClick() {
    //リスト表示要素を取得。
    let skillList = document.getElementById("skillList");
                                                        ←❶
    //リスト表示要素内の末尾の要素を削除。
    skillList.removeChild(skillList.lastElementChild);
                                                        ←❷
}
```

作成し終えたら、addAndRemoveElementsHTML.htmlを再表示させたうえで、[最後のリスト要素を削除] ボタンをクリックしてください。ブラウザの画面が図11-22のように変化します。

図11-22：[最後のリスト要素を削除] ボタンの実行結果

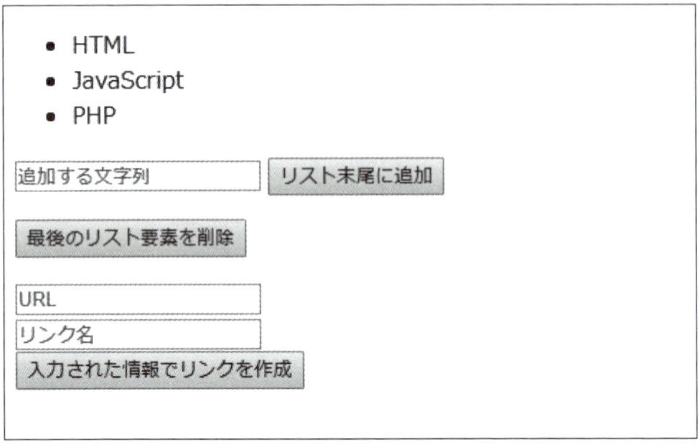

- HTML
- JavaScript
- PHP

追加する文字列　リスト末尾に追加

最後のリスト要素を削除

URL
リンク名
入力された情報でリンクを作成

リスト末尾の「SQL」が削除されています。

▶▶▶ 要素を削除するにはremoveChild()

要素を削除するには**removeChild()**メソッドを使います。ただし、これは、メソッド名からも想像がつくように、子要素の削除です。したがって、appendChild()同様にまず親要素を取得しておく必要があります。それがリスト11-16の❶です。ここでは末尾のli要素を削除する予定なので、その親要素であるul要素をskillListとして取得しています。

リスト11-16の❷では、そのul要素であるskillListにremoveChild()を実行しています。引数は、削除対象の子要素です。この子要素の指定には、前項で扱ったノードを相対的に取得するプロパティが役立ちます。表11-2、あるいは、図11-21を見ると、一番末尾の子要素はlastElementChildですので、これを引数として指定しています。

▶▶▶ 要素を置換するにはreplaceChild()

子要素を削除ではなく置換する場合には**replaceChild()**メソッドを使います。引数は2個で、第1引数に置換後の要素、第2引数には置換前の要素を指定します。例えば、「Java」という文字列のli要素listItemがあるとして、リスト末尾のSQLをJavaに置き換えるには以下のように記述します。

```
skillList.replaceChild(listItem, skillList.lastElement ⇒
Child);
```

11-4-4 innerHTMLの利用

最後に、**innerHTML**プロパティを扱っておきましょう。

▶▶▶ 配下のHTML記述が丸々格納されたプロパティinnerHTML

このプロパティは、その要素の配下のHTMLを丸々格納しているプロパティです。例えば、リスト11-16の❶で取得したskillListに対して、次のようにinnerHTMLプロパティを表示させてみます。

```
console.log(skillList.innerHTML);
```

すると、実行結果は以下のように、ulタグ配下のHTML記述が丸々含まれていることがわかります。

```
<li>HTML</li>
<li>JavaScript</li>
<li>PHP</li>
<li>SQL</li>
```

▶▶▶ innerHTMLプロパティにHTML記述文字列を代入すると

逆に、このプロパティに対してHTML記述文字列を代入すると、それがそっくりそのまま反映されます。サンプルで見ていきましょう。これは、リスト11-14の❼の[入力された情報でリンクを作成]ボタンクリック時の処理が該当します。このボタンをクリックすると、「URL」入力欄に入力されたURL文字列と「リンク名」入力欄に入力された文字列からリンク要素を作成し、表示します。この処理をonAddLinkButtonClick()関数に記述します。リスト11-17のonAddLinkButtonClick()関数をaddAndRemoveElements.jsに追記してください。

リスト11-17：addAndRemoveElements.js（追加コード）

```
function onAddLinkButtonClick() {
    //URL入力欄からURL文字列を取得。
    let addLinkUrlText = document.getElementById("add ⇒
LinkUrl").value; ←❶
    //リンク名入力欄からリンク名文字列を取得。
    let addLinkNameText = document.getElementById("add ⇒
LinkName").value; ←❷
    //aタグ文字列を生成。
    let addHtml = "<a href=\"" + addLinkUrlText + "\"> ⇒
" + addLinkNameText + "</a>"; ←❸
    //リンク表示用p要素の取得。
    let addLink = document.getElementById("addLink"); ←❹
    //リンク表示用p要素内部にaタグ文字列をHTMLとして設定。
    addLink.innerHTML = addHtml; ←❺
}
```

作成し終えたら、addAndRemoveElementsHTML.htmlを再表示させたうえで、「URL」入力欄に適切なURLを、「リンク名」入力欄に適当な文字列を入力し、[入力された情報でリンクを作成]ボタンをクリックしてください。ブラウザの画面が図11-23のように変化します。

図11-23：［入力された情報でリンクを作成］ボタンの実行結果

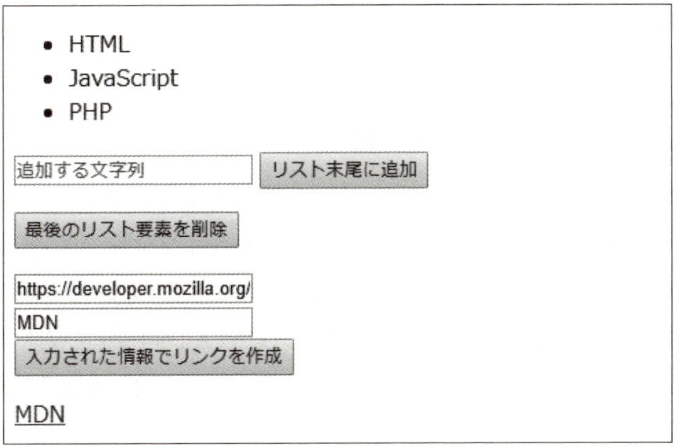

- HTML
- JavaScript
- PHP

追加する文字列 リスト末尾に追加

最後のリスト要素を削除

https://developer.mozilla.org/
MDN
入力された情報でリンクを作成

MDN

ここでは、URLとしてMDNのURL*、リンク名として「MDN」と入力しています。無事、MDNリンクが追加され、このリンクをクリックすると、ちゃんとMDNのサイトに遷移します。

▶▶▶ リスト11-17のポイント

リスト11-17のソースコードのポイントを見ていきましょう。❶と❷は、それぞれURLとリンク名の入力文字列を取得しています。これまでのサンプルは、入力欄の要素オブジェクトをgetElementById()で取得したうえで、その変数のvalueプロパティから入力文字列を取得していました。ここでは、それを1行で済ましています。このような書き方も可能です。

❸では❶と❷で取得したURLとリンク名を使ってaタグ文字列を生成しています。上の実行例では、以下の文字列が生成されます。

```
<a href="https://developer.mozilla.org/ja/docs/Web/ ⇒
JavaScript">MDN</a>
```

*）https://developer.mozilla.org/ja/docs/Web/JavaScript

これをそのままinnerHTMLプロパティに代入しているのが❺ですが、事前に代入先であるp要素を取得しているのが❹です。

▶▶▶ innerHTMLを使うメリット・デメリット

このように、innerHTMLプロパティへの代入を使うと少々複雑な要素も、文字列結合で生成するため、簡単に作成できます。一方、入力された文字列をそのまま文字列結合で使う場合は、悪意のあるコードを実行されてしまう可能性もあります。例えば、図11-22の画面の「リンク名」入力欄に以下の文字列を入力し、［入力された情報でリンクを作成］ボタンをクリックしてください（URLは未入力でもかまいません）。

```
<div onclick="alert('こんにちは')">こんにちは</div>
```

図11-24の画面が表示されます。

図11-24：「リンク名」入力欄に悪意のあるコードを仕込んだ画面

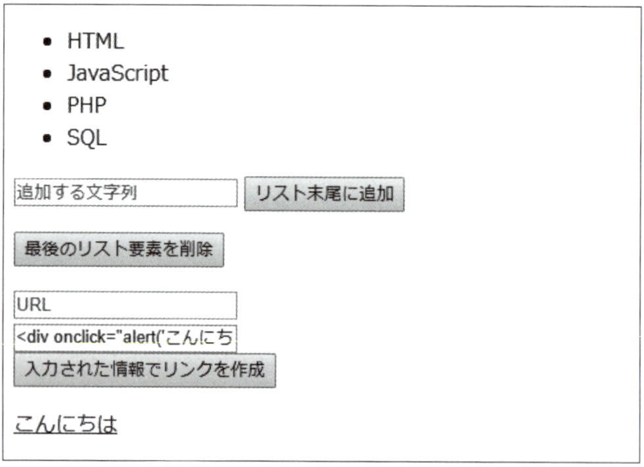

- HTML
- JavaScript
- PHP
- SQL

追加する文字列　リスト末尾に追加

最後のリスト要素を削除

URL
<div onclick="alert('こんにち
入力された情報でリンクを作成

こんにちは

この画面の［こんにちは］リンクをクリックすると、図11-25のアラートダイアログが表示されてしまいます。

図11-25：仕込んだコードが実行されて表示されたアラート

ここでは単にアラートを表示させるだけでしたが、任意のコードを実行できることには変わりありません。innerHTMLプロパティを利用する場合はそのあたりに注意しましょう。

11-4-5 動的に変化したHTMLの確認方法

ここまで、HTMLの操作をいろいろ扱ってきました。HTMLを操作するため、当然ですが、最初に記述したhtmlファイルの内容から変更されていきます。そのように動的に変化したHTMLを確認する方法がブラウザにはあります。そこを紹介しておきましょう。これは、コンソール表示の確認で使ってきたデベロッパーツールの**Elementsパネル**を利用します。 例えば、addAndRemoveElementsHTML.htmlを表示直後のElementsパネルは、図11-26のような表示内容です。なお、各要素が折りたたまれている場合は適宜展開してください。

図11-26：addAndRemoveElementsHTML.html表示直後のElementsパネル

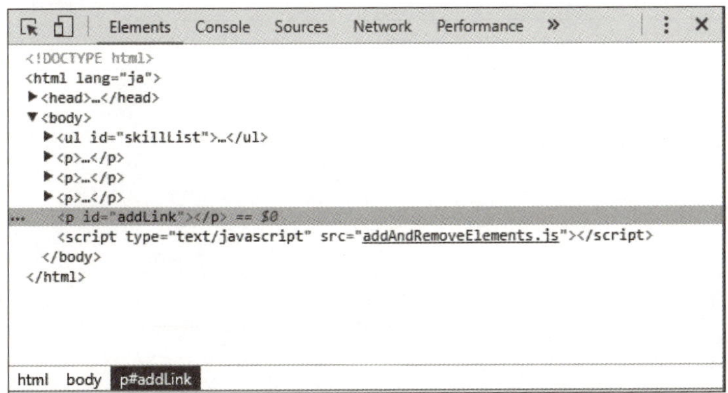

ここから、URLやリンク名を入力し［入力された情報でリンクを作成］ボタンをクリックします。すると、Elementsパネルは、図11-27のような表示になります。

図11-27：［入力された情報でリンクを作成］ボタンをクリック後のElementsパネル

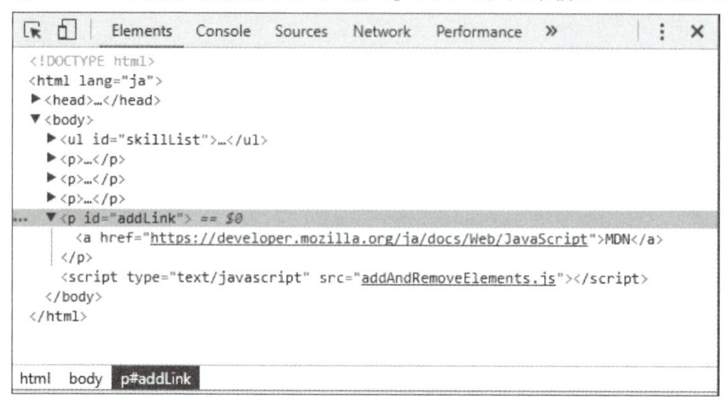

図11-26では中身がなかったaddLinkのpタグ配下にaタグが追加されているのがわかります。

Elementパネルって、こんなことができるのですね。これは便利ですね。

そうよ。特に、このChapterで学んだようにHTMLを操作するJavaScirptの場合は、動作結果の確認として必須のパネルね。

CHAPTER

12

イベント処理

Chapter 11では、JavaScriptからHTMLを操作する方法を学びました。このように実際に画面に表示されたり、表示内容が変更されると、アプリらしくなってきました。
このChapterではその延長として、イベント処理を学びます。Chapter 11ではボタンをクリックしたときの処理が実行されましたが、このChapterではそのきっかけをボタンだけでなくさまざまな画面要素に広げていきます。

12-1 イベント処理概観

Chapter 11のサンプルでは、ボタンをクリックすると処理が実行されました。普段からブラウザを利用していると、この動作は当たり前のように思えます。この節では、この当たり前の動作の裏に隠れたイベント処理という考え方を概観しておきましょう。

ポイントはこれ！

- ✓ イベントは、画面に対して行う操作
- ✓ イベントハンドラは、イベントに対応して行う処理
- ✓ リスナは、イベントとイベントハンドラを紐づけるもの
- ✓ イベント内容を表すイベント名として、決まった文字列を使用する

12-1-1 イベントとイベントハンドラとリスナ

ブラウザを使っていると、ボタンをクリックしたり、画面をスクロールしたり、さまざまな操作を行います。この、画面に対してユーザが行うさまざまな操作を、システム側では**イベント**といいます。そして、この**イベント**に対応して行う処理のことを**イベントハンドラ**といいます。また、この**イベント**と**イベントハンドラ**を紐づけているものを**リスナ**といいます（図12-1）。

図12-1：イベントとイベントハンドラとリスナの関係

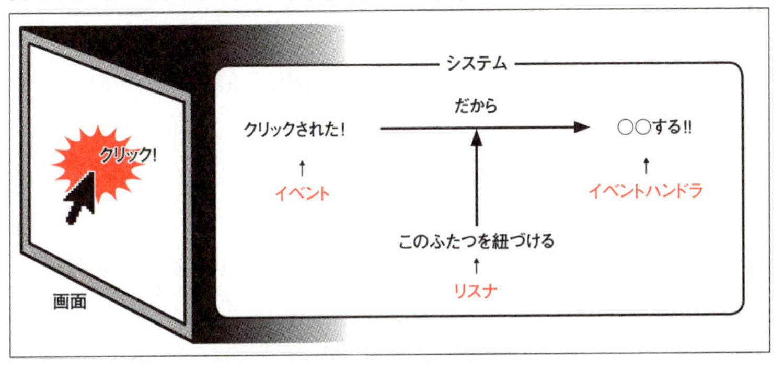

イベントと聞くと、パーティかなんかのイベントを思い出しますけど、全然違うのですね。

英語のeventは出来事という意味だから、どちらも正しいわね。それよりも、私は、このイベントとイベントハンドラを紐づけるものを「リスナ」と表現した方に感心するわ。

英単語の使い方はともかくとして、このイベント、イベントハンドラ、リスナという考え方は、ブラウザに固有の考え方じゃないんだよ。

そうなんですか？

そうよ。

Androidアプリや iOSアプリ、デスクトップアプリなど、ユーザ操作に応じて処理を行う類のアプリケーションを作るうえで共通の考え方だよ。

12-1-2 ボタンのonclickはイベント処理

11-2-2項のリスト11-2では、さまざまなボタンがクリックされたときに処理が実行されます。これらのボタンのクリックというのは、実はイベント処理であり、各々にイベントとイベントハンドラとリスナが存在します。

例えば、最初のボタンである［h1要素の取得］を例にとると、イベントとイベントハンドラは以下のようになります。

イベント: クリック

イベントハンドラ: onH1ButtonClick()関数

では、リスナはどれでしょうか。これは、onclick属性による関数の登録が該当します。この属性は、名前の通り、クリックイベントに対してイベントハンドラを登録する属性であり、この記述によってリスナが自動的に起動され、イベントの検出が開始されます。

12-1-3 JavaScriptのイベント

JavaScriptが扱えるイベントは、クリックだけではありません。次節以降いくつかイベント処理を扱っていきますが、ここではどういったイベントがあるのか見ておきましょう。表12-1にまとめておきます。

ここで**イベント名**は、そのイベントを表す文字列で、それぞれ表12-1のように決められています。また、表12-1中のイベント名はすべて小文字で記述されています。イベント処理に関してさまざまな場面でこの文字列をそのまま使いますので、適宜参照してください。

表12-1：JavaScriptのイベント

分類	イベント名	発生タイミング
読み込み	abort	リソースの読み込みが中止された時
	error	リソースの読み込みに失敗した時
	load	リソースの読み込みが完了した時
	unload	ページを離れる時

分類	イベント名	発生タイミング
フォーカス	blur	フォーカスを失った時
	focus	フォーカスを受けた時
	focusin	フォーカスを受けた時(親要素でもイベント検出可能)
	focusout	フォーカスを失った時(親要素でもイベント検出可能)
マウス	click	クリックした時
	contextmenu	コンテキストメニューが表示される時
	dblclick	ダブルクリックした時
	mousedown	マウスのボタンが押された時
	mouseenter	マウスポインタが要素に入った時(自要素のみ)
	mouseleave	マウスポインタが要素を出た時(自要素のみ)
	mousemove	マウスポインタが移動した時
	mouseout	マウスポインタが要素から出た時(子要素も含む)
	mouseover	マウスポインタが要素に入った時(子要素も含む)
	mouseup	マウスボタンを離した時
	wheel	マウスホイールが回転された時
入力	change	ドロップダウンなどで入力内容が変更された時
	compositionend	IMEを使って入力を終了した時
	compositionstart	IMEを使って入力を開始した時
	compositionupdate	IMEを使って入力中
	input	入力内容が更新された時
	keydown	キーが押された時
	keypress	キーを押して文字が入力された時
	keyup	キーが離された時
	select	テキストが選択された時
その他	resize	要素サイズが変更された時
	scroll	スクロールされた時

たくさんあるんですね。

表12-1に載せているのは主なもののみで、特定のブラウザでのみ利用可能なものなども含めると、もっといっぱいになるよ。これは、MDNのこのページ*で確認できるね。

わあ!これはすごいですね。

といっても、これらは覚えるものじゃないから、こんだけあるとだけ知っておけば、あとは調べれば大丈夫よね。

はい。ところで、表12-1のmouseenter、mouseleave、mouseout、mouseoverがわかりにくいです。

ああ、これね。これは、12-3節で具体的に扱うから、お楽しみに。

はーい。

*) https://developer.mozilla.org/ja/docs/Web/Reference/Events

12-2 3種類のイベントハンドラ登録

JavaScriptのイベント処理を概観できたところで、実際にイベント処理を扱っていきます。

ポイントはこれ！

- ✓ JavaScriptのイベント処理は、イベントハンドラ関数を作成し、登録する
- ✓ イベントハンドラを登録する方法は3種類ある
- ✓ タグ属性によるイベントハンドラ登録は、on+イベント名の属性に、イベントハンドラ関数を記述する
- ✓ プロパティによるイベントハンドラ登録は、事前に取得した要素のon+イベント名プロパティにイベントハンドラ関数を代入する
- ✓ JavaScriptでイベントハンドラ登録を行う場合は、画面ロード完了時に行うようにする
- ✓ addEventListener()メソッドを使ってのイベントハンドラ登録は、イベント名を記述する第1引数にonを付けない

12-2-1 イベントハンドラの登録方法は3種類

前節で解説した通り、イベント処理には、イベント、イベントハンドラ、リスナの3個の考え方が必要となります。これら3個に関してJavaScriptでの扱いは、以下のようになります。

- それぞれのイベントに対応する**イベントハンドラ関数**を作成する。
- イベントハンドラ関数を指定の方法でイベントに登録する。

このイベントハンドラ関数の登録処理そのものがリスナの働きとなります。

イベントハンドラ関数の作り方はChapter 8で学んだ関数の作り方と同じです。ここで新たに学ぶことは、イベントハンドラ関数の登録方法です。JavaScriptでイベントハンドラ関数を登録する方法としては以下の3つがあります。

- タグ属性によるイベントハンドラ登録
- オブジェクトプロパティによるイベントハンドラ登録
- addEventListener()メソッドによるイベントハンドラ登録

以下、それぞれの登録方法をサンプルを作りながら順に見ていきましょう。

12-2-2 タグ属性によるイベントハンドラ登録

ひとつめのタグ属性によるイベントハンドラ登録です。といっても、これはChapter 11のサンプルで十分扱ってきています。ただ、それらはすべてButtonタグのonclick属性でした。このonclick属性はButton以外にも使えます。まずは、そのサンプルを見てみましょう。

Chapterが新しくなりましたので、このChapter用のフォルダ「chap12」をjssamplesフォルダ内に作成し、その中にリスト12-1のattributeAddEventHTML.htmlを作成し、表示させてください。

リスト12-1：attributeAddEventHTML.html

```
<!DOCTYPE html>
<html lang="ja">
   <head>
      <meta charset="utf-8">
      <title>タグ属性によるイベントハンドラ登録サンプル</title>
   </head>
```

```
    <body>
        <p>
            <label><input type="checkbox" id="checkall ⇒
" name="checkall" value="1" onclick="onCheckallChanged()">
すべてをチェック</label> ←❶
            <hr>
            <label><input type="checkbox" name="skill ⇒
" value="1">HTML</label><br>
            <label><input type="checkbox" name="skill ⇒
" value="2">JavaScript</label><br>
            <label><input type="checkbox" name="skill ⇒
" value="3">PHP</label><br>
            <label><input type="checkbox" name="skill ⇒
" value="4">SQL</label>
        </p>
        <script type="text/javascript" src="attributeAdd ⇒
Event.js"></script>
    </body>
</html>
```

表示させると図12-2のようになります。

図12-2：リスト12-1をブラウザで表示

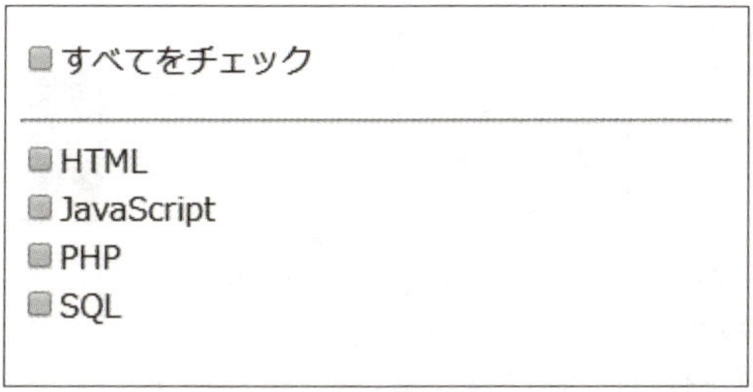

□すべてをチェック

□HTML
□JavaScript
□PHP
□SQL

この［すべてをチェック］と表示されているチェックボックス（リスト12-1の❶）にチェックを入れると、図12-3のように区切り線以下のチェックボックスリストすべてにチェックが入るように、処理を記述します。

図12-3：［すべてをチェック］にチェックを入れたときの動作

☑ すべて外す

☑ HTML
☑ JavaScript
☑ PHP
☑ SQL

さらに、［すべてをチェック］だったチェックボックスの表記が［すべて外す］に変化します。ここから、このチェックボックスのチェックを外すと、図12-2に戻るように処理を記述します。

▶▶▶ イベントハンドラ登録属性

この、チェックボックスのチェックをする、チェックを外すというのは、チェックボックスへのクリックとしてとらえられます。したがって、イベントとしては**click**となり、このclickイベントハンドラを登録するための属性である**onclick属性**に関数を登録します。それが、リスト12-1の❶です。

ふと思ったのですが、clickイベントの登録属性がonclickということは、他のイベントも同じように記述できるのですか？例えば、ダブルクリックのイベントだったら表12-1にdblclickとあるので、ondblclick属性となるのですか？

鋭いわね！その通りよ。

12-1-3項で表12-1のイベント名をそのまま使うと説明したけど、ここでそれが役立つね。イベントハンドラ登録属性は、イベント名にonを付けたものなんだよ。

▶▶▶ 登録した関数がイベントハンドラ関数

リスト12-1では、onclick属性で登録した関数はonCheckallChanged()です。ここでは、これがイベントハンドラ関数となりますので、次に、このonCheckallChanged()関数を記述したリスト12-2のattributeAddEvent.jsを作成してください。なお、関数内のソースコードについては、すべて復習になります。コメントを頼りに記述していってください。

リスト12-2：attributeAddEvent.js

```
// [すべて…] チェックボックスをクリックしたときの処理関数。
function onCheckallChanged() {
    // [すべて…] チェックボックス要素を取得。
    let checkall = document.getElementById("checkall");
    // [すべて…] のチェック状態に合わせて表示文字列を変更。
    if(checkall.checked) {
        checkall.nextSibling.textContent = "すべて外す";
    } else {
        checkall.nextSibling.textContent = "すべてチェック";
    }
    //name属性がskillのチェックボックス要素を取得。
    let checkboxes = document.getElementsByName("skill");
    //name属性がskillのチェックボックス要素をループ処理。
    for(let i = 0; i < checkboxes.length; i++) {
        //各チェックボックスのチェック状態を [すべて…] に合わせる。
        checkboxes[i].checked = checkall.checked;
    }
}
```

作成し終えたら、リスト12-1のhtml画面を再表示させたうえで、［すべて…］のチェックボックスにチェックを入れたり外したりして動作を確認してください。図12-2と図12-3を行ったり来たりすれば成功です。

12-2-3 オブジェクトプロパティによるイベントハンドラ登録

2個目の方法であるオブジェクトプロパティによるイベントハンドラ登録を解説します。

前項と同じくサンプルで見ていきます。まず画面部分であるリスト12-3のpropertyAddEventHTML.htmlを作成してください。

リスト12-3：propertyAddEventHTML.html

```
<!DOCTYPE html>
<html lang="ja">
  <head>
    <meta charset="utf-8">
    <title>オブジェクトプロパティによるイベントハンドラ登録サンプル ⇒
</title>
  </head>
  <body>
    <select id="paymentSelect" name="paymentSelect">
      <option value="0">選択してください</option>
      <option value="1">銀行振込</option>
      <option value="2">郵便払込</option>
      <option value="3">クレジットカード</option>
      <option value="4">代引き</option>
    </select>
    <p id="paymentSelectResult"></p>
    <script type="text/javascript" src="propertyAdd ⇒
Event.js"></script>
  </body>
</html>
```

表示させるとドロップダウンリストがひとつだけの画面が表示されます。ドロップダウンをクリックすると図12-4のように選択肢が表示されます。

図12-4：リスト12-3のドロップダウンを展開表示

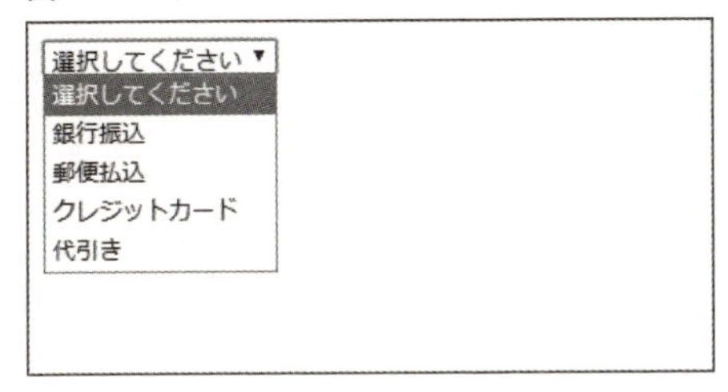

このドロップダウンを選択すると、図12-5のように「手数料: ○○円」と表示されるように処理を記述しましょう。

図12-5：ドロップダウンを選択

銀行振込

手数料: 432円

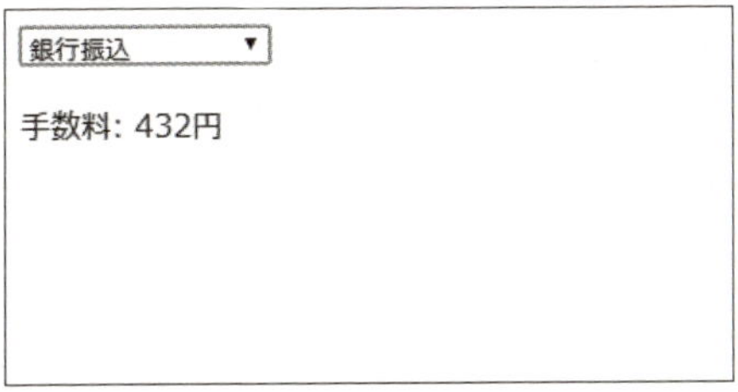

▶▶▶ ドロップダウンリスト選択はchangeイベント

まず、表12-1から該当するイベントを選択する必要があります。ドロップダウンを選択したときのイベントは**change**イベントです。したがって、もしこれを前項のタグ属性を使って登録するならば、selectタグに**onchange属性**を使うことになります。しかし、リスト12-3にはそれらしい属性が見当たりません。

今回のイベントハンドラ登録はすべてJavaScriptソース内で行います。それが、オブジェクトプロパティによるイベントハンドラ登録です。そのようなソースが記述されたリスト12-4のpropertyAddEvent.jsを作成してください。

リスト12-4：propertyAddEvent.js

```
//画面がロードされたタイミングで行う処理。
window.onload = function() { ←❶
    //ドロップダウン要素を取得。
    let paymentSelect = document.getElementById("payment⇒
Select"); ←❷
    //ドロップダウンが変更されたタイミングで行う処理。
    paymentSelect.onchange = function() { ←❸
        //選択されたドロップダウンのvalue値を取得。
        let paymentSelectStr = paymentSelect.value; ←❹
        //取得したvalue値を数値型に変換。
        let paymentSelectInt = Number(paymentSelectStr);
                                                        ←❺
        //手数料表示用の文字列を用意。
        let paymentSelectResultStr = "手数料: "
        //取得したvalue値に応じて処理を分岐。
        switch(paymentSelectInt) {
            case 1:
                paymentSelectResultStr += "432円";
                break;
            case 2:
                paymentSelectResultStr += "80円";
                break;
            case 3:
                paymentSelectResultStr += "0円";
                break;
            case 4:
                paymentSelectResultStr += "300円";
                break;
            default:
                paymentSelectResultStr = ""
        }
        //手数料を表示する要素を取得。
        let paymentSelectResult = document.getElementBy⇒
Id("paymentSelectResult");
        //手数料を表示。
        paymentSelectResult.textContent = paymentSelect⇒
ResultStr;
```

```
    };
};
```

作成し終えたら、リスト12-3のhtml画面を再表示させたうえで、ドロップダウンから好きな選択肢を選んでください。図12-5のように表示されれば成功です。

▶▶▶ それぞれのイベント用プロパティがある

JavaScript内でイベントハンドラ登録を行うには、タグの属性と同じようにイベントそれぞれに対応したプロパティが用意されているので、そのプロパティにイベントハンドラ関数を代入します。具体的には以下の手順になります。

まず、イベントを登録したい要素を取得します（リスト12-4の❷）。ここでは、idがpaymentSelectのselect要素を取得しています。

次に、取得した要素のイベントプロパティにイベントハンドラ関数を代入します（リスト12-4の❸）。イベントプロパティは、イベントハンドラ登録属性同様にイベント名にonを付けたものです。ここでは、changeイベントですので、❷で取得した要素paymentSelectの**onchangeプロパティ**にイベントハンドラ関数を代入しています。

▶▶▶ イベントハンドラ関数は無名関数もOK

そのイベントハンドラ関数に関して、イベントハンドラ登録属性のときと同様に、例えば、次のように名前のある関数を記述したうえで、その関数名を代入しても問題ありません。

```
function onPaymentSelectChange() {
    :
}
paymentSelect.onchange = onPaymentSelectChange;
```

一方、onPaymentSelectChange()関数、つまり、イベントハンドラ関数が、paymentSelectのchangeイベントでしか使われないならば、わざわざ関数として定義するのは無駄です。そこで登場するのが8-3-3項で解説した**無名関数**です。リスト12-4ではこの無名関数を使っています。

無名関数、覚えている？

はい！

というより、さっき8-3節の復習したところだから、覚えていて当然よね（笑）。

…。バレてますね（笑）。ところで、このイベントハンドラ登録で、名前のある通常の関数を使うのか、無名関数を使うのか、どっちの方がいいのですか？

これは、どっちがいいというわけではなくて、ケースバイケース。使い分けのポイントは、その関数を再利用するかどうかだよ。上の例のように、そのイベントでしか使われない処理ならば無名関数となるね。

なるほど。再利用できるかどうかですね。意識するようにします。

といっても、イベントってその場限りで処理で再利用できないことの方が多いから、無名関数の方が多いと思うわ。ところで、リスト12-4の❶ってどんな処理かわかる？

そうそう！そこを次に質問しようと思っていたのです。

▶▶▶ イベントハンドラ登録は画面ロード後に行う

リスト12-4では、select要素にイベントハンドラ登録を行うために、事前にその要素オブジェクトを取得しています。ここで、この要素オブジェクト取得処理が実行されるタイミングを考えてみます。

ブラウザは読み込んだHTMLを上から順番に処理していきます（2-4-1項参照）。もしリスト12-3のbodyタグを読み込む前にselect要素オブジェクトの取得処理、つまり、リスト12-4の❷が実行されてしまうと、変数paymentSelectの値がない状態となってしまいます。この値がない状態をJavaScriptでは**null**といいます。nullなオブジェクトのプロパティに何かを代入しようとすると、エラーとなります*。これを避けるために、画面のすべての読み込みが終了した後、つまり、画面ロード完了時に要素の取得、およびイベントハンドラ登録を行うようにしなければなりません。

*）実際、この状況を再現すると、エラーメッセージは「Cannot set property 'onchange' of null」となります。

nullとundefined

3-2-1項で**undefined**を紹介しました。このundefinedと**null**は似ていますが違います。簡単にまとめると、以下のようになります。

・undefined: 未定義。変数を宣言しただけの状態などが該当する。

・null: 変数は定義されているが該当する値がない状態。

例えば、リスト12-4の変数paymentSelectは変数として宣言され、さらに、=の右辺で代入処理がされています。もしこの右辺がなければundefined（未定義）となりますが、右辺があるので未定義ではありません。ただ、代入する値が存在しない場合にnullとなります。

もしわかりにくければ、現段階ではほぼ同じものと考えて、通常はundefined、メソッドの戻り値の場合はnullと考えていても問題ないです。

ところで、このnullの発音ですが、英単語としては「ナル」です。日本のプログラマはこれをローマ字読みして「ヌル」と発音する人が非常に多いです。ぜひ正しい発音で読むようにしてください。

▶▶▶ 画面ロード完了時もイベント

この画面のロードが完了したとき、というのもひとつのイベントです。このイベントは表12-4から**load**イベントであることがわかります。では、イベントの発生個所はどこかというと画面そのものです。そこで、以下のように、windowオブジェクトの**loadプロパティ**に対して、画面ロードが完了したときにイベントハンドラ関数を登録しているのです。

```
window.load = …
```

このイベントハンドラ関数内で、さらに各要素の取得、およびイベントハンドラ登録を行うという二重構造になっているのです*。

*）リスト12-4の場合は、実際にはwindow.loadの部分はなくても正常に動作します。これは、jsファイルの読み込みがbodyの閉じタグ直前で行われており、jsファイル内のコードが実行されるときにはすでにHTMLの各要素のロードが事実上完了しているからです。とはいえ、変な誤動作を招かないためにも、window.loadは記述しておくようにしましょう。

うーん。loadイベントハンドラ内にさらにイベントハンドラの登録ですかあ。ややこしい。

もし、わかりにくければ、

```
window.load =
```

の続きの関数内に処理を記述する、と覚えておけば、とりあえずは問題ないわ。慣れてきたときに、その原理を理解すればいいと思う。

はい。ところで、もうひとつ質問いいですか？

何？

リスト12-4の❺なのですけど、これはどういった処理なのですか？

▶▶▶ フォームのvalueは文字列

リスト12-4の❹ではselect要素で選択されたoptionタグのvalue値を取得しています。ここで注意してほしいのは、このような入力部品のvalue値は、たとえ数字だとしても文字列として扱われる、ということです。❹の変数paymentSelectStrには0～4のどれかの数字が格納されていますが、これは、"3"のように文字列としての数字であり、数値ではありません。一方、5-6-1項で解説したように、switch文では===で比較を行います。つまり、データ型も含めて同じでなければなりません。この辻褄を合わせるために、value値であるpaymentSelectStrを数値型に変換しているのがリスト12-4の❺です。

12-2-4 メソッドによるイベントハンドラ登録

3個目の方法であるaddEventListener()メソッドによるイベントハンドラ登録を解説します。同じくサンプルで見ていきます。まず画面部分であるリスト12-5のlistenerAddEventHTML.htmlを作成してください。

リスト 12-5：listenerAddEventHTML.html

```
<!DOCTYPE html>
<html lang="ja">
   <head>
      <meta charset="utf-8">
      <title>メソッドによるイベントハンドラ登録サンプル</title>
      <style type="text/css">
         .alertBg {
            background:orangered;
         }
      </style>
   </head>
   <body>
      <textarea id="messageArea" name="messageArea⇒
" rows="4" cols="40" placeholder="メッセージを入力してくだ ⇒
さい。"></textarea>
      <span id="showMessageLength">0/70</span>
      <script type="text/javascript" src="listener⇒
AddEvent.js"></script>
   </body>
</html>
```

表示させると図12-6のようになります。

図12-6：リスト12-5をブラウザで表示

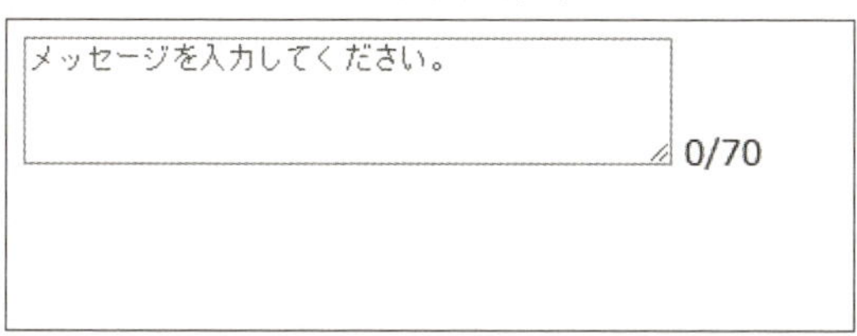

テキストエリアがひとつ表示されています。ここに何か文字を入力していくと、その右側の「0/70」の「0」の部分に入力文字数が表示されるように処理を記述します（図12-7）。

図12-7：テキストエリアに入力した内容の文字数を表示

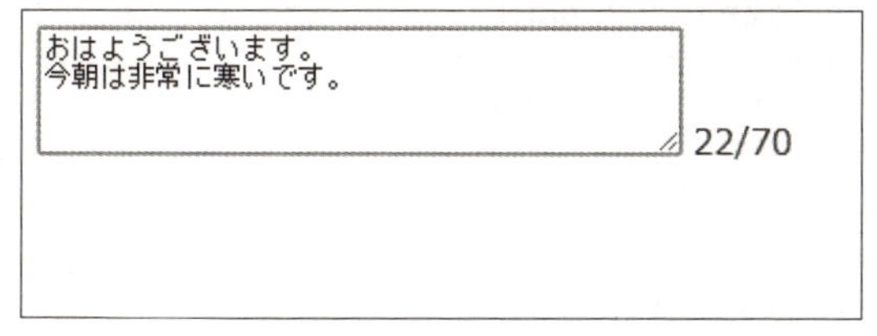

さらに、入力文字数が70文字を超えたら、テキストエリアの背景が赤くなるようにもします（図12-8）。

図12-8：テキストエリアに入力した内容の文字数が70文字を超過

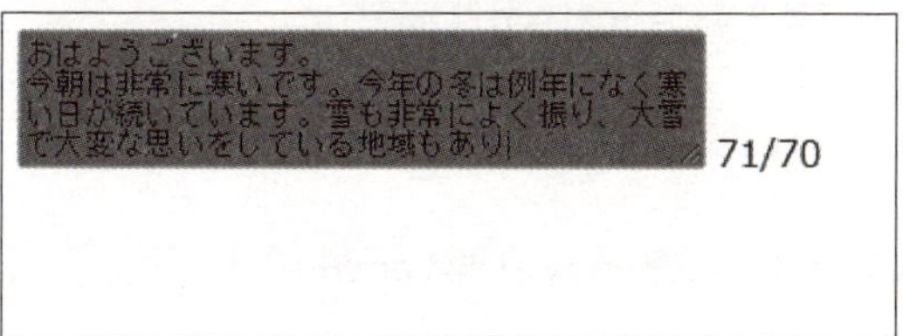

▶▶▶ 入力内容が更新されたときのイベントはinput

前項と同じように表12-1から、該当するイベントを選択します。入力内容が変更された時のイベントは**input**です。前項で使った**change**イベントも使えそうに思いますが、**change**イベントはその要素からフォーカスが外れたときに初めてイベントハンドラが実行されます。今回は、テキストエリアにフォーカスがあるまま入力された文字の変更を検出する必要があるので、**input**イベントを使います。

このinputイベントに対してaddEventListener()メソッドを使ってイベントハンドラ登録を行っているリスト12-6のlistenerAddEvent.jsを作成してください。

リスト12-6：listenerAddEvent.js

```
//画面がロードされた時の処理をリスナ登録。
window.addEventListener("DOMContentLoaded", function() {
                                                        ←❶
    //入力エリア要素を取得。
    let messageArea = document.getElementById("⇒
messageArea");  ←❷
    //入力エリアにinputリスナ登録。
    messageArea.addEventListener("input", function() {
                                                        ←❸
        //入力された内容を取得。
        let message = messageArea.value;
        //入力された文字数を取得。
        let msgLength = message.length;
        //文字数表示要素を取得。
        let showMessageLength = document.getElementById("⇒
showMessageLength");
        //文字数を表示。
        showMessageLength.textContent = msgLength + "/70";
        //文字数が70を超えたら背景を赤に。それ以外は元通りに。
        if(msgLength > 70) {
            messageArea.classList.add("alertBg");
        } else {
            messageArea.classList.remove("alertBg");
        }
    });
});
```

作成し終えたら、リスト12-5のhtml画面を再表示させたうえで、テキストエリアに何か文字を入力してください。図12-7のように表示されれば成功です。さらに、入力文字を増やし70文字以上で図12-8のようにちゃんと背景が赤色になるかどうかも確認してください。

▶▶▶ addEventListener()メソッドの使い方

リスト12-6では**addEventListener()**メソッドを使ってイベントハンドラ登録を行っているところが2個所あり、❶と❸が該当します。ここでは、❸のコードで、**addEventListener()**メソッドの使い方を説明します。

まず、この**addEventListener()**メソッドは、イベントハンドラを登録したい要素に対してメソッドを実行します。リスト12-6では❷で事前にidがmessageAreaであるtextarea要素を取得しており、このmessageAreaに対して❸でこのメソッドを実行しています。

addEventListener()の構文は以下のようになります。

構文 addEventListener()メソッド

```
addEventListener(type, listener)
```

・第1引数：type→イベント名
・第2引数：listener→イベントハンドラ関数

引数について補足しておきます。

第1引数として渡すイベント名は文字列として記述し、イベントハンドラ登録属性やプロパティとは違い、onが付かないという点です。ですので、リスト12-6の❸の第1引数には"oninput"ではなく、"input"と記述しています。

第2引数はイベントハンドラ関数です。こちらは、イベントハンドラ登録属性やイベントプロパティと同じように関数名を記述してもいいですし、無名関数を使ってもいいです。リスト12-6では無名関数を使っています。なお、次節で扱うサンプルでは、関数名を渡すものにしていますので、そちらのサンプルで違いを理解してください。

メソッドの使い方そのものは難しくなさそうですけど、イベント名にonを付けてしまいそうです。

そうね。そこは注意が必要よ。

少し補足しておくと、MDNのaddEventListener()のページ*を見てみると、第3引数が記述されているんだよ。この第3引数は省略可能なので記述しなくてもいいんだけど、記述しようとすると**イベントの伝播**を理解しておかないと正しく使えないんだ。本書を終えてさらに勉強する際に学べばいいと思うよ。

はい。ところで、addEventListener()のときも、イベントハンドラ登録は画面のロードが完了した後に行う必要があるんですよね？

もちろん。じゃあ、そこを見ていこうか。

▶▶▶ loadとDOMContentLoaded

ナオキくんが指摘したように、addEventListener()を使ったイベントハンドラ登録も、画面ロード完了時に行う必要があります。これは前項で解説した通り、windowオブジェクトのloadイベントへのイベントハンドラ登録です。リスト12-6はこのloadイベントへの登録もaddEventListener()メソッドを使っています。それが、❶です。ただし、第1引数のイベント名として、以下のようにloadを使っていません。

```
window.addEventListener("load", function() {…});
```

代わりに使っているのが、**DOMContentLoaded**です。**DOMContentLoaded**イベントとloadイベントの違いは以下のようにまとめられます。

*）https://developer.mozilla.org/ja/docs/Web/API/EventTarget/addEventListener

- DOMContentLoaded：画像などの依存先のリソースの読み込みを後回しにして、ドキュメント本体の読み込みが完了した時。
- load：画像なども含めて、すべてのコンテンツの読み込みが完了した時。

ほとんどの場合は、ドキュメント本体のみの読み込みが完了した時点でイベントハンドラ登録を行っても問題ないので、できるだけDOMContentLoadedを使うようにすればいいでしょう。

12-3 マウスイベント

前節でひと通りイベントハンドラ登録の方法を学びました。あとは、表12-1を参照しながらどういったイベントをどんな要素に登録すればいいのかをその都度考えていけばコーディンができます。その表12-1を見ると、マウスイベントがいくつか記述されていますが、今ひとつ違いがわかりにくいと感じられるかもしれません。そこで、ここでは、それらマウスイベントの違いを学びましょう。
それと、同時に、いったん登録したイベントハンドラの削除方法も学びます。

ポイントはこれ！

- ✓ マウスポインタの動きを追跡するイベントはmousemove
- ✓ イベントハンドラ関数は、イベント情報が格納されたイベントオブジェクトが引数として渡される
- ✓ イベントオブジェクトのプロパティからいろいろなイベント情報を取得できる
- ✓ mouseenter、mouseleave、mouseout、mouseoverの4イベントは子要素に対してもイベントが発生するかどうかの違いがある
- ✓ 一度登録したイベントハンドラを削除するにはremoveEventListener()を使う

12-3-1 イベントハンドラの引数

表12-1のマウスイベントの中で、ここではマウスポインタの動きに関するイベント、具体的には、mouseenter、mouseleave、mousemove、mouseout、mouseoverを見ていきます。この中で、わかりやすいmousemoveから見ていきます。

まず画面部分であるリスト12-7のmouseEventHTML.htmlを作成してください。

リスト12-7：mouseEventHTML.html

```
<!DOCTYPE html>
<html lang="ja">
   <head>
      <meta charset="utf-8">
      <title>マウスイベントサンプル</title>
      <style type="text/css">
         #outerBox {
            background: thistle;
            margin: 50px;
            padding: 50px;
         }
         #innerBox {
            padding: 50px;
            background: white;
         }
      </style>
   </head>
   <body>
      <div id="outerBox">  ←❶
         <p id="innerBox">ここはボックス内の段落です。</p>  ←❷
      </div>
      <button type="button" onclick="removeMouseInOut⇒
Event()">マウス出入イベントの削除</button>
      <ul id="msgList"></ul>  ←❸
      <script type="text/javascript" src="mouseEvent.⇒
js"></script>
   </body>
</html>
```

表示させると図12-9のようになります。

図12-9：リスト12-7をブラウザで表示

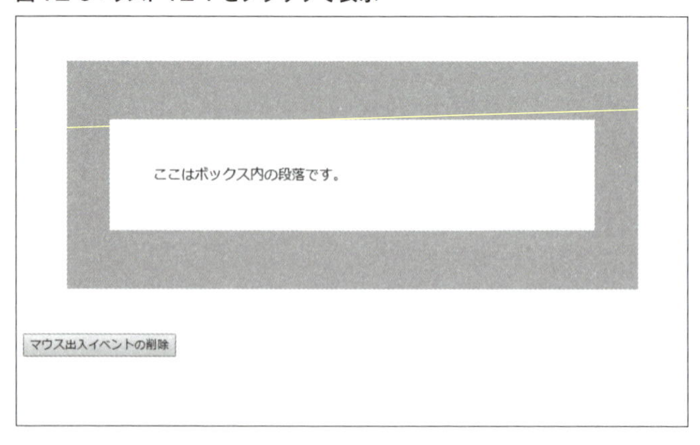

リスト12-7では❶のdivと❷のpの2個のボックスが入れ子になっています。それぞれのボックスの範囲がはっきりするように、背景色とマージン、パディングをつけています。

他に、ボタンが表示されていますが、これは後に使います。

▶▶▶ mousemoveはマウスポインタの動きを追跡するイベント

この外側のdivのボックス内をマウスポインタがウロウロすると、そのマウスポインタのボックス内での相対座標を「ここはボックス内の段落です。」と表示されているpタグ部分に記述するようにしていきます。このように、マウスポインタの動きを追跡するイベントが**mousemove**です。

では、このmousemoveイベント処理が記述されたリスト12-8のmouseEvent.jsを作成してください。

リスト12-8：mouseEvent.js

```
//画面がロードされた時の処理関数。
function init() {  ←❶
    //外側のdiv要素を取得。
    let outerBox = document.getElementById("outerBox");
                                                    ←❷
    //div要素内をマウスが移動したときの処理。
```

```
    outerBox.addEventListener("mousemove", function( ⇒
event) {  ←❸
        //内側のp要素を取得。
        let innerBox = document.getElementById(" ⇒
innerBox");  ←❹
        //内側のp要素にマウスのdiv要素内座標を表示。
        innerBox.textContent = "x=" + event.offsetX + " ⇒
:y=" + event.offsetY;  ←❺
    });
}

//画面がロードされた時の処理をリスナ登録。
window.addEventListener("DOMContentLoaded", init);  ←❻
```

作成し終えたら、リスト12-7のhtml画面を再表示させたうえで、div要素の上でマウスポインタをウロウロさせてください。図12-10のように表示されれば成功です。

図12-10：マウスポインタの相対座標が表示される

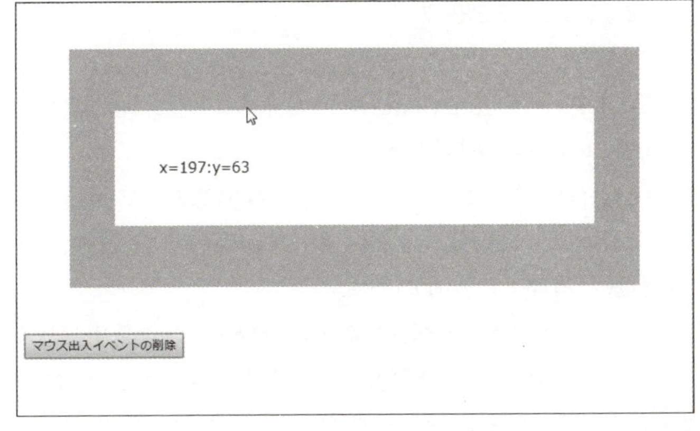

▶▶▶ 無名でない関数を利用

リスト12-8では、イベントハンドラ登録としてaddEventListener()メソッドを利用していますが、画面がロードしたときのイベント登録に12-2-4項とは違い、無名関数を使わずに通常の関数を登録しています。それが、❶と❻です。❶でinit()

という関数を用意し、この中に他のイベントハンドラ登録処理を記述しています。その関数を❻で登録しています。第2引数が「init」と関数名が記述されていますね。

▶▶▶ init() メソッド中の処理

そのinit()メソッドの中を見ていきましょう。リスト12-8の❷でイベントを発生させる要素であるdiv要素を取得しています。❸でこのdiv要素に対してaddEventListener()メソッドを使ってmousemoveイベントハンドラ関数を登録しています。ここではイベントハンドラ関数として無名関数を利用しています。

そのイベントハンドラ関数の中の処理は、❹でマウスポインタの座標を表示するp要素を取得し、❺でそのp要素のテキスト部分に座標を表す文字列を設定しています。

▶▶▶ イベントハンドラ関数の引数

では、どうやって座標を取得しているのでしょうか。❺の文字列結合を見ると、座標にあたる部分が、event.offsetXとevent.offsetYとなっています。ここで使われているeventという変数は、よく見ると❸の

function(event) {

という部分に登場しています。このfunction(event)はイベントハンドラ無名関数ですので、このeventはこの関数の引数といえます。

実は、前節まで登場したイベントハンドラ関数というのは引数なしで記述していました。ところが、イベントハンドラ関数にはそもそも引数が存在しています。引数なしというのは、この引数を省略した形なのです。

このイベントハンドラ関数の引数は、**イベントオブジェクト**といい、発生したイベントそのものを表すオブジェクトです。この引数であるイベントオブジェクトのプロパティにアクセスすることで、さまざまなイベント情報を取得することができます。なお、この引数であるイベントオブジェクトは、発生したイベントの種類によってオブジェクトそのものが変わります。したがって、そこからプロパティとして取得できるデータも変わってくるので注意が必要です。

ここでは、マウスに関するイベントである**MouseEvent**オブジェクトの主なプロパティを表12-2にまとめておきます。

表12-2：MouseEventオブジェクトの主なプロパティ

分類	プロパティ	内容
一般	target	イベントの発生元要素
	timeStamp	イベントが作成されてから経過した時間
	type	発生したイベント名
座標	clientX	ブラウザ上でのx座標
	clientY	ブラウザ上でのy座標
	offsetX	要素上でのx座標
	offsetY	要素上でのy座標
	pageX	ページ上でのx座標
	pageY	ページ上でのy座標
	screenX	スクリーン上でのx座標
	screenY	スクリーン上でのy座標
キーボードとマウス	button	マウス上の押されたボタン（0が左、1が中央、2が右）
	shiftKey	シフトキーが押されているか
	altKey	Altキーが押されているか
	ctrlKey	コントロールキーが押されているか
	metaKey	Macならコマンドキー、Windowsならウィンドウキーが押されているか

12-3-2 マウスポインタの出入り

次に、mouseenter、mouseleave、mouseout、mouseoverを見ていきます。表12-1の記述を見ると、mouseenterとmouseoverは両方とも要素にマウスポインタが入った時、mouseleaveとmouseoutは要素から出た時となっています。言葉では同じ表現ですが挙動としては違いがあります。それを体感できるようにここでのサンプルを改造します。リスト12-7の❶のdiv要素に対してこれら4イベントそれぞれに同じイベントハンドラ関数を登録します。まず、mouseEvent.jsにイベントハンドラ関数を追加します。リスト12-9の関数をinit()関数の上に追記してください。

リスト12-9：mouseEvent.js（前に追加挿入するコード）

```
//マウスの出入イベント時の処理関数。
function onMouseInOutEvent(event) {
    //イベント結果表示用リスト要素を取得。
    let msgList = document.getElementById("msgList");
    //イベントが発生した要素のidを取得。
    let targetId = event.target.id;  ←❶
    //発生したイベントを取得。
    let type = event.type;  ←❷
    //li要素を生成。
    let item = document.createElement("li");
    //生成したli要素のテキスト部分を作成。
    item.textContent += targetId + "に" + type + "が発生";
    //イベント結果表示用リストに生成したli要素を追加。
    msgList.appendChild(item);
}

function init() {
  ～省略～
```

▶▶▶ ここでも引数eventを活用

リスト12-9のonMouseInOutEvent()関数内で注目する部分は、❶と❷です。❶では引数eventのプロパティtargetを利用しています。これは、表12-2にもあるようにイベントが発生した要素そのものです。さらにそのプロパティidにアクセスすることで、要素のid属性値を取得しています。❷では、発生したイベント名を取得しています。onMouseInOutEvent()関数全体の処理内容は、このeventより取得した情報をもとにli要素を作成し、リスト12-7の❸のul要素内にそのli要素を追加するという処理です。つまり、このイベントハンドラが登録された要素では、イベントが発生するたびに、li要素がどんどん追加され、イベントが発生した要素とイベント名がリスト表示されていく仕組みです。これにより、イベントの発生履歴がリスト表示されます。

▶▶▶ addEventListener()は複数のイベントを登録できる

では、リスト12-9で追記したイベントハンドラ関数を、mouseenter、mouseleave、mouseout、mouseoverのマウスの出入に関する4個のイベントに対して登録しましょう。mouseEvent.jsのinit()関数内の末尾にリスト12-10の太字の部分を追記してください。

リスト12-10：mouseEvent.js（追加コード）

```
  ～省略～
function init() {
    ～省略～
        innerBox.textContent = "x=" + event.offsetX + " ⇒
:y=" + event.offsetY;
    });
    //外側のdiv要素にマウスの出入イベントのリスナ登録。
    outerBox.addEventListener("mouseenter", onMouse ⇒
InOutEvent);
    outerBox.addEventListener("mouseleave", onMouse ⇒
InOutEvent);
    outerBox.addEventListener("mouseover", onMouse ⇒
InOutEvent);
    outerBox.addEventListener("mouseout", onMouse ⇒
InOutEvent);
}
```

追記し終えたら、リスト12-7のhtml画面を再表示させたうえで、図12-11のようにdiv要素の外側から横断するようにマウスを移動させてください。

図12-11：div要素をマウスで横断

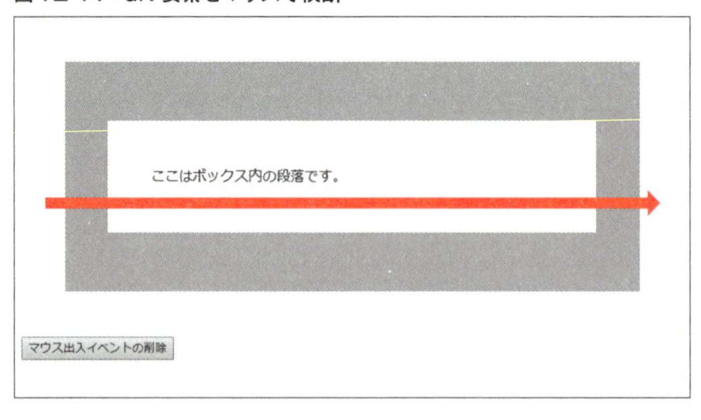

結果として、図12-12のように表示されれば成功です。

図12-12：マウスイベントの発生履歴を表示

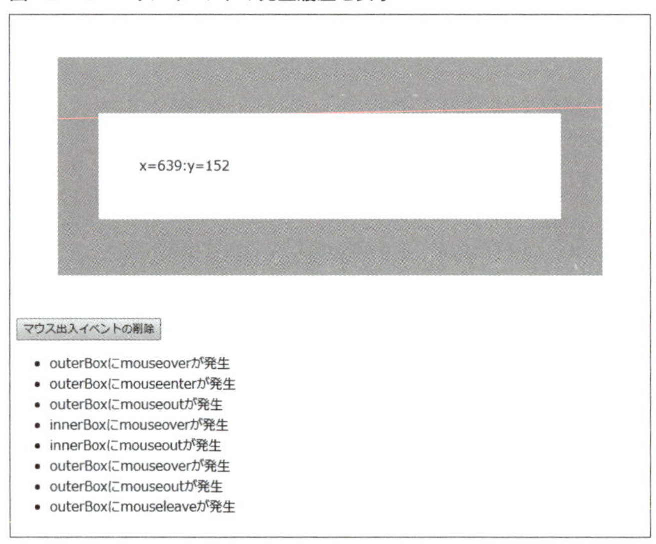

図12-12ではリスト12-9に記述したイベントハンドラ関数の処理内容の通り、イベントの発生履歴がリスト表示されています。この履歴内容の分析は次に解説しますが、リスト12-10では太字の部分で、div要素という同一要素に対してマウス出入りに関する4イベントのイベントハンドラを登録しています。このように同一要素に対して複数のイベントを登録するにはaddEventListener()メソッドを使用

すると便利です。さらに、リスト12-10では、イベントハンドラ関数そのものも同一です。この場合は無名関数では再利用ができませんので、独立した通常の関数として定義します。

▶▶▶ マウス出入４イベントの挙動

さて、図12-12で表示されたイベント発生履歴を分析してみます。

div要素上をマウスで横断させた際、mouseenterとmouseleaveは一度しか発生していません。一方、mouseoverとmouseoutは何度も発生しています。しかも、発生した要素がdiv要素（idがouterBox）だけではなく、その内側にあるp要素（idがinnerBox）でも発生しています。これを図にすると図12-13のようになります。

図12-13：出入４イベントの違い

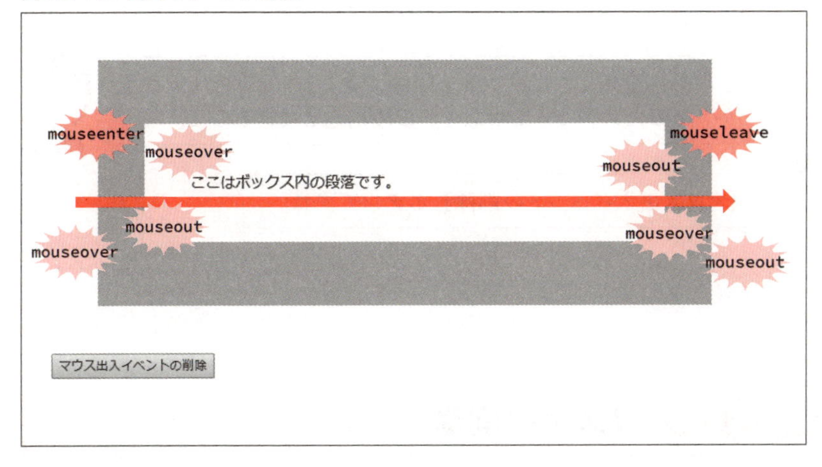

mouseenterと**mouseleave**は、そのイベントが設定された要素の出入でのみイベントが発生します。そのため、図12-12ではdiv要素に入るときと出るときのそれぞれ一度ずつしかイベントが発生せず、そのような履歴表示になっています。

一方、**mouseover**と**mouseout**はイベントが設定された要素の子要素に対してもイベントが発生します。そのため、図12-12ではdiv要素から子要素であるp要素に移るときに、div要素からの出と、p要素への入の2個のイベントが順に発生することになります。同様に、p要素からdiv要素に移るときにも、p要素の出とdiv要素への入の2個のイベントが順に発生しています。履歴表示からもそのように読み取れます。

このように、mouseenter、mouseleave、mouseout、mouseoverの4イベントは、子要素に対してもイベントが発生するかどうかの違いがあり、これを意識していないと思わぬバグとなるので注意してください。

ひゃあ～。ややこしい！

この違いは重要なので意識しておいてね。

はい！ところで、この、リスト12-10を表示させたブラウザ画面ですけど、このままdiv上にマウスを重ねると、どんどんイベントが発生して、どんどんリストがたまっていってしまいます。

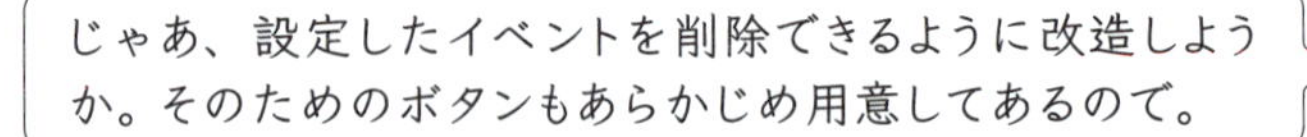

じゃあ、設定したイベントを削除できるように改造しようか。そのためのボタンもあらかじめ用意してあるので。

［マウス出入イベントの削除］ボタンですね。

12-3-3 リスナの削除

［マウス出入イベントの削除］ボタンのイベント処理を記述しましょう。あらかじめonclick属性として、removeMouseInOutEvent()が記述されていますので、この関数をmouseEvent.jsに追記します。リスト12-11に太字で示してあるremoveMouseInOutEvent()関数をinit()関数の後に追加してください。

リスト12-11：mouseEvent.js（追加コード）

```
    ～省略～
    outerBox.addEventListener("mouseout", onMouseInOutEvent);
}

//［マウス出入イベントの削除］ボタンクリック時の処理関数。
function removeMouseInOutEvent() {
    //外側のdiv要素を取得。
    let outerBox = document.getElementById("outerBox");
    //外側のdiv要素にマウスの出入イベントのリスナ削除。
    outerBox.removeEventListener("mouseenter", onMouseInOutEvent);   ┐
    outerBox.removeEventListener("mouseleave", onMouseInOutEvent);   │
    outerBox.removeEventListener("mouseover", onMouseInOutEvent);    ├←❶
    outerBox.removeEventListener("mouseout", onMouseInOutEvent);     ┘
    //イベント結果表示用リスト要素を取得。
    let msgList = document.getElementById("msgList");
    //表示リストを削除。
    msgList.innerHTML = "";  ←❷
}

//画面がロードされた時の処理をリスナ登録。
window.addEventListener("DOMContentLoaded", init);
```

作成し終えたら、リスト12-7のhtml画面を再表示させたうえで、div要素の上でマウスポインタをウロウロさせてください。ある程度履歴リストが表示された状態で、［マウス出入イベントの削除］ボタンをクリックしてください。図12-10と同じ状態に戻れば成功です。

▶▶▶ イベントの削除はremoveEventListener()メソッド

リスト12-11でのポイントは❶の**removeEventListener()**メソッドです。登録されているイベントを削除するにはこのメソッドを使います。引数はaddEventListener()メソッドと同じです。構文としてまとめておきましょう。

構文 removeEventListener()メソッド

```
removeEventListener(type, listener)
```

・第1引数：type→イベント名
・第2引数：listener→イベントハンドラ関数

ただし、注意が必要です。第2引数でイベントハンドラ関数を指定する関係上、引数内に無名関数を直接記述するのは避けてください。今回のようにイベントの削除を前提としている場合は、イベントハンドラ関数は、独立した関数として記述するようにしてください。

なお、リスト12-11ではイベントの削除だけでなく、表示されていたイベント履歴リストも消去しています。それが❷です。

このように、addEventListener()とremoveEventListener()を使うと、動的にイベントを登録したり削除したりでき、柔軟なイベント処理が可能となります。

CHAPTER 13

アプリを作ろう

いよいよ最後のChapterです。
Chapter 12でイベント処理を学びました。これで、本書で解説したい内容をすべて終えたことになります。最後のChapterであるこのChapterでは今まで学んだことを総動員して、ひとつのアプリを作成してみましょう。題材として取り上げるのはBMI計算です。

13-1 基本のBMI計算処理と表示

いよいよ最後の仕上げとして、ここまで学んだことを使ってBMI計算アプリを一緒に作成していきます。この節では、画面の作成と、基本的なBMI計算、その結果表示までを作成します。

ポイントはこれ！

- ✓ 仕様をもとにまず画面を作成しよう
- ✓ 図を描いておおまかな処理の流れを把握しよう
- ✓ クラスを作成する場合は、プロパティとメソッドの概要を抽出しよう
- ✓ 入力値などの単位は常識に合わせよう
- ✓ JavaScriptの四捨五入はテクニックが必要

13-1-1 BMIとは

画面作成に入る前に、BMIを知らない人向けにBMIとは何かを解説しておきましょう。

いよいよ本格的なアプリ作成ですけど、そもそも、BMIって何ですか？

肥満度を測る指標よ。知らない？

知らなかったです。

よくメタボ健診とかあるじゃない？

あ、よくお父さんが言ってます。「今度健診だ」とか。

ああいう健診とかで必ず出される数値らしいわよ。こういうのは先生の方が詳しいんじゃないですか？（ニヤ）

ドキッ…。痛いところを突いてくるなあ。じゃあ、説明しておこうか。

BMIは、Body Mass Index（ボディマス指数）の頭文字をとったもので、体重と身長の関係から算出される人の肥満度を表す数値です。計算式は以下の通りです。

BMI = 体重/ 身長^2

単位については、体重はkgですが、身長はmだということに注意してください。

この計算式で算出された値が22の場合、標準体重とされています。原理的には22より上の値が肥満、22より下の値が痩せということになりますが、実際にはある程度幅があり、どこまでを普通体重とするかは国によって異なります。例えば、WHO（世界保健機構）では18.5以上25未満が普通体重とされています。日本肥満学会も同じ値です。

13-1-2 BMI計算アプリの概要と画面

これから作成するBMI計算アプリは、身長と体重を入力してもらい、計算式にのっとってBMIを計算し、表示するという仕様です。その画面を先に作っておきます。必要最小限の画面項目としては、以下の4個になります。

- 身長の入力欄
- 体重の入力欄
- 計算ボタン
- 結果の表示欄

ただし、今後の節で、計算されたBMIを単に表示するだけではなくてさまざまな機能追加を行います。ここでは、それら機能追加時にも必要な要素も含めた状態で画面を作成しておきましょう。

Chapterが新しくなりましたので、このChapter用のフォルダ「chap13」をjssamplesフォルダ内に作成し、その中にリスト13-1のcalcBMIHTML.htmlを作成してください。

リスト13-1：calcBMIHTML.html

```
<!DOCTYPE html>
<html lang="ja">
    <head>
        <meta charset="utf-8">
        <title>BMI計算</title>
        <style type="text/css">
            .redText {
                color: red;
            }
            .font16 {
                font-size: 16pt;
            }
            .displayNone {
                display: none;  ←a
```

```
        }
      </style>
   </head>
   <body>
      <h1 id="headTitle">BMI計算</h1>
      <p>
         身長と体重を入力して計算ボタンをクリックしてください。
      </p>
      <p>
         <div>
            <input type="text" id="heightInput" name= ⇒
"height" placeholder="身長">cm<br>  ←❶
            <span id="heightInputMsg" class="redText"></⇒
span>  ←❷
         </div>
         <div>
            <input type="text" id="weightInput" name= ⇒
"weight" placeholder="体重">kg<br>  ←❸
            <span id="weightInputMsg" class="redText"></⇒
span>  ←❹
         </div>
         <button type="button" id="calcBMIButton" on⇒
click="onCalcBMIButtonClick()">計算</button>  ←❺
      </p>
      <p id="resultMessage" class="displayNone">  ←❻
         あなたのBMI値は<span id="bmiResult" class="red⇒
Text font16"></span>です。<br>  ←❼
         <span id="adviceMessage"></span>  ←❽
      </p>
      <script type="text/javascript" src="BMI.js"></⇒
script>  ←b
      <script type="text/javascript" src="calcBMI.js"></⇒
script>  ←b
   </body>
</html>
```

表示させると図13-1のようになります。

図13-1：リスト13-1をブラウザで表示

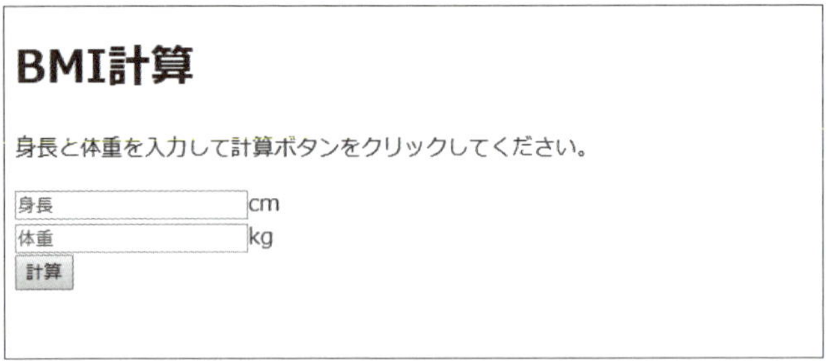

BMI計算

身長と体重を入力して計算ボタンをクリックしてください。

身長 cm
体重 kg
計算

表示された画面では、当初の予定通りの4個の要素のみの構成となっています。これらはリスト13-1では以下のような対応関係になっています。

- 身長の入力欄→❶
- 体重の入力欄→❸
- 計算ボタン→❺
- 結果の表示欄→❻と❼

上記以外の❷、❹、❽は後の節の機能拡張時に使います。

ここで、いくつか補足しておきましょう。

まず、❻についてです。実際にBMIの計算結果を表示する部分というのは❼のspanタグ内を想定しています。その前後の「あなたのBMI値は…です。」という部分は固定表示としています。ただし、計算結果を表示するまでこの部分は画面に表示させたくありません。このときに便利なのがCSSのdisplayプロパティです（リスト13-1のa）。❻のpタグにこのCSSクラスを設定することで、初期表示では固定表示部分も見えないようにしています。

また、bに注目してください。今回はBMIを計算するクラスを自作し、そのクラスを別jsファイルとして作成します。そのため、jsファイルの読み込みが2個になっている点に注意してください。

13-1-3 おおまかな処理の流れ

画面ができたところで、処理を考えていきます。

これから、calcBMI.jsに処理を記述していくけど、まずは大きな流れを考えてみようか。ナオキくん、どこから記述していく予定？

さっき作成した画面では、リスト13-1 ❺ buttonタグのonclickにonCalcBMIButtonClick()という記述があるので、まずこの関数を作ります。

うん。それでいいね。じゃあ、その関数内はどのようにコーディングしていくつもり？

うーん…。

ぱっと出てこない場合は、Chapter 6の図6-2のような図を描いてみたほうがいいよ。

はい。書いてみます。

▶▶▶ onCalcBMIButtonClick()関数内の処理の流れ

onCalcBMIButtonClick()関数内の処理を図にすると図13-2のようになります。

図13-2：onCalcBMIButtonClick()関数内の処理の流れ

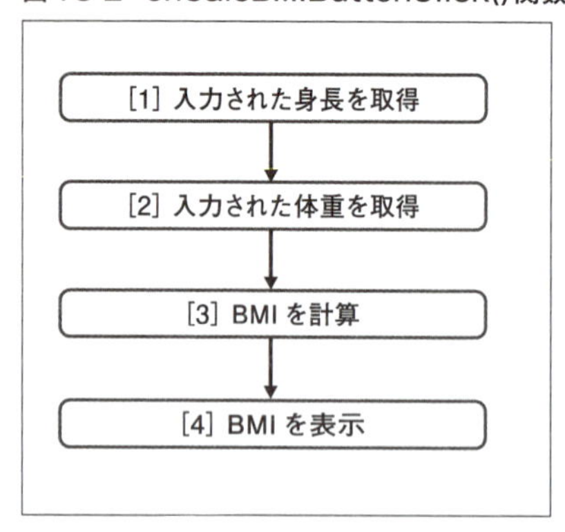

うん。この流れでいいね。ただ、ここからはもうひとつひねろうと思う。

どうするのですか？

[3] のBMIの計算部分をonCalcBMIButtonClick()関数内で行うのではなくて、専用のオブジェクトを作って、それに任せるようにするんだ。

なるほど！クラスを作って、newするのですね。

そうそう。クラスを作ることで、身長と体重の値を再利用しながら処理をまとめることができるようになるんだ。そのクラスをリスト13-1の b で読み込むBMI.jsにBMIクラスとして記述するから、次に、どんなクラスになるか考えてみようか。

▶▶▶ BMIクラスメンバ

BMIクラスを作成するにあたり、プロパティにはどういうものが必要か、メソッドはどんな処理にするかを考える必要があります。会話の中でワトソン先生が「BMI計算をクラスに任せる」と言っているので、このBMI計算を行うメソッドが必要です。このメソッド中で計算するBMIは、計算式から身長と体重を外部からもらう必要があります。これをメソッドの引数としてもいいですが、それならば通常の関数と変わりません。そこで、オブジェクトらしく、身長と体重をBMIクラスのプロパティとし、BMI計算はこのプロパティを利用するようにします。

まとめると、表13-1のようになります。

表13-1：BMIクラスのメンバ

メンバ種類	メンバ名	内容
プロパティ	height	身長
プロパティ	weight	体重
コンストラクタ	constructor()	引数として身長と体重を受け取る。初期値は両方とも0。
メソッド	getBMI()	プロパティの身長と体重を使ってBMIを計算する。計算結果は小数第2位を四捨五入して、小数点以下1桁とする。

2点ほど補足しておきます。

コンストラクタに関して、9-3-1項で説明した通り、身長と体重の渡し忘れを防ぐために引数として身長と体重を受け取るようにします。その際、初期値も設定しておき、それぞれ0とします*。

getBMI()メソッドは、BMIを計算します。その際、計算式に割り算が含まれていることからわかるように、結果はきれいな値になるとは限りません。こういった場合、四捨五入処理が必須となります。BMIはよく小数点以下1桁表示が使われるので、その常識に合わせて小数第2位を四捨五入することにします。

13-1-4 BMIクラスを作成

骨格ができたところで、実際にコーディングしましょう。まず、BMIクラスからです。リスト13-2のBMI.jsを作成してください。

*）計算式からわかりますが、実際には身長が0だと、0割りが発生し、結果が無限大となってしまいます。本来はこれを避ける必要がありますが、ここでは割愛します。

リスト13-2：BMI.js IE

```
//BMI計算オブジェクト
class BMI {
    //コンストラクタ。引数は身長と体重。
    constructor(height = 0, weight = 0) {   ←1-1
        this.height = height;   ←1-2
        this.weight = weight;   ←1-3
    }

    //BMIを計算するメソッド。
    getBMI() {
        //BMIを計算。
        let bmi = this.weight / Math.pow(this.height/100, 2);
                                                        ←2
        //以下3行で小数第2位を四捨五入して小数点以下一桁表示に。
        bmi = bmi * 10;   ←3-1
        bmi = Math.round(bmi);   ←3-2
        bmi = bmi / 10;   ←3-3
        //BMIをリターン。
        return bmi;
    }
}
```

▶▶▶ リスト13-2のポイント

リスト13-2は表13-1の通りのソースコードとなっています。

❶がコンストラクタです。1-1の通り、引数で身長と体重を受け取ります。その受け取った身長を1-2で、体重を1-3でプロパティに代入しています。

getBMI()メソッド内で実際にBMIを計算しているのが❷です。❷で注目すべきところは2点です。まず、BMIの計算式にあるように、分母の身長は2乗です。2乗計算を行うために以下のように単純に2回掛け算を行ってもいいです。

```
this.height * this.height
```

あるいは、4-1-4項で扱った演算子**を使って次のように記述してもいいです。

```
this.height ** 2
```

一方、JavaScriptには累乗計算のメソッドがMathオブジェクトに用意されており、**Math.pow()**がそうです。今回はこれを使っています。引数は2個あり、第1引数が底、第2引数が指数です。❷ではこのメソッドを使って2乗計算を行っています。

次に、13-1-1項で説明したように、BMIの分母の身長の単位はmです。一方、作成した画面（図13-1）を見てもわかるように、入力された身長の単位はcmです。したがってこの単位をそろえてあげる必要があります。そのため、

this.height/100

と身長を1/100しています。

身長の入力で、わざわざcmで入力してもらったうえで1/100してますけど、最初からmで入力してもらったらだめなのですか？

じゃあ、逆に質問するけど、ナオキくんの身長はいくつ？

171.5です。

ほら。cmで答えた。

学校での身体測定の結果票の記述もそうだけど、身長って、一般的にはcmで記録して、cmで覚えているよね。ユーザが接する画面の入力や表示というのは、よほどのことがない限りは、そういった一般常識に合わせて作る必要があるんだ。

ユーザにひと手間かけさせてはダメということですね。

そうそう。そういうひと手間、つまり、一般常識と内部の計算式との単位のずれなんかは、プログラムの方で辻褄を合わせてあげないと、いいシステムは作れないんだよ。

▶▶▶ JavaScriptでの四捨五入テクニック

❷で計算されたBMIである変数bmiは表13-1の後の解説にもあるようにきれいな数値とは限りません。そこで、小数第2位を四捨五入する必要があります。四捨五入に関しては、10-4-1項で解説した通り、**Math.round()** メソッドを使います。ところが、このメソッドは整数値への四捨五入しかできません。任意の小数桁での四捨五入をサポートしていません。そこで、少しテクニックが必要です。それが、リスト13-2の❸です。❸の3行の処理は以下のようになります。

3-1：bmiを10倍

3-2：bmiを整数に四捨五入

3-3：四捨五入されたbmiを1/10

具体例で見てみましょう。例えば、計算されたBMIが26.485785448411だとすると、以下のようになります。

3-1：10倍→264.85785448411

3-2：整数に四捨五入→265

3-3：1/10→26.5

結果、小数第2位で四捨五入されたことになります。

このように、JavaScriptで小数部分を四捨五入したい場合は、
10倍、100倍、…した後に、Math.round()を実行し、もう一度桁を戻す
という方法をとります。

13-1-5 onCalcBMIButtonClick()関数を作成

クラスができたところで、実行部分をコーディングしましょう。onCalcBMIButtonClick()関数が記述されたリスト13-3のcalcBMI.jsを作成してください。

リスト13-3：calcBMI.js IE

```
// [計算] ボタンがクリックされた時の処理関数。
function onCalcBMIButtonClick() {
    //身長入力input要素を取得。
    let heightInput = document.getElementById( ⇒
"heightInput");  ←1-1
    //入力された身長の値を取得。
    let height = heightInput.value;  ←1-2
    //体重入力input要素を取得。
    let weightInput = document.getElementById( ⇒
"weightInput");  ←2-1
    //入力された体重の値を取得。
    let weight = weightInput.value;  ←2-2

    //BMI計算オブジェクトを生成。身長と体重を渡す。
    let bmiObj = new BMI(height, weight);  ←3-1
    //BMIを取得。
    let bmi = bmiObj.getBMI();  ←3-2

    //BMIを表示するspan要素を取得。
    let bmiResult = document.getElementById("bmiResult");
                                                    ←4-1
    //BMIを表示。
    bmiResult.textContent = bmi;  ←4-2

    //結果を表示するp要素を取得。
    let resultMessage = document.getElementById("result⇒
Message");  ←4-3
    //非表示にしているクラス属性を削除。
    resultMessage.classList.remove("displayNone");  ←4-4
}
```

作成し終えたら、リスト13-1のhtml画面を再表示させたうえで、身長と体重に適切な値*を入力し、[計算] ボタンをクリックしてください。図13-3のように表示されれば成功です。

図13-3：計算されたBMIが表示された画面

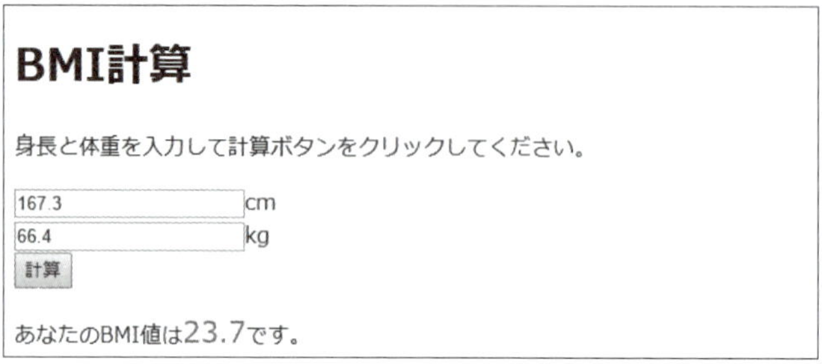

BMI計算

身長と体重を入力して計算ボタンをクリックしてください。

167.3 cm
66.4 kg
計算

あなたのBMI値は23.7です。

リスト13-3内の処理はすべて復習になります。

図13-2の［1］と［2］の入力値の取得は、その前に入力部品を取得しておく必要があります（1-1と2-1）。その後、実際に入力値を取得します（1-2と2-2）。

［3］のBMIの計算はBMIオブジェクトに任せます。そこで、BMIオブジェクトを生成し（3-1）、getBMI()メソッドを使って計算されたBMIを取得します（3-2）。

［4］のBMIの表示は、入力値の取得同様に事前に表示要素を取得しておく必要があります（4-1）。取得した表示要素に対してBMIを当てはめます（4-2）。

これで、無事表示されそうですが、13-1-2項で説明したように、結果を表示するリスト13-1の❻のpタグがもともと非表示となっています。それを表示させる必要があります。その処理が4-3と4-4です。4-3でp要素を取得し、4-4でdisplayNoneクラスが設定されたclass属性を削除しています。

これで、無事結果が表示されます。

*）身長167.3、体重66.4のように正の数値を入力してください。0や負の数、あるいは文字など不適切なものは入力しないでください。エラーとなります。こういった不適切な値の入力に関しては、13-3節で扱います。

13/2 アドバイスを表示

前節でひと通りアプリらしいものができました。ここからは、拡張していきます。まず、計算されたBMIをもとに、理想体重とアドバイスを表示するようにしましょう。

ポイントはこれ！

- ✓ オブジェクト指向の利点を活用しよう
- ✓ 四捨五入した値をさらに四捨五入するのは避け、元の値から実行する
- ✓ 変数の初期値を工夫すると、条件分岐がひとつ減る

13-2-1 追加仕様と処理の流れ

ここで追加する仕様は以下の通りです。

- 計算されたBMIの整数値をもとにアドバイスを表示する。
- 表示するのはリスト13-1の❽のspan要素とする。
- BMI整数値が22ならば「理想体重です。現状を維持しましょう。」と表示する。
- 22より上ならば「太っています。体重○○kgを目指しましょう。」と表示する。
- 22より下ならば「痩せています。体重○○kgを目指しましょう。」と表示する。
- 「○○」には理想体重の整数値が入る。

本当なら、標準体重は幅があるのだけど、ここでは話を単純にするために、BMIが22の理想体重のみを正常とするようにしたので、そこは了解してね。さあ、ナオキくん、どこから手を付ける？

…（考え中）。まず、アドバイスを表示する部分が、BMIを表示しているspanタグと同じpタグ内にあるので、このpタグが表示になる前、リスト13-3でいえば、4-2と4-3の間に処理を記述します。

そうだね。記述位置としては、そこがいいね。処理内容は？

ちょっと図を描いてみます。

▶▶▶ アドバイス表示の処理の流れ

追加仕様であるアドバイスを表示する処理を図にすると図13-4のようになります。

図13-4：アドバイス表示の処理の流れ

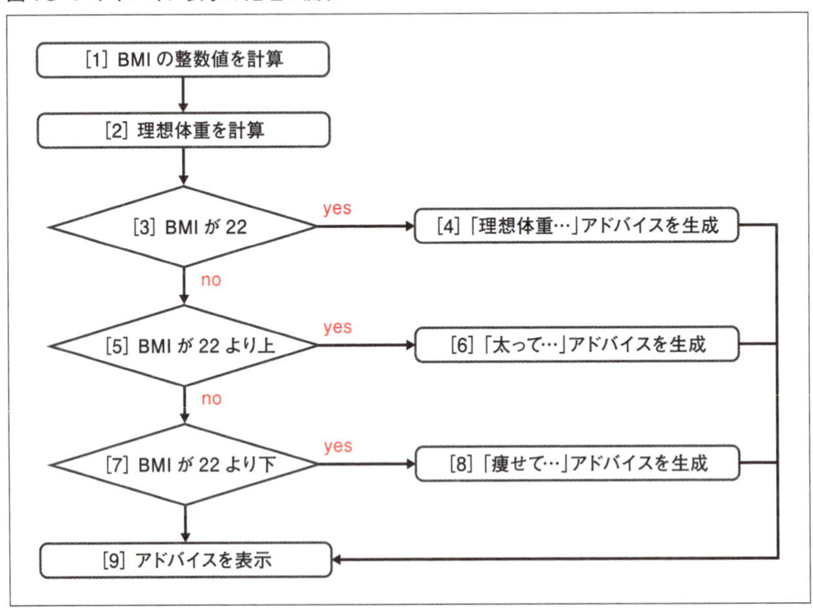

うん。この流れでいいね。ただ、せっかくBMIクラスがあるので、それを利用しようと思うんだ。

あ!なるほど!

図13-4のどの部分をBMIクラスに移す?

…(考え中)。[9] 以外全部ですか?

そうだね。[9] は実行部分に任せた方がいいからね。

じゃあ、[9] 以外の部分をBMIクラスにメソッドとして追加すればいいんですね? BMIの計算そのものもプロパティがあるので、メソッドの引数は不要ですね!

そうそう!よく理解できている。せっかくプロパティとして身長と体重を保持しているのだから、それを利用しない手はないね。オブジェクト指向の特徴を活かした方法だね。メソッド名はgetAdvice()としておこうか。じゃあ、早速コーディングしてみて。

13-2-2 クラスにメソッドを追加する

早速、BMIクラスにメソッドを追加しましょう。リスト13-4のgetAdvice()メソッドをBMI.js（BMIクラス内）に追加してください。

リスト13-4：BMI.js（追加コード） ~~IE~~

```
//アドバイスを生成するメソッド。
getAdvice() {
```

```
    //BMIを計算。
    let bmi = this.weight / Math.pow(this.height/100, 2);
                                                        ←1-1
    //BMIの整数値を作成。
    bmi = Math.round(bmi);  ←1-2
    //理想体重を計算。
    let idealWeight = 22 * Math.pow(this.height/100, 2);
                                                        ←2-1
    //理想体重の整数値を作成。
    idealWeight = Math.round(idealWeight);  ←2-2
    //アドバイス用変数を用意。初期値はBMI=22の場合の文字列。
    let adviceMessage = "理想体重です。現状を維持しましょう。";←3
    //BMIが22より上の場合。
    if(bmi > 22) {  ←4
        adviceMessage = "太っています。体重" + idealWeight + " ⇒
kgを目指しましょう。";  ←5
    //BMIが22より下の場合。
    } else if(bmi < 22) {  ←6
        adviceMessage = "痩せています。体重" + idealWeight + " ⇒
kgを目指しましょう。";  ←7
    }
    //生成されたアドバイス文字列をリターン。
    return adviceMessage;  ←8
}
```

先生、今回、コーディングしている間に少しひらめいて、処理の流れを図13-4から変えてみたんです。

ほう！どんなふうに？

新しい図を描いてみました。

▶▶▶ リスト13-4の処理の流れ

リスト13-4の処理の流れを図にすると図13-5のようになります。

図13-5：リスト13-4の処理の流れ

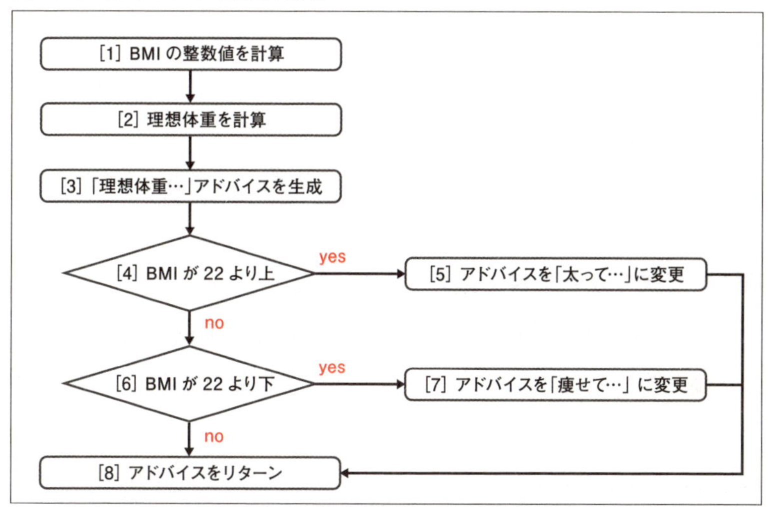

それぞれ対応する番号をリスト13-4にも記載しています。図13-4から図13-5に変更になったのは［3］以降の処理です。その解説に入る前に、先に［1］と［2］を見ておきましょう。

▶▶▶ 四捨五入は誤差を避けるために元の値からする

［1］はBMIの整数値を計算しています。1-1はgetBMI()内に記述したリスト13-2の❷と同じ式です。次の1-2で整数値に四捨五入しています。ここでは、整数への四捨五入ですので、round()メソッドをそのまま使用できます。

ここで注意が必要なのは、BMIの計算として1-1の代わりにgetBMI()メソッドを使ってはダメです。というのは、getBMI()はすでに小数点以下1桁に四捨五入された値が返ってくるからです。例えば、計算されたBMIが22.45112675の場合、getBMI()の戻り値は22.5となります。この値をさらに整数に四捨五入すると23となります。一方、元の値から整数に四捨五入すると、22です。元の値からちゃんと四捨五入した場合は理想体重として扱われますが、getBMI()の値を利用した場合は太っている扱いになってしまいます。このような誤差を避けるために、

getBMI()の値を使わずに 1-1 で計算しているのです。

次に、[2] は理想体重の計算です。理想体重は、BMIの計算式を変形して、以下の式で求めます。

理想体重 = 22 × 身長²

リスト13-4では 2-1 で理想体重を計算し、 2-2 で整数に四捨五入しています。

▶▶▶ 初期値を工夫すると条件分岐がひとつ減る

さあ、[3] 以降の条件分岐について説明しましょう。図13-4では条件分岐による場合分けが3個です。これを図13-4の通りにコードに記述すると、以下のようになります。

```
let adviceMessage = "";
if(bmi === 22 ) {
    :
} else if(bmi > 22) {
    :
} else if(bmi < 22) {
    :
}
```

ただし、最後の「22より下の場合」というのは「それ以外」と置き換えられるので、次のように書くのが普通です。

```
let adviceMessage = "";
if(bmi === 22 ) {
    :
} else if(bmi > 22) {
    :
} else {
    :
}
```

ここでadviceMessage変数の初期値に注目します。adviceMessageは変数のスコープの関係上、条件分岐ブロックの外で宣言する必要があります（6-3-3項参照）。その時の初期値として、上のコードでは空文字としています。どうせ初期値を指定するなら、条件分岐のどれかの場合の値を初期値とすることで、条件分岐をひとつ減らすことができます。その方式を採用したのがリスト13-4の❸です。❸ではbmiが22の場合のアドバイスメッセージを初期値とし、❹以降で、22より下、22より上の場合の分岐のみを記述しています。

13-2-3 onCalcBMIButtonClick()関数に追加

getAdvice()メソッドの追加が終わったので、実行部分にそのメソッドを利用したコードを追記しましょう。calcBMI.jsのonCalcBMIButtonClick()関数内にリスト13-5の太字の部分を追記してください。

リスト13-5：calcBMI.js（追加コード） ~~IE~~

```
function onCalcBMIButtonClick() {
    ～省略～
    bmiResult.textContent = bmi;

    //アドバイスを取得。
    let advice = bmiObj.getAdvice();  ←❶
    //アドバイスを表示するspan要素を取得。
    let adviceMessage = document.getElementById("advice ⇒
Message");  ←❷
    //アドバイスを表示。
    adviceMessage.textContent = advice;  ←❸

    let resultMessage = document.getElementById("result ⇒
Message");
    resultMessage.classList.remove("displayNone");
}
```

作成し終えたら、リスト13-1のhtml画面を再表示させたうえで、身長と体重に適切な値を入力し、［計算］ボタンをクリックしてください。図13-6のように表示されれば成功です。

図13-6：計算されたBMIとアドバイスが表示された画面

BMI計算

身長と体重を入力して計算ボタンをクリックしてください。

167.3 cm
66.4 kg
計算

あなたのBMI値は23.7です。
太っています。体重62kgを目指しましょう。

追加された3行には難しいものはないでしょう。リスト13-4で追加したgetAdvice()メソッドを利用してアドバイス文字列を取得しているのがリスト13-5の❶です。ここでメソッドを実行しているbmiObjはすでにnewして身長と体重が格納された状態ですので、メソッドを実行するだけでアドバイスを取得できます。オブジェクト指向の利点です。

そうやって取得したアドバイス文字列を表示します。❷で表示用のspan要素を取得しておき、❸で表示させます。

13-3 バリデーションを実装

かなりアプリらしくなってきましたが、このままでは致命的な欠点があります。それは、13-1-5項の注釈にも書きましたが、入力欄に不適切な値を入力すると、エラーとなることです。そこを改良します。

ポイントはこれ！

- ✓ 入力を伴うアプリでは、バリデーションは必須
- ✓ フラグという考え方を理解しよう
- ✓ 数値かどうかはビルトイン関数isFinite()を利用しよう

13-3-1 バリデーション

例えば、身長と体重に数値ではなく文字を入力して［計算］ボタンをクリックすると図13-7のようになります。

図13-7：身長と体重に数値以外を入れて計算させた画面

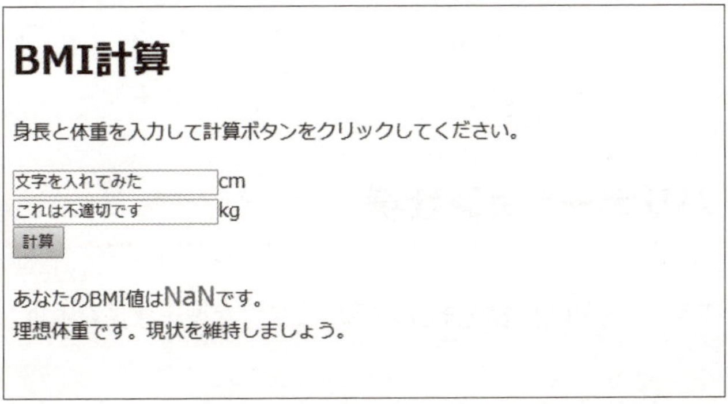

BMI計算

身長と体重を入力して計算ボタンをクリックしてください。

文字を入れてみた cm
これは不適切です kg
計算

あなたのBMI値はNaNです。
理想体重です。現状を維持しましょう。

ユーザに何かを入力してもらうアプリでは、ユーザが常に正しい値、こちらが想定した値を入力してくれるとは限りません。むしろ、不適切な値を入力することの方が多いぐらいです。それでもアプリが正常に動作するようにプログラミングしなければなりません。そのための必須の方法は、何か処理を行う前に、入力された値が適切かどうかをチェックすることです。いわゆる入力チェックのことですが、これを**バリデーション**といいます。

よく会員登録とかの入力画面で、「○○の入力は必須です」とか表示されるのを見かけますけど、あれはバリデーションというのですね。

そうよ。バリデーションはアプリを作成するにあたって必須の機能ね。ちなみに、ナオキくんが例で挙げた「○○の入力は必須です」のようなメッセージを**バリデーションメッセージ**というんだよ。

そうなんですね。エラーメッセージじゃないんですね。

うん。入力の不備はエラーとは違うからね。

じゃあ、ここまで作成してきたBMI計算アプリに、このバリデーションを入れていくね。ただ、これはいきなりは難しいだろうから、こちらが示したソースコードを入力しながら勉強してもらおうかな。

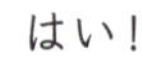

13-3-2 バリデーション仕様

これより実装するバリデーションの仕様をまとめておきます。なお、身長も体重も同一仕様です。

[A] チェックする項目は以下の通り。

- ・未入力かどうか。
- ・数値が入力されているかどうか。
- ・0以下が入力されていないか。

[B] 入力欄に何か文字が入力されるたびに入力チェックを行う。

[C] 入力欄からフォーカスが外れた際にもチェックを行う。

[D] バリデーションを通過するまで［計算］ボタンはクリックできないようにする。

上記仕様に合わせた画面を確認しておきましょう。まず、[D] より初期状態では図13-8のようにボタンがクリックできないようになっています。

図13-8：[計算] ボタンがクリックできないようにした画面

BMI計算

身長と体重を入力して計算ボタンをクリックしてください。

身長 cm

体重 kg

計算

未入力の状態で入力欄からフォーカスが外れると、図13-9のように入力欄下にバリデーションメッセージを表示します。

図13-9：未入力のバリデーションメッセージが表示された画面

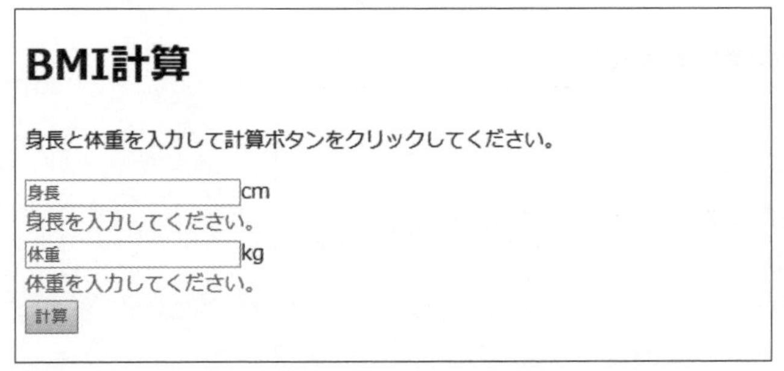

入力欄に何か入力すると、そのたびにチェックしていき、数値以外が入力されると図13-10のバリデーションメッセージを表示します。

図13-10：数値以外を入力した際の画面

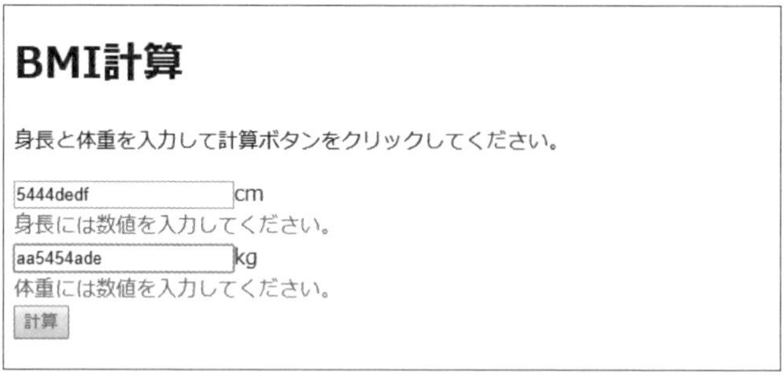

BMI計算
身長と体重を入力して計算ボタンをクリックしてください。
5444dedf
cm
身長には数値を入力してください。
aa5454ade
kg
体重には数値を入力してください。
計算

同様に、0以下を入力すると図13-11のバリデーションメッセージが表示されます。

図13-11：0以下を入力した際の画面

BMI計算
身長と体重を入力して計算ボタンをクリックしてください。
0
cm
身長に正しい数値を入力してください。
-120
kg
体重に正しい数値を入力してください。
計算

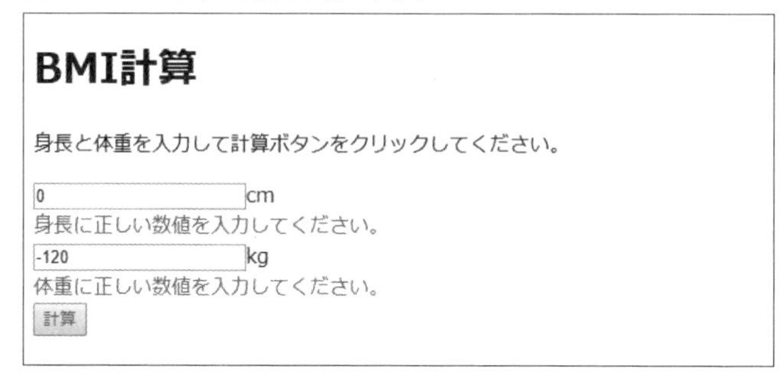

正しい数値が入力された場合にだけ図13-12の画面となり、［計算］ボタンがクリックできるようになります。

図13-12：計算ボタンが有効になった画面

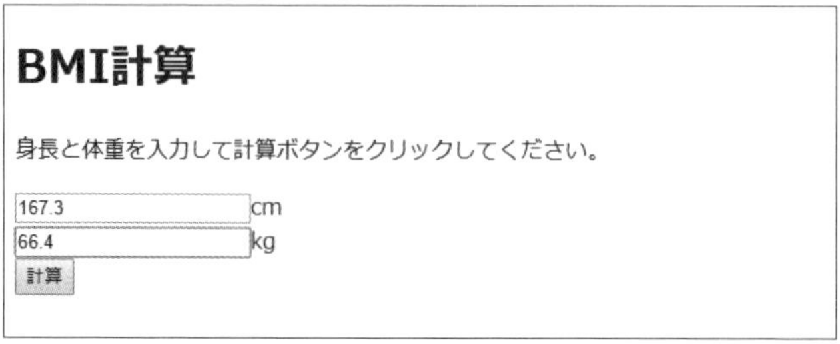

BMI計算
身長と体重を入力して計算ボタンをクリックしてください。
167.3
cm
66.4
kg
計算

［計算］ボタンをクリックした後の処理は、前節までと同じです。
以降、順にソースコードを示しながらポイントを解説していきます。

13-3-3 ボタンの無効化

まず、仕様［D］の［計算］ボタンをクリックできないように改造しましょう。それには、リスト13-1の❺のbuttonタグに**disabled**属性を付けるだけです。リスト13-6の太字のようにcalcBMIHTML.htmlを改造してください。

リスト13-6：calcBMIHTML.html（更新コード）

```
<!DOCTYPE html>
<html lang="ja">
    ～省略～
            <button type="button" id="calcBMIButton" on ⇒
click="onCalcBMIButtonClick()" disabled>計算</button>
    ～省略～
</html>
```

この時点でhtml画面を再表示させると、図13-8のように［計算］ボタンがクリックできないようになっています。

13-3-4 イベントハンドラ関数の登録

次に、仕様［B］と［C］を実装しましょう。仕様［A］のバリデーション処理をまとめて記述した関数としてcheckInput()が存在するとして、これをイベントハンドラ関数とします。この関数は次項で実装しますが、ここでは、input要素への入力内容の変更イベント（仕様［B］）、および、input要素からフォーカスが外れるイベント（仕様［C］）に対してcheckInput()関数を登録します。

input要素への入力内容の変更イベントは12-2-4項で扱ったように、**input**イベントです。また、input要素からフォーカスが外れるイベントはChapter 12表12-1にあるように、**blur**イベントです。

そのように記述したリスト13-7をcalcBMI.jsの末尾に追加してください。

リスト13-7：calcBMI.js（追加コード）

```
//画面がロードされた時の処理を登録。
window.addEventListener("DOMContentLoaded", function() {
                                                      ←❶
    //身長のinput要素を取得。
    let heightInput = document.getElementById(⇒
"heightInput");  ←2-1
    //身長入力欄が変更された時の処理を登録。
    heightInput.addEventListener("input", checkInput);
                                                      ←2-2
    //身長入力欄からフォーカスが外れた時の処理を登録。
    heightInput.addEventListener("blur", checkInput);
                                                      ←2-3

    //体重のinput要素を取得。
    let weightInput = document.getElementById(⇒
"weightInput");  ←3-1
    //体重入力欄が変更された時の処理を登録。
    weightInput.addEventListener("input", checkInput);
                                                      ←3-2
    //体重入力欄からフォーカスが外れた時の処理を登録。
    weightInput.addEventListener("blur", checkInput);
                                                      ←3-3
});
```

すべて、Chapter 12の復習になります。

イベントハンドラ登録は画面がロードしたときのイベントとして処理を行います。それが、❶です。ここでは、無名関数を使っています。

その関数内で、身長のinput要素、および体重のinput要素に対してイベントハンドラを登録しています。❷が身長、❸が体重です。2-1と3-1がそれぞれinput要素を取得しているコードです。2-2と3-2がinputイベントへの登録、2-3

と3-3がblurイベントへの登録です。イベントハンドラ関数はすべてcheck Input()関数です。

13-3-5 バリデーション処理の実装

そのイベントハンドラ関数であるcheckInput()を記述していきましょう。この関数内の処理がバリデーションそのものです。リスト13-7の3-3の続きに、次のリスト13-8の太字のcheckInput()関数を記述してください。少し長いですが、ほとんどが復習になりますので、コメントを頼りにコーディングしてください。

リスト13-8：calcBMI.js（追加コード）

```
window.addEventListener("DOMContentLoaded", function() {
    ～省略～
    weightInput.addEventListener("blur", checkInput);

    //バリデーション用関数。
    function checkInput() {
        //［計算］ボタンを有効にするかどうかのフラグ。
        let buttonEnabled = true;  ←1

        //入力された身長の値を取得。
        let heightStr = heightInput.value;  ←2-1
        //入力値は文字列なので数値に変換
        let height = Number(heightStr);  ←2-2
        //身長のバリデーションメッセージを表示するspan要素を取得。
        let heightInputMsg = document.getElementById(⇒
"heightInputMsg");  ←2-3
        //未入力なら…
        if(heightStr.length === 0) {  ←2-4
            //［計算］ボタンを無効に。
            buttonEnabled = false;  ←2-5
            //バリデーションメッセージを表示。
            heightInputMsg.textContent = "身長を入力してくださ⇒
```

```
い。"; ←2-6
        //数値以外が入力されたなら…
        } else if(!isFinite(height)) { ←2-7
            buttonEnabled = false;
            heightInputMsg.textContent = "身長には数値を入力して⇒
ください。";
        //0以下が入力されたなら…
        } else if(height <= 0) { ←2-8
            buttonEnabled = false;
            heightInputMsg.textContent = "身長には正数を入力して⇒
ください。";
        //入力値が適切なら…
        } else { ←2-9
            //バリデーションメッセージを削除。
            heightInputMsg.textContent = ""; ←2-10
        }

        //体重のバリデーション。内容は身長と同じ。
        let weightStr = weightInput.value; ←3
        let weight = Number(weightStr);
        let weightInputMsg = document.getElementById("⇒
weightInputMsg");
        if(weightStr.length === 0) {
            buttonEnabled = false;
            weightInputMsg.textContent = "体重を入力してくださ⇒
い。";
        } else if(!isFinite(weight)) {
            buttonEnabled = false;
            weightInputMsg.textContent = "体重には数値を入力して⇒
ください。";
        } else if(weight <= 0) {
            buttonEnabled = false;
            weightInputMsg.textContent = "体重には正数を入力して⇒
ください。";
        } else {
            weightInputMsg.textContent = "";
        } ←3
```

```
        // ［計算］ボタン要素を取得。
        let calcBMIButton = document.getElementById("calc⇒
BMIButton");  ←4-1
        // ［計算］ボタンが有効なら…
        if(buttonEnabled) {  ←4-2
            //disabled属性を削除。
            calcBMIButton.removeAttribute("disabled");←4-3
        // ［計算］ボタンが無効なら…
        } else {  ←4-4
            //disabled属性を追加。
            calcBMIButton.setAttribute("disabled", "dis⇒
abled");  ←4-5
        }
    }
});
```

作成し終えたら、calcBMIHTML.htmlを再表示させたうえで、身長、体重それぞれにさまざまな値を入力し、バリデーションがちゃんと効いているかどうか確認してください。

▶▶▶ フラグという考え方

リスト13-8中の細かいポイントは後で解説するとして、ここでは大まかな流れを解説しておきましょう。リスト13-8の処理の流れは図13-13の通りです。

図13-13：リスト13-8の処理の流れ

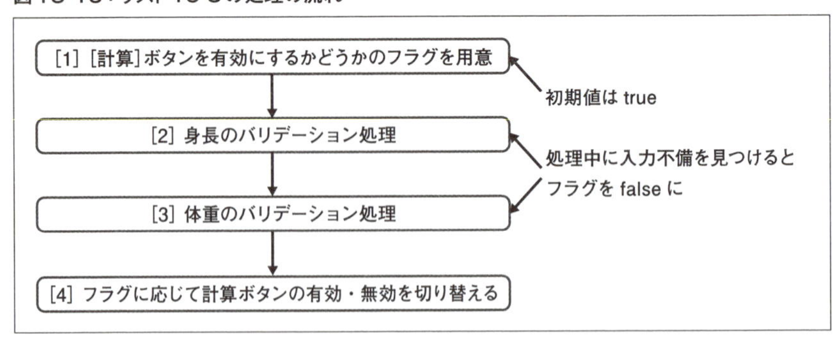

ここでのポイントは❶の変数buttonEnabledです。この変数はboolean型を想定しており、trueかfalseのどちらかの値を表します。そして、図13-13にもあるように、この値をもとに❹で［計算］ボタンの有効・無効を切り替えるようにしています。その処理が4-2の条件分岐です。変数buttonEnabledがそもそもtrue/falseの値を想定しているので、ifの()内はこの変数のみを記述するだけでOKです（5-3-2項参照）。ですので4-2がボタンを有効にする処理ブロック、4-4がボタンを無効にする処理ブロックです。各ブロック内は、事前に4-1で取得したbutton要素に対して、disabled属性を削除したり（4-3）、追加したり（4-5）することで有効・無効を切り替えています。

さて、そのbuttonEnabledは初期値がtrueです。ということは、この初期値のままであれば、❹でbuttonが有効になります。そこで、❹に至る前の❷と❸のバリデーション処理中に、ひとつでも入力値に不適切なものがあると、このbuttonEnabledをfalseに変更するように記述します。すると、［計算］ボタンは有効になりません。これが、リスト13-8の処理の概要です。

ところで、このbuttonEnabled変数は旗のような働きといえます。最初に旗を立てておいて、処理の途中で不適切なものを見つけると旗を降ろします。最後に、旗が立っているかどうかで、例えばbuttonを有効にするかどうかを判断する、という流れです。こういった働きをする変数を**フラグ**といいます。文字通り「旗」ですね。

▶▶▶ 各バリデーション処理のポイント

リスト13-8の概要、フラグを理解してもらえたところで、バリデーション処理の細かいポイントを見ていきましょう。身長のバリデーション処理である❷と体重のバリデーション処理である❸は、同じ処理といえます。違うのは変数が身長（height）か体重（weight）かだけです。したがって、ここでは❷で解説していきます。

2-1、2-2、2-3は事前準備です。それぞれの処理はコメントの通りです。

実際のバリデーション処理は2-4～2-8です。以下、それぞれの処理とポイントを記述します。

2-4：未入力チェック

未入力かどうかは文字列の長さ、つまり、lengthが0かどうかで調べます。

2-7：数値以外が入力されたかどうかのチェック

数値かどうかのチェックは**Number**オブジェクトの**isFinite()**メソッド*を使います。このメソッドは、引数が数値として有限の値かどうかを調べ、正しければtrueが返ります。引数が無限大の値か数値以外（NaN）の場合はfalseが返ります。ここでは、結果を反転させる必要があるので前に**!**を記述しています。**!**はtrueとfalseを反転させる働きがある演算子です（Chapter 4の表4-1参照）。

*）MDNでの解説ページ：https://developer.mozilla.org/ja/docs/Web/JavaScript/Reference/Global_Objects/Number/isFinite

isNaN()

JavaScriptのNumberオブジェクトには数値がどうかを判定するメソッドとして、**isNaN()**というのもあります*。これは正確には、渡された引数が数値以外（NaN）かどうかを調べ、NaNの場合はtrueを、NaNでない場合はfalseを返します。このメソッドを使うこともできます。しかし、詳細は割愛しますが少し判定が緩いところがあります。より厳密に判定するにはisFinite()のほうがいいでしょう。

さらに、isNaN()、isFinite()ともにNumberオブジェクトのメソッドとは別のビルトイン関数として**isFinite()**と**isNaN()**があります。メソッドと関数の違いは、強制的に数値に変換したうえで調べるかどうかです。例えば、"123"という文字列は、関数の場合は強制的に数値に変換されるので、数値として認識されます。一方、メソッドの方は文字列のまま扱われます。リスト13-8では2-2で事前に数値に変換していますので、Numberメソッドの方を利用しています。

2-8：0以下が入力されていないかどうか
この処理の解説は不要でしょう。

それぞれのバリデーション条件分岐ブロック内の処理は共通で、以下の2個の処理です。

- buttonEnabledの値をfalseに変更、つまりフラグを落とします2-5。
- 事前に2-3で取得しておいたバリデーションメッセージ表示span要素にバリデーションメッセージを表示します2-6。

なお、2-9はelseブロックですので、入力内容が適切だった場合です。その場合は、バリデーションメッセージ表示span要素のテキスト部分を削除します。これは、一度でも入力内容が不適切でバリデーションメッセージが表示されてしまった場合、それらメッセージは自動では消えず表示されたままになってしまうからです。

*）MDNでの解説ページ：https://developer.mozilla.org/ja/docs/Web/JavaScript/Reference/Global_Objects/Number/isNaN

このような処理が記述された関数を、リスト13-8のようにイベントハンドラとして登録することで、リアルタイムのバリデーション処理が可能となるのです。

以上で、この講座はすべて終了です。

おつかれさま。

ありがとうございました。

ここまでやってきて、どう？

最初、すごく不安だったのですけど、やっていると楽しくて。ちょっとずつ、いろいろわかって、自分でできるようになると面白いですね。

それは、よかったわ。

もちろん、まだまだ未熟ですけど、今後もいろいろプログラミングして、力をつけていきたいです。

うん。この講座で教えきれなかったことも多々あるから。今後は、より発展的な書籍やネットの記事を参考にして、さらに高度なことが実現できるように勉強していってね。この書籍は、ある意味、そのための土台作りだととらえて、教えてきたつもりなので。

はい！そういった力はついたように思います。

皆様も、ここまでお付き合いのほどを、ありがとうございました。

付録：Babelによるソースコード変換

Babelとは

Chapter 1の終わりにも少し登場しましたが、ES2015以降に導入された新しいJavaScriptの書き方によるコードは、IEをはじめとする非モダンブラウザでは動作しません。それを動作するコードに変換してくれるツールが**Babel**です。Babelはオープンソースで開発されており、誰でも利用することができます。Babelのサイト URLは以下の通りです。

https://babeljs.io/

Babelの使い方

Babelを本格的に利用するには、インストール作業が必要となります。インストールを行うには、コマンドライン操作を伴う作業が必要になるため、本書の範囲を超えます。そこで、上記サイト上で公開されている変換ツールである**REPL**を使います。REPLのURLは以下の通りです。

https://babeljs.io/repl/

こちらにアクセスすると図App-1の画面が表示されます。

図App-1：BabelのREPLのページ

左右に分割された空欄がありますが、左側の空欄にES2015以降のソースコードを入力します。すると、右側に変換されたソースコードが表示されます。

図App-2：実際にBabelのREPLで変換している様子

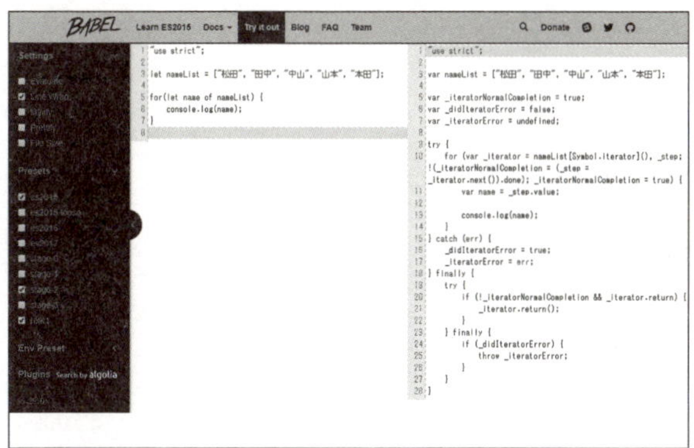

図App-2は実際に、Chapter 7のリスト7-7を変換しているところです。右側の変換されたソースコードを、新規ファイルにコピー＆ペーストして保存します。

あとは、HTMLからこのファイルを読み込めば問題なく実行できます。

▶▶▶ Polyfillを併せて利用する

上の方法で変換してくれるソースコードというのは、あくまで構文の部分のみです。ES2015で新たに導入されたビルトインオブジェクトやそのメソッドに関しては、別の方法が必要です。それは、**Polyfill**ライブラリを利用することです。しかし、このPolyfillライブラリを利用するには、コマンドを使ってライブラリをダウンロードしなければなりません。これもハードルが高いです。

そこで、**CDN**（**Contents Delivery Network**）を利用します。CDNとは、インターネット上にライブラリを配置しておき、そのURLをHTMLのscriptタグに記述することで、ブラウザが自動でネット上から読み込んでくれるようにする仕組みです。PolyfillのURLは以下の通りです。

https://cdnjs.cloudflare.com/ajax/libs/babel-polyfill/6.26.0/polyfill.min.js

CDNは、インターネットに接続された状態でないと利用できないのが難点ですが、ライブラリをダウンロードして利用するよりもはるかに楽です。なお、Polyfillに限らずさまざまなJavaScriptライブラリがCDNとして公開されています。それらのURLを調べるには、**CDNJS**というサイトを使います。URLは以下の通りです。

https://cdnjs.com/

このサイトにアクセスすると図App-3の画面が表示されます。

図App-3：CDNJSのトップページ

中央の検索窓にライブラリ名を入力すると、そのライブラリのCDN用URLを表示してくれます。図App-4は「polyfill」と入力した状態を示しています。

図App-4：CDNJSでpolyfillと検索した画面

CDNJS on GitHub
cdnjs　About　API　Browse Libraries　Support us!　gource　git stats　Top 200　Uptime　Network
polyfill
Realtime search by algolia
Found 66 libraries in 1ms.

Library	Link
babel-polyfill The compiler for writing next generation JavaScript. compiler JavaScript babel/babel 726 ★23133 2168	https://cdnjs.cloudflare.com/ajax/libs/babel-polyfill/6.26.0/polyfill.min.js
event-source-polyfill A polyfill for http://www.w3.org/TR/eventsource/ sse server sent events eventsource	https://cdnjs.cloudflare.com/ajax/libs/event-source-polyfill/0.0.9/eventsource.min.js

先に紹介したPolyfillのCDNのURLには「6.26.0」というバージョン番号が含まれています。これは、原稿執筆時点での最新ですが、今後バージョンアップに伴い番号も変更されていくでしょう。その場合は、前ページの方法で再検索してください。

▶▶▶ IEで動作するコードを入手する手順

以上の内容を踏まえて、本書で IE のアイコンが付与されたソースコードをIEで動作させるための手順を以下にまとめます。

[1] BabelのREPLページでソースコードを変換したファイルを作成する。

例えば、元のソースファイル名がloopArray3.jsならば、loopArray3IE.jsのような名前にしておくといいでしょう。本書の配布サンプルはそのようにしています。

[2] jsファイルを読み込むHTMLのscriptタグにPolyfillのCDNのURLと、[1] で変換したjsファイルを記述する。

例えば、以下のようなタグになります。

```
<script type="text/javascript" src="https://cdnjs.⇒
cloudflare.com/ajax/libs/babel-polyfill/6.26.0/polyfill.⇒
min.js"></script>
<script type="text/javascript" src="loopArray3IE.js"></⇒
script>
```

あとは、このhtmlファイルをIEに読み込ませることで、無事動作します。

記号

-- 116
!= 138
!== 140
% 103
&& 153
.（ドット） 280
.html 053
.js 070
.txt 041
;（セミコロン） 056
{}の省略 129
|| 154
\n 047, 080
\r 047, 080
++ 116
+= 114
+演算子 107
+記号 099
= 089
== 137
=== 140

A

abortイベント 416
addEventListener()メソッド 435, 445
add()メソッド 348, 402
alert()メソッド 366
altJS 162
altKeyプロパティ 443
AND 119, 153
appendChild()メソッド 402
Applicationパネル 062
ARPANET 021
Arrayオブジェクト 331, 332
ASCII 047
Atom 044
Auditsパネル 062

B

Babel 038, 486
blurイベント 417, 478
BMI 452
boolean型変数 133, 135
bool値 134
break 158, 160, 227
breakとcontinueの使い分け 232
buttonプロパティ 443

C

case 157
caseの積み重ね 161
CDN（Contents Delivery Network） 487
ceil()メソッド 358
changeイベント 417, 425, 433
checkedプロパティ 394
Chrome のデベロッパーツール 061, 062
class 278
classListプロパティ 402
classNameプロパティ 381, 385
class属性 381
class属性での要素取得 390
clear()メソッド 342
clickイベント 417, 422
clientXプロパティ 443
clientYプロパティ 443
close()メソッド 367
CoffeeScript 162
compositionendイベント 417
compositionstartイベント 417
compositionupdateイベント 417
confirm()メソッド 367
console.log() 067, 366
Consoleパネル 062, 065
consoleプロパティ 366
const 091
constructor() 278, 301
contextmenuイベント 417
continue 229
CotEditor 044
CR（Carriage Return） 047, 080
createElement()メソッド 401
CRLF 047, 082
CSS 036
CSV 325
ctrlKeyプロパティ 443

D

Dateオブジェクト 350
Dateオブジェクトの生成 352
dblclickイベント 417
default: 157
delete()メソッド 342
disabled属性 477
Document Object Model 362
Document オブジェクト 365
documentプロパティ 365
document変数 365
DOM 362
DOMContentLoadedイベント 436
do-whileループ 185

E

ECMA International 036, 037
ECMAScript 038
Elementsパネル 062, 411
else 131, 132
else if 142
errorイベント 416
ES2015 038
EUC-JP 048
extends 315

F

false 133
firstChild 404
firstElementChild 403, 404
floor()メソッド 358
focusinイベント 417
focusoutイベント 417
focusイベント 417
forEach() 267
for...in 218
for...of 217
forループ 176
function 238

G

get 307
getAttribute()メソッド 380
getDate()メソッド 354
getElementById()メソッド 371, 373
getElementsByClassName()メソッド 371, 392

getElementsByName()メソッド............................ 371, 394
getElementsByTagName()メソッド........................ 371, 389
getMonth()メソッド...........354
getTime()メソッド..............357
getUTCMonth()メソッド....354
get()メソッド.......................342
GMT(Greenwich Mean Time)
....355

H

historyプロパティ................366
HTML 026
HTMLCollectionオブジェクト
....389
HTMLから呼び出す.............054
HTTP....................... 025, 026

I

idによる要素ノード取得........373
if 126
if-else 132
if-else if-else 144
includes()メソッド..............334
indexOf()メソッド...............333
innerHTMLプロパティ........407
inputイベント..417, 433, 477
insertBefore()メソッド.......403
IP...021
isFinite()関数.....................484
isFinite()メソッド................483
isNaN()関数........................484
isNaN()メソッド..................484

J

Java......................... 031, 033
JavaScript 034
JavaScript のイベント 416
jQuery................................198
Jscript 035

K

keydownイベント................417
keypressイベント...............417
keyupイベント....................417

L

lastChild............................404
lastElementChild 404
LCC....................................087
length 215
let.......................................085
LF (Line Feed) 047, 080
LFとCR 082
loadイベント...416, 430, 436
loadプロパティ....................430
localStorageプロパティ....366
locationプロパティ 366
log() 内で文字列結合..........113
log()メソッド.......................366

M

Mapオブジェクト....... 340, 342
Mapのループ......................343
map()メソッド......................338
Math.floor()メソッド...........357
Math.pow()メソッド 461
Math.random() 130
Math.round() 130, 462
Mathオブジェクト................358
MDN 327
Memoryパネル...................062
metaKeyプロパティ...........443
mi 044
mousedownイベント..........417
mouseenterイベント 417, 447
MouseEventオブジェクト...442
mouseleaveイベント 417, 447
mousemoveイベント 417, 440
mouseoutイベント..417, 447
mouseoverイベント 417, 447
mouseupイベント..............417

N

name属性での要素取得......393
NaN 251, 483
Networkパネル..................062
new 280
nextElementSibling.........404
nextSibling 404
noscriptタグ......................055
NOT 119
Notepad++.......................044
null........................... 429, 430
Numberオブジェクト...........483

O

Objectオブジェクト.............345
offsetXプロパティ..............443
offsetYプロパティ..............443
onchange属性 425
onchangeプロパティ.........427
onclick属性............. 372, 422
open()メソッド 367
OR.......................... 119, 154

P

pageXプロパティ 443
pageYプロパティ 443
parentNode 404
Performanceパネル 062
Perl 030, 033
PHP 031, 033
Polyfillライブラリ...............487
previousElementSibling .404
previousSibling................404

Q

querySelectorAll()メソッド
.... 371, 396
querySelector()メソッド
.... 371, 396

R

random()メソッド................358
removeAttribute()メソッド 384
removeChild()メソッド 406
removeEventListener()メソッド..450
remove()メソッド................402
REPL 486
replaceChild()メソッド 407
resizeイベント....................417
return 244
round()メソッド...................358
Ruby 031, 033

S

screenXプロパティ............443
screenYプロパティ............443
scriptタグ 055
scriptタグの位置................068
scrollイベント.....................417
scroll()メソッド 368
Securityパネル..................062
selectイベント 417
sessionStorageプロパティ 366
set 307
setAttribute()メソッド 384

setDate()メソッド.............354
setMonth()メソッド............354
Setオブジェクト..................347
set()メソッド........................342
Shift-JIS...............................048
shiftKeyプロパティ............443
sizeプロパティ....................342
some()メソッド....................337
Sourcesパネル.....................062
split()メソッド......................326
staticプロパティ..................360
staticメソッド.......................359
Strict モード.........................096
Stringオブジェクト..............326
super......................................317
switch........................155, 157

T

targetプロパティ................443
TCP/IP....................................021
textContentプロパティ......375
TextWrangler.........................044
this...............................291, 297
this.プロパティ名...... 278, 302
timeStampプロパティ........443
toDateString()メソッド......353
toLocaleDateString()メソッド
....354
toLocaleString()メソッド...354
toLocaleTimeString()メソッド
....354
toString()メソッド.... 333, 354
toTimeString()メソッド......354
true..133
TypeScript.............................162
typeプロパティ....................443

U

UCC...087
undefined...................088, 430
Unicode..................................048
UNIXエポック......................356
unloadイベント...................416
UTC...355
UTF-8.....................................048

V

value属性..............................380
valueプロパティ..................380
var宣言..................................086
varではエラーにならない.....182
Visual Studio Code.........044

W

Web..026
Webサーバ............................026
Webの仕組み........................018
wheelイベント.....................417
whileとdo-whileの違い.....186
whileループ...........................168
window.document...........365
Windows のユーザ名とホーム
フォルダ...............................051
Windowオブジェクト..........365
windowプロパティ...............369
window変数...........................365
World Wide Web..............026
WWW.....................................026

あ

アクセスする..........................280
アスキー文字..........................047
値の代入.................................089
アッパーキャメル記法(UCC).087
余り...102
アンダースコア記法...............087
以下...119
イコール..................................089
イコール2個...........................137
イコール3個...........................139
以上...119
イベント..................................414
イベントオブジェクト............442
イベント処理..........................414
イベントの削除......................450
イベントの伝播......................436
イベントハンドラ..................414
イベントハンドラ関数 . 419, 420
イベントハンドラの登録........419
イベントハンドラの引数........438
イベント名..............................416
入れ子.............................148, 190
インクリメント......................172
インクリメント演算子.. 115, 119
インターネット......................022
インタプリタ..........................033
インタプリタ言語..................033
インデックス..........................205
ウィンドウを閉じる..............367
ウィンドウを開く..................367
エスケープ..............................079
エスケープシーケンス
...............................077, 079, 80
エディタ..................................043
エポック..................................356
エポックミリ秒......................356
エラーメッセージ..................065
エラー予測..............................078
円記号......................................080
エンコード..............................048
演算子...............................102, 112
演算子のまとめ......................118
演算子の優先順位
.............................109, 111, 120
オーバーライド......................317
同じかどうかの判定..............136
「同じでない」演算子..............138
オブジェクト......272, 276, 280
オブジェクト指向..................292
オブジェクト生成..................280
オブジェクト内アクセス........290
オブジェクトの拡張..............312
オブジェクトリテラル..........344
オペランド..............................100
親クラス..................................315
親ノード..........................364, 404

か

改行...081
改行記号(LF)........................080
改行コード..............................047
外部jsファイルの読み込み...072
カウンタ変数..........................175
拡張子......................................042
加算...119
加算代入..................................119
型...093
かつ(AND)...........................153
可読性......................................056
可変長引数.....................255, 256
画面ロード完了時..................430
仮引数と実引数......................240
関数...................................234, 236
関数式......................................261

関数定義……238
キー……340
キーボードとマウス……443
機械語……032
疑似プロパティ……308
キャメル記法……087
キャリッジリターン記号（CR）080
兄弟ノード……364
協定世界時……355
偶数か奇数かの判定……137
クォーテーション……055
クライアント……025
クライアントサイドプログラミング
……034
クラス……276, 278
クラスの形……289
クラスの作り方……276
クラスの定義……279
クラスベース……321
クラス名()……280
グリニッジ標準時……355
グローバルオブジェクト……369
グローバルスコープ……257
グローバル変数……257
警告ダイアログ……366
継承……312, 315
ゲッタ……307
減算……119
減算代入……119
厳密には等しくない……119
厳密に等しい……119
後置……116
コーディング……043
コールバック関数……265, 335
子クラス……315
子ノード……364, 404
コメント……058
コメントアウト……158
コメントアウトショートカット…159
コンストラクタ……301
コンソールパネル……065
コンソールへの文字列表示…067
コンパイラ言語……032
コンパイル……032
コンピュータネットワーク……018

さ

サーバ……025
サーバサイドプログラミング..034
サクラエディタ……044
座標……443
算術演算……098
算術演算子……102, 119
四捨五入……462
四則演算……098, 101
実行環境……040
実引数……240
条件分岐……122
条件分岐の入れ子……148
乗算……119
乗算代入……119
剰余……119
剰余代入……119
初期化……089
初期値……089
除算……119
除算代入……119
シングルクォーテーション
……055, 080
シンタックスシュガー……322
スクリプト言語……033
スクロール……368
スコープ……180
スネーク記法……087
制御構文……122
静的HTML……030
静的型付け言語……095
静的プロパティ……360
静的メソッド……359
セッタ……307
セミコロン……056
セレクタ式による要素取得…396
宣言……085
宣言と初期化の分離……089
前置……116
前置と後置の違い……117
相対位置関係……404
ソースコード……032
ソースコードの記述場所……068
ソースコードファイル……041
属性ノード……364
属性の取得……377
属性の追加・更新・削除……381
属性の編集……384

た

代数演算子……102
代入……089, 119
代入演算子……102, 112, 119
タグ属性……420
タグ名での要素取得……386
足し算……098
多重ループ……191
タブ記号……080
ダブルクォーテーション
……055, 080
チェイン記法……088
長方形……195
ディクショナリ……340
定数……091
データ型……092
テキストエディタ……043, 044
テキストエディット……043
テキストノード……364
テキストの取得……374
テキストの置換……376
テキストファイル……041
デクリメント演算子……115, 119
デバッグ……060
デフォルト値……253
デベロッパーツール……061
テンプレート文字列……090
動的HTML……030
動的型付け言語……095
匿名関数……269
ドロップダウンリスト選択……425

な

二重ループ……190, 192
日時……350
入力イベント……417
ネスト……148
ノード……364
ノード操作……370
ノードの相対位置関係……404

は

ハイパーテキスト……024
配列……200, 202
配列の要素数（長さ）を取得.215
配列のループ……211

配列要素へのアクセス……204
配列要素へのデータの格納…206
配列リテラル……204
パス……050
パスカル記法……087
バッククォーテーション……090
ハッシュ……340
バリデーション……473
バリデーションメッセージ……474
比較演算子……119, 127, 136
引数……239
引数が多い場合……251
引数の個数を固定しない……256
引数のデフォルト値……253, 254
引数の展開……258
日付と時刻……350
等しい……119
等しくない……119
ビルトインオブジェクト……327
フォーカスイベント……417
複合代入演算子……112, 114
ブラウザ……026
フラグ……482
プログラマ脳……123
プログラミング言語の種類……031
ブロック……180
プロトコル……018, 020
プロトタイプベース……321
プロパティ……278
プロパティの設定……279
変数……083
変数のスコープ……180
変数の宣言……085
ボタンの無効化……477

ま

マークアップ……024
マウスイベント……417, 438
マウスポインタの出入り……443
マシン語……032
マップ……340
無限ループ……170
無名関数……269, 428
メソッド……289
メモ帳……043
メンバ……289
文字コード……046, 047
文字集合……047
文字化け……048
文字列……324
文字列結合……106, 113
文字列結合演算子……119
文字列取得……353
モダンブラウザ……038
戻り値……242, 244

や

優先順位……111, 120
要素……204
要素ノード……364
要素ノード取得メソッド……371
要素の削除……405
要素の追加……397, 402
要素を置換……407
読み込みイベント……416
予約語……086
より大きい……119
より小さい……119

ら

乱数……129
リクエスト……027
リスナ……414
リスナの削除……448
リテラル……074
累乗……104, 119
累乗計算……461
累乗代入……119
ルートノード……364
ループ……122, 164, 211
ループ処理……164
ループ処理パターン……176
ループと条件分岐……219
ループの入れ子……190
ループを飛ばすcontinue……228
ループを抜けるbreak……226
レスポンス……027
連想配列……339, 340
ローカルスコープ……257
ローカル変数……257
ローワーキャメル記法（LCC）……087
論理演算子……119, 151, 153

■著者プロフィール

齊藤新三（さいとう しんぞう）

WINGSプロジェクト所属のテクニカルライター。Web系製作会社のシステム部門、SI会社を経てフリーランスとして独立。屋号はSarva（サルヴァ）。Webシステムの設計からプログラミング、さらには、Android開発までこなす。
現在は、HAL大阪の非常勤講師を兼務。

主な著書に『Androidアプリ開発の教科書』（翔泳社）、『たった1日で基本が身に付く！ Java超入門』（技術評論社）。

■監修プロフィール

山田祥寛（やまだ よしひろ）

千葉県鎌ヶ谷市在住のフリーライター。Microsoft MVP for Visual Studio and Development Technologies。執筆コミュニティ「WINGSプロジェクト」の代表でもある。

主な著書に『独習シリーズ（C#・サーバサイドJava・PHP・ASP.NET）』（翔泳社）、『改訂新版JavaScript本格入門』（技術評論社）、『はじめてのAndroidアプリ開発 第2版』（秀和システム）、『速習シリーズ（webpack・Vue.js・ASP.NET Core・TypeScript・ECMAScript 6）』（Kindle版）など。

■STAFF LIST

- カバーデザイン
  木村由紀（株式会社エムディエヌコーポレーション）
- カバーイラスト・本文イラスト
  高田ゲンキ
- 本文デザイン・DTP
  柏倉真理子
- 編集
  大月宇美／伊藤隆司

■ 商品に関する問い合わせ先

インプレスブックスのお問い合わせフォームより入力してください。

https://book.impress.co.jp/info/

上記フォームがご利用頂けない場合のメールでの問い合わせ先

info@impress.co.jp

●本書の内容に関するご質問は、お問い合わせフォーム、メールまたは封書にて書名・ISBN・お名前・電話番号と該当するページや具体的な質問内容、お使いの動作環境などを明記のうえ、お問い合わせください。

●電話やFAX等でのご質問には対応しておりません。なお、本書の範囲を超える質問に関しましてはお答えできませんのでご了承ください。

●インプレスブックス（https://book.impress.co.jp/）では、本書を含めインプレスの出版物に関するサポート情報などを提供しておりますのでそちらもご覧ください。

●該当書籍の奥付に記載されている初版発行日から3年が経過した場合、もしくは該当書籍で紹介している製品やサービスについて提供会社によるサポートが終了した場合は、ご質問にお答えしかねる場合があります。

■ 落丁・乱丁本などの問い合わせ先

TEL　03-6837-5016　FAX　03-6837-5023

service@impress.co.jp

（受付時間／10:00-12:00、13:00-17:30 土日、祝祭日を除く）

●古書店で購入されたものについてはお取り替えできません。

■書店／販売店の窓口

株式会社インプレス 受注センター

TEL　048-449-8040

FAX　048-449-8041

株式会社インプレス 出版営業部

TEL　03-6837-4635

これから学ぶ（まな）JavaScript（ジャバスクリプト）

2018年7月21日 初版発行

著　者　WINGS（ウイングス）プロジェクト 齊藤新三（さいとうしんぞう）／監修：山田祥寛（やまだよしひろ）

発行人　小川 亨

編集人　高橋隆志

発行所　株式会社インプレス

〒101-0051　東京都千代田区神田神保町一丁目105番地

ホームページ　https://book.impress.co.jp/

印刷所　音羽印刷株式会社

ISBN978-4-295-00409-7 C3055

Printed in Japan